FLUID MECHANICS 유체역학

여운광 · 지운 지음

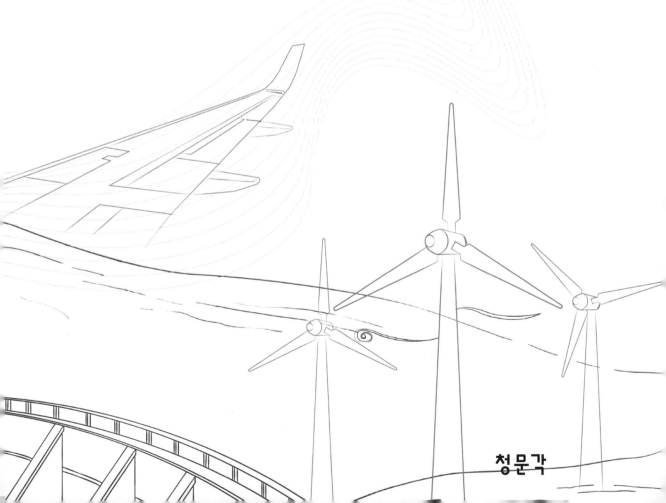

청문각

'유체역학은 참 어렵다'라는 것이 유체역학을 처음 접했을 때의 생각이었다. 이러한 생각은 대학을 졸업할 때까지도 크게 달라지지 않았다. 유체역학에서는 똑떨어지는 경우가 드물며, 이론적인 방법보다는 실험이나 경험적인 해석방법을 많이 사용하고 복잡하고 어려운 수학도 사용한다. 이러한 이유로 한때는 전공을 바꿀까도 생각해 보았지만 도전하고 싶은 오기도 밑바닥에 도사리고 있었다. 지금 유체역학을 공부하는 대부분의 사람들도 한 번쯤은 동일한 생각을 했을 것이라 짐작한다.

유체역학이 왜 이처럼 어렵게 느껴지는 걸까? 물론 우리 인간의 능력이 자연현상을 완전하게 규명하기에는 아직 역부족이며, 더구나 그중에서도 유체의 움직임을 해석하는 데는 훨씬 못 미치기 때문일 것이다. 이렇게 이론적으로 접근할 수 없는 부분이 적지 않다는 한계성을 인정한다면, 유체역학을 공부하는 방법도 조금은 달라져야 한다고 본다. 기본적인 개념에 대한 이해가 없는 상태에서 유체를 공부하는 것은 전체 숲을 보지 못하고 개개의 나무에만 몰두해 있는 우를 범하기 쉽고, 그 결과 유체역학이 어렵다는 인식을 갖게 만드는 원인이 될 것이다. 마치 나침반 없이 숲을 헤매는 것과 같다. 배움의 지침서인 교과서에서 우선 이러한 아쉬움을 극복해야 한다고 생각한다. 특히 유체역학을 처음 접하는 학생들에게는 세부적인 해석방법에 집착하기보다는 전체를 조망할 수 있는 개념 위주로 시작하라고 조언하고 싶다. 이 책은 이를 위한 지침서이다.

유체역학에는 점성을 필두로 압축성, 압력, 회전, 연속방정식, 운동량방정식, 속도포텐셜, 유선, 베르누이 식, 층류, 난류, 경계층 등의 많은 내용이 포함되어 있다. 이 책에서는 이들에 대한 단편적인 지식보다는 전체적인 물리적 현상이나 개념에 주로 초점을 맞추고 있다. 유체역학을 구성하고 있는 이들이 서로 어떠한 관계가 있으며, 어떻게 연계되어 있는지 등의 유기적인 구조에 중점을 두고 설명하였다. 유체의 유동을 해석하기 위한 그간의 노력과 어려움, 현재까지의 해석결과에 대한 한계성도 함께 기술하였다. 또한 유체가 기체인지 액체인지에 따라 다루는 내용이 크게 구별되나 이 책에서는 주로 후자에 대한 것이며 특히 가급적 물을 중점적으로 다룬다.

이 책은 유체역학을 시작하기 전에 알고 있어야 할 기본적인 내용의 0장과 본 내용인 1장부터 10장까지 총 11개장으로 구성되어 있다. 본 내용에는 크게 전반부와 후반부로 나누어지는데, 전반부에서는 유체의 유동을 해석하기 위한 지배방정식의 유도에, 후반부에서는 유도된 지배방정식을 해석하는 방법과 결과에 대하여 다룬다. 우선 1장부터 4장까지의 전반부를 좀 더 상세히 설명하면 다음과 같다.

  1장에서는 유체역학이란 무엇인가에 대하여 다룬다. 여기서는 유체의 정의, 유체에 작용하는 힘과 유체운동의 종류, 물리학에서 사용되는 법칙들과 유체와 흐름의 분류에 대하여 다룬다.

  2장에서는 연속방정식에 대한 것으로 질량 보존의 법칙을 유체에 적용시키는 과정과 결과에 대한 물리적 의미를 알아본다.

  3장에서는 뉴턴의 제2법칙을 유체에 적용시켜 운동량방정식을 유도하는 과정에 대한 것으로 이를 위하여 관성력, 질량력, 면력 등을 알아보고 이들에 대한 특성과 운동량방정식의 또 다른 형태도 설명한다.

  4장에서는 운동량방정식으로부터 최종적으로 유도된 Navier-Stokes 식을 다룬다. 이를 위하여 stress와 strain의 관계를 도출하고, 유체의 성질에 따른 지배방정식의 각종 형태와 필요한 경계조건에 대하여도 설명한다.

  5장부터 10장까지 6개의 장으로 구성된 후반부는 전반부에서 유도한 지배방정식을 실제로 해석하는 방법과 사용된 가정, 결과와 한계성 등에 대하여 다룬다. 이들을 간략히 설명하면 다음과 같다.

  5장에서는 Navier-Stokes 식의 가장 간단한 해석 형태인 정수역학에 대하여 다룬다. 해석 결과로 나온 압력과 중력의 관계, 이 결과를 이용한 액주계, 부력 및 점성력이 존재하지 않는 상대정지 문제 등도 설명한다.

  6장에서는 초기 유체역학의 해석방법인 포텐셜 이론을 설명한다. 속도포텐셜의 근거가 되는 수학적 이론 및 비회전 흐름에 대하여 다루고 이를 실제 흐름에 이용하는 예들도 보인다. 또한 포텐셜 이론의 한계성도 함께 다룬다.

7장에서는 Navier-Stokes 식의 가장 일반적인 해의 형태인 베르누이 식을 유도한다. 또한 베르누이 식이 갖는 의미와 한계를 알아보고 이 식의 보정 방법에 대하여도 설명한다.

8장에서는 베르누이 식이 갖지 못하는 에너지 손실에 대하여 설명한다. 이의 산정을 위하여 점성유체에 대한 해석 결과를 알아보고 이들로부터 층류와 난류의 특성에 따른 에너지 손실량을 산정하는 방법을 기술한다.

9장에서는 유체역학 발전의 중요한 전기를 마련한 경계층 이론에 대하여 다룬다. 경계층이란 무엇이고 왜 중요한가를 설명하고 해석방법과 함께 유체역학에서의 의미를 알아본다.

10장에서는 유체역학의 핵심과제인 난류에 대하여 다룬다. 난류의 발생원인이나 속성 및 난류해석을 위한 그동안의 노력과 결과에 대하여 설명한다. 또한 현재 난류의 해석방법에 대하여도 간략하게 기술한다.

이 책의 주요 대상자는 이공분야의 대학교 초년생으로 하고 있으나 대학원에서 유체를 다루는 전공자 또는 유체의 흐름에 관심을 가지고 있는 일반인에게도 기초 지침서로 활용할 수 있을 것이다. 내용 중 대학원 수준의 전문적인 부분도 다소 포함되어 있으므로 필요에 따라 선택하여 강의하기를 권한다. 부디 이 책이 유체역학을 이해하는 데 조금이나마 도움이 되기를 바라며, 특히 처음 이 분야를 접하는 학생들이 지레짐작으로 유체역학은 어렵다고 느껴 관련 분야를 포기하는 안타까운 일들이 더 이상 없기를 희망한다.

끝으로 책이 완성되기까지 많은 도움을 주었던 청문각 출판사 및 모든 주위 분들께 감사의 마음을 전한다.

2016년 3월
여운광, 지 운

차 례

Contents

─────────────── 시작전에

1. 자연과학이란 무엇인가?   13
2. 자연현상을 표현하는 도구들   14
3. 차원과 단위   16
4. 연속체의 개념   20
5. 테일러 급수   21
6. 수의 확장   23
7. 텐서장(스칼라, 벡터, 텐서)   24
8. 요소   25
9. 속도와 가속도   26
10. 벡터연산자   27
11. 텐서의 표기방법   28

   연습문제   31

Chapter 01 ─────────── 유체역학이란?

1. 유체란 무엇인가?   35
2. 역학이란 무엇인가?   38
3. 힘의 분류   40
4. 유체의 운동   42
5. 자연계의 3대 법칙   47
6. 유체역학에서 자주 쓰는 기본적인 물리량   48
   (1) 밀도(ρ)   48
   (2) 단위중량(γ)   49
   (3) 비중($S.G$)   49
   (4) 체적탄성계수(E)   49
   (5) 표면장력(σ)   50

7. 유체 및 흐름의 분류   52

    (1) 밀도와 비압축성, 압축성 유체   52

    (2) 점성계수와 비점성, 점성유체   52

    (3) 이상유체   53

    (4) 자유수면과 개수로, 관수로 흐름   53

    (5) 정상류와 부정류   53

    (6) 등류와 부등류   54

8. 차원해석과 상사   54

    (1) 차원의 동차성의 원리   55

    (2) Buckingham의 Ⅱ 정리   56

    (3) 유체역학에서 중요한 무차원 수   58

    (4) 상사법칙과 모형실험   60

    연습문제   62

Chapter 02 ——————— **연속방정식**

1. 질량 보존의 법칙과 연속방정식   65

2. 관속 흐름에서의 연속방정식   67

3. 저수지/하천/해양에서의 연속방정식   69

4. 미소육면체에 의한 연속방정식의 유도   71

5. 폐합공간에서 연속방정식의 유도   72

6. Reynolds 이송정리에 의한 연속방정식의 유도   74

7. 연속방정식의 물리적 의미   77

    연습문제   80

Chapter 03 —————————— **운동량방정식**

1. 뉴턴의 제2법칙과 운동량방정식   83
2. 관성력   84
    (1) 전미분   84
    (2) 관성력의 표현   87
3. 질량력   88
4. 면력   89
    (1) Cauchy의 정리   89
    (2) Stress 텐서   91
    (3) 면력의 표현   94
5. 운동량방정식의 일반적 형태   96
6. 운동량방정식의 다른 형태   97
    연습문제   101

Chapter 04 —————————— **Navier-Stokes 방정식**

1. Stress와 strain의 관계   105
    (1) 압력과 점성력의 분리   106
    (2) 점성력에 의한 전단응력   107
    (3) Stress와 strain의 일반적 관계   109
2. 압축성, 점성유체에 대한 Navier-Stokes 방정식   112
3. 비압축성, 점성유체에 대한 Navier-Stokes 방정식   113
    (1) 지배방정식의 유도   113
    (2) 비압축성 유체의 가정과 동수역학   114
4. 비압축성, 비점성유체에 대한 Navier-Stokes 방정식   115
5. 경계조건   117
    연습문제   119

Chapter 05 —————————— **Navier-Stokes 방정식의 해석 -정수역학-**

1. 정지상태에서의 Navier-Stokes 방정식의 해석   123
2. 정수역학   125
   (1) 정수역학에서의 압력   125
   (2) 액주계   128
   (3) 압력강도, 압력, 전압력   131
   (4) 면에 작용하는 전압력과 부력   132
   (5) 부체의 안정   137
3. 유체의 상대정지운동   139
   연습문제   142

Chapter 06 —————————— **포텐셜 흐름의 해석**

1. 비회전 흐름과 회전 흐름   147
2. 속도포텐셜함수와 흐름함수   149
   (1) 속도포텐셜함수   149
   (2) 흐름함수   153
   (3) 속도포텐셜함수 ϕ와 흐름함수 ψ의 관계   155
   (4) 유선망   157
3. 포텐셜 흐름의 해석   158
4. D'Alembert의 paradox   162
   연습문제   165

Chapter 07 —————————— **베르누이 식**

1. Euler 방정식   169
2. 베르누이 식의 유도   170
   (1) 동일유선 상에서 Euler 식의 적분   170
   (2) 비회전류 조건에서 Euler 식의 적분   172
3. 베르누이 식의 의미   174
4. 베르누이 식의 한계   180

5. 베르누이 식의 보정   182
   (1) 에너지 보정계수   182
   (2) 점성에 의한 에너지 손실량의 보정   185
   (3) 점성 이외의 에너지 손실량의 보정   186
   (4) 인위적인 에너지 공급 및 이용에 대한 보정   187
   연습문제   189

Chapter 08   **점성유체의 해석과 에너지 손실량 h_f의 산정**

1. Navier-Stokes 방정식의 엄밀해   193
   (1) 무한 평판 위에서의 부정류 흐름   194
   (2) 평행한 판 사이의 흐름   196
   (3) 고정된 두 평판 사이의 흐름   198
   (4) 관속에서의 흐름   199
   (5) 공 주변의 흐름   202

2. 층류에서의 h_f의 산정   206
3. 난류에서의 h_f의 산정   209
   (1) Reynolds 실험   209
   (2) Darcy-Weisbach 공식   212

4. 마찰손실계수 f의 결정   213
   연습문제   217

Chapter 09   **경계층 이론**

1. 경계층이란?   221
   (1) 경계층 이론의 의의   221
   (2) 수학적인 의미에서의 경계층   223

2. 경계층 이론   225
   (1) Prandtl의 경계층에 대한 지배방정식   225
   (2) 층류경계층에 대한 Blasius의 해석결과   226
   (3) 미끈한 평판 위의 난류경계층   230

3. 경계층 흐름의 분리   234

연습문제   238

Chapter 10 ──────── **난류**

1. 난류의 속성   241
2. 난류의 발생원인   243
3. Reynolds에 의한 난류의 해석방법   245
    (1) Reynolds 평균정리에 의한 Navier-Stokes 방정식의 변환   245
    (2) 경험식에 의한 난류응력 산정   249
    (3) 벽면에서의 속도분포 산정   250
    (4) 관벽에서의 속도분포 산정   253
4. 최근까지의 난류 해석방법   258
    (1) 평균방법의 분류   259
    (2) 앙상블평균법에서의 closure 모델   260
    (3) 체적평균법에서의 closure 모델   264

연습문제   267

참고문헌   268
찾아보기   272

시작전에

모든 자연계에서 나타나는 현상은 원인에 따른 결과이며 결코 우연은 없다. 자연현상은 수많은 주변 원인들이 서로 작용하여 생성된 결과물이 자연에 표출된 것이며, 이렇게 생성된 결과물도 영원한 것이 아니라 또 다른 현상을 생성하게 하는 원인이 되고, 그 과정은 수없이 반복되고 있다. 따라서 자연현상에는 연계성과 진행과정이 있을 뿐 독립성이나 유일성이란 존재할 수 없다. 자연현상을 다루는 학문체계도 동일하다. 유체역학이라는 학문분야가 어느 날 갑자기 우연히 생겨난 것이 아니라, 이웃한 학문분야와의 관계로부터 시작되었으며 또한 새로운 형태로 발전하기 위한 과정 중에 있는 학문이다. 그러므로 유체역학을 시작하기에 앞서 그동안 유체역학을 형성하는데 관여하고 기여한 주변 분야의 필수 지식들과 함께, 앞으로 전개될 미래의 유체역학 모습을 가늠하는데 도움이 될 만한 분야를 살펴보는 것이 필요할 것이다. 이 장에서는 유체역학을 이해하는데 꼭 필요한 기본적인 개념과 유체역학에 관련된 기존의 지식들을 간략하게 소개한다.

 ## 자연과학이란 무엇인가?

과학(科學, science)이란 우주만물의 구조, 성질, 법칙 등에 대한 관찰을 통해 얻어진 이론적인 학문체계를 말한다. 과학은 크게 자연과학과 인문사회과학으로 나누어지는데, 자연과학은 인간에 의해 나타나지 않은 모든 자연현상을 다루는 반면, 인문사회과학은 인간 본연의 행동과 그들이 이루는 사회현상을 과학적인 방법으로 탐구한다. 여기서 과학적 방법이란 실험적인 증명에 기초를 두고 연구하는 방법이다. 즉, 신학처럼 믿음에 기초하여 이론적인 추측을 하거나 설명하는 것이 아니라 논증과 증거를 통해 증명하는 방법을 뜻한다(마릴린 모라이어티, 2008).

그러나 일반적으로 과학이라고 할 때는 자연과학을 말한다. 과학발전의 초창기 단계에서는 물리학, 화학, 생물학, 지질학, 지구과학이 주를 이루었으며 이들 과학을 때로는 순수과학이라고 한다. 그 후 과학 연구의 결과를 인류가 필요로 하는 것에 충족시키려는 목적의 응용과학과 구별하기도 한다. 한편 수학은 논리적인 방법에 의한 체계적인 연구라는 점에서는 다른 과학 분야들과 유사하나, 실험과 그에 대한 검증으로 이루어지는 과학적 방법론이 사용되는 것은 아니므로 엄밀한 의미에서 과학의 한 분야로 보기 어렵다. 그러나 수학은 과학의 여러 분야에 걸쳐 매우 중요한 요소로서 이용되어 왔으며, 역사적으로 수학과 과학은 서로 다양한 영향을 주고받으며 함께 성장해 왔다.

자연과학에서는 연구 분야에 따라 다양한 방법이 사용되나 일반적으로 관찰 – 가설 – 예상 – 실험 – 증명의 과정을 거쳐 일반화된 과학 법칙을 도출한다. 관찰은 자연 현상을 조사하고 기록하는 것이다. 측정이나 분석 등도 모두 관찰에 해당한다. 과학적 방법의 궁극적인 목적은 관찰된 현상이 어떠한 이유로 인해 생겨난 것인지를 알아내는데 있기 때문에 시작단계인 관찰은 매우 중요한 의미가 있다. 가설은 관찰한 현상의 원인에 대해 나름대로 추측을 하는 것이다. 논증과 증거로써 증명되기 이전의 가설은 직관적이며 선험적인 것이기 때문에 과학적 지식으로 취급되지 않는다. 한편, 과학적 방법은 경험을 근거로 판단하므로 언제든지 반례가 등장할 수 있다. 널리 인정받는 과학적 지식도 반례가 나타나면 부정되거나 수정될 수 있기 때문에, 엄밀한 의미에서는 모든 자연과학의 법칙은 가설이라고도 할 수 있다. 예상은 가설에 따라 앞으로 일어날 자연 현상을 미리 예측해 보는 것이며 실험은 관찰하고자 하는 현상을 단순화 하고 예상한 바와 같이 진행되는지를 측정하고 기록하는 것이다. 물론 탐구하고자 하는 현상이나 대상에 따라 다양한 실험 방법이 있다. 증명은 실험의 결과를 놓고 가설에 따른 예상이 맞는지를 논증하는 과정이다. 일반적으로 실험의 결과를 놓고 실험군과 대조군의 비교를 통하여 가설의 옳고 그름을 가리게 된다. 이렇게 실험과 증명의 과정을 거쳐 논증된 가설이 많은 반복 실험에 의해 검토되어 일반적인 사실이라고 인정받을 때 비로소 이러한 일반화된 과학적 지식은 자연과학 법칙으로 불리게 된다.

 ## 2 자연현상을 표현하는 도구들

관찰부터 시작하여 가설 및 논증 과정을 거쳐 일반화된 법칙까지 도출하는 전 과정에서 항상 견지해야 할 것은 절대적으로 객관적인 사실에 근거해야 한다는 것이다. 즉,

과학적인 방법의 핵심은 동일조건하에 누가 실험을 수행하건 동일 현상 및 결과가 나타나야 한다. 실험하는 사람에 따라 결과가 상이하거나 동일조건을 재현할 수 없다면 논리성을 상실하게 되기 때문이다.

한편 우리는 자연현상을 관찰/표현하는데 여러 가지 수단을 가지고 있다([그림 0.1]). 그 중 가장 많이 사용되는 것이 수학이다. 바람이 부는 것을 '바람이 산들산들 불어온다'라는 언어의 수단으로써 표현할 수도 있으며, 바람 부는 모습을 가로수가 휘어지는 그림으로써 표현할 수도 있고, 혹은 너른 평원에서 들꽃들이 춤추는 모습을 음악이라는 수단을 통해 표현할 수도 있다. 그러나 이러한 언어나 그림, 음악은 표현하는 사람에 따라 다를 수 있으며 받아들이는 사람에 따라 다르게 해석될 수 있다. 또한 장소에 따라, 시간에 따라 느끼는 것이 다를 수 있다. 즉, 극히 감성적이고 주관적이다. 따라서 이러한 방법들은 과학적인 방법에 사용하기에는 부적절하며, 감성적이고 주관적인 요소를 최대한 배제시키고 논리적이며 객관적인 방법을 사용해야 한다.

이렇게 주관적인 요소를 최대한 제거할 수 있는 방법, 즉 시간과 장소에 구애됨이 없이 누가 표현하더라도 가장 객관적으로 나타낼 수 있는 방법은 논리에 바탕을 둔 수학적인 방법을 통하는 것이 가장 효과적이다. '바람이 동쪽에서 시속 15 km로 분다'라고 나타내면 어느 누구라도 바람이 어떻게 어느 규모로 부는지를 알 수 있고, 또한 동일하게 재현하는 것도 가능하다. 이처럼 인간의 감성을 표현하기에는 음악이나 미술, 연극, 언어의 수단이 효과적인 반면에 자연현상을 나타내는 데는 가장 객관적이고 논리적인 속성을 지닌 수학이라는 도구를 이용하는 것이 바람직하다. 그러므로 인간의 감

그림 0.1 **자연현상을 표현하는 여러 가지 방법**

성을 주로 다루는 예술세계에서는 소리, 색깔, 몸짓 등이 중요한 수단으로 사용되고, 인간의 속성을 다루는 인문/사회과학에서는 언어나 글자를 표현의 도구로, 자연의 속성을 다루는 자연과학이나 공학분야에서는 수학을 표현의 수단으로 주로 사용하게 된다. 그렇다면 감성적이고 주관적인 패션에도 논리성(theory)이 존재할까?

③ 차원과 단위

자연과학에서는 자연현상을 나타내기 위해 가장 객관적이고 논리적인 도구인 수학을 이용하게 되는데, 이렇게 수학을 도구로 하여 물리적 현상을 표현한 것을 물리적인 식 또는 단순히 물리식이라 부른다. 따라서 물리식은 순수한 수학식과는 다르며 수학적인 논리성뿐만 아니라 물리적인 의미까지도 내포하고 있어야 식은 성립하게 된다. 예를 들면, 다음의 식(0.1)은 수학식이지만 식(0.2)는 물리식이다.

$$2 + 3 = 5 \tag{0.1}$$
$$2^m + 3^m = 5^m \tag{0.2}$$

식(0.1)은 수학적으로 성립하며, 식(0.2)는 m(미터)라는 길이를 나타내는 물리적 의미를 각 항이 공통적으로 갖기 때문에 물리식으로서 타당하다. 그러나 다음과 같은 식은 수학적으로는 성립하나 물리적으로는 타당하지 않다.

$$2^m + 3^{kg} = 5^{\sec} \;(\times) \tag{0.3}$$

이처럼 물리식은 수학적으로도 성립되어야 함은 물론 물리적인 의미에서도 타당해야 한다. 식(0.2)처럼 타당한 물리적 의미를 갖기 위해서는 우선 각 항들의 차원(dimension)이 일치해야 한다.

우선 차원에 대하여 살펴보자. 물리학을 포함하고 있는 자연과학에서 사용하는 모든 물리량들은 질량(Mass: M), 길이(Length: L), 시간(Time: T), 온도(Kelvin: K)의 4가지 기본요소들로 이루어져 있다. 따라서 유체역학에서 사용하는 모든 물리량들도 이와 같은 4개의 기본요소들의 조합으로 표현할 수 있을 것이다. 예를 들면, [표 0.1]에서와 같이 속도는 시간당 움직인 거리이므로 속도의 차원은 L/T이며, 힘은 질량에 가속도를 곱한 것이므로 차원은 ML/T^2이 될 것이다. 이처럼 4개의 기본요소를 제외한 모든 물리량은 M, L, T 및 K로 나타낼 수 있지만 기본요소들은 다른 요소들로 나타낼 수 없다. 즉, 질량(M)은 길이(L), 시간(T), 온도(K)로 나타낼 수 없다. 이와 같이 이들 4가지 요소들은 서로 다른 요소들로써 나타낼 수 없는 독립적인 성질을 가지고 있다. 이러한 독립적인 기본요소들을 차원이라고 한다. 일반적으로 차원은 대문자로 표시하고, 특정 물리량의 차원을 나타낼 때는 [ ]를 사용한다. 즉, 힘 F의 차원은 다음과 같이 나타낸다.

$$[F] = [ML/T^2] \tag{0.4}$$

다만 공학적인 관점에서는 질량(M) 대신 힘(F)으로 대체하여 사용하기도 한다. 또한 온도는 열역학 등에서 취급하는데 열역학을 다루지 않는 학문분야에서는 편의상 온도(K)를 생략하여 M, L, T의 3개만을 기본 차원으로 사용하기도 한다.

표 0.1 주요 물리량의 차원과 SI 단위

물리량	차 원	SI 단위
면적 A	L^2	m^2
부피 ϑ	L^3	m^3
속도 V	L/T	m/s
가속도 a	L/T^2	m/s^2
각속도 ω	$1/T$	1/s
유량 Q	L^3/T	m^3/s
질량 m	M	kg
힘 F	ML/T^2	kg$\cdot$m/s^2 또는 N(Newton)
압력 p	M/LT^2	N/m^2 또는 Pa(Pascal)
응력 σ, τ	M/LT^2	N/m^2 또는 Pa(Pascal)
표면장력 σ	M/T^2	N/m, kg/s^2
밀도 ρ	M/L^3	kg/m^3
비중량 γ	M/L^2T^2	N/m^3
일 W, 에너지 E	ML^2/T^2	N$\cdot$m 또는 J(Joule)
열전달률 $\dot{Q}$	ML^2/T^3	J/s
토크(모멘트) T	ML^2/T^2	N$\cdot$m
일률 P, L	ML^2/T^3	J/s 또는 W(Watt)
점성계수 μ	M/LT	kg/m$\cdot$s, N$\cdot$s/m^2, Pa$\cdot$s
동점성계수 ν	L^2/T	m^2/s

한편 차원이 일치한다 하여도 항상 물리식이 타당한 것은 아니다. 만약 식(0.2)에서 각 항의 길이 단위를 다음과 같이 사용하면 타당성을 잃는다.

$$2^m + 3^{cm} = 5^{km} \ (\times)$$
(0.5)

이 식은 3개의 항 모두가 길이(L)의 차원을 갖지만 차원을 구체적으로 나타내는 단위가 일치하지 않아 물리식으로서 타당하지 않게 된다. 그러므로 자연현상을 나타내는 어떤 물리식이 타당하려면 수학적으로 옳고, 차원이 일치하고, 단위도 합당해야 한다.

단위(units)란 물리량의 표준값을 정해두고 상대적인 크기를 나타낸 것인데 여기에는 오랜 시간의 역사와 관습이 묻어져 있어 각 나라마다 사용하는 단위가 동일하지는 않다. 예를 들면, 길이를 나타낼 때 우리나라는 주로 '자($尺$)'를, 프랑스를 중심으로 한 유럽대륙에서는 '미터(m)'를, 영국과 미국에서는 '피트(ft)'를 사용하고 있다. 물론 이들은 서로 원하는 단위로 환산할 수 있다. 세계적으로 현대 자연과학에서 주로 사용되는 단위는 유럽대륙을 중심으로 한 MKS 단위계(Meter-Kilogram-Sec unit system)와 영국/미국계의 FPS 단위계(Foot-Pound-Sec unit system) 등 크게 두 종류로 대별되며 우리나라에서는 FPS 단위계보다는 MKS 단위계를 사용하고 있다.

이렇게 서로 다른 단위계의 사용으로 인한 불편함을 덜기 위하여 1960년 10월 프랑스 파리에서 열린 제11차 국제도량형총회에서 단위계를 단일화하자고 합의하여 나온 것이 SI 단위계이다. SI 단위계(Système International dUnités)에서는 주로 프랑스, 독일 등 유럽대륙 국가들이 사용하고 있는 MKS 단위계를 주축으로 이루어졌으며, 다만 힘의 단위는 뉴턴(Newton, N)을 기본단위로 정하였다. 따라서 원칙적으로는 모든 나라에서 SI 단위계를 사용해야 하지만 아직까지도 전문 서적 이외에는 찾아보기 힘들다. 현재 발행되는 전문서적도 Metric version, English unit version, SI version 으로 나뉘지만 이들 단위계 사이의 관계는 서로 환산할 수 있다([표 0.2]). 한 국가의 단위계 사용 문제는 오랜 전통과 관습적인 사안으로 우리나라도 예외는 아니다. 지금 시장이나 마트에 가서 '쇠고기 10뉴턴만 주세요'하면 누가 알아듣겠는가?

자연과학에서 자주 쓰이는 주요 물리량들에 대한 단위를 SI 단위계를 사용하여 알아보면 다음과 같다. 가장 기본이 되는 질량의 단위로는 kg이 사용되는데 질량이란 그 물체의 고유한 역학적 기본량으로 정의할 수 있다. 1 뉴턴(N)은 1 kg의 질량이 1 m/s^{2}의 가속도를 가질 때의 힘을 말하며, 1 joule은 1 N의 힘으로 1 m를 이동했을 때의 필요한 일 또는 에너지를 말한다([표 0.2]). 일률(power)이란 단위시간당의 일(에너지)을 말하는데 1초에 1 joule의 일을 했을 때 일률은 1와트(W)이다. 참고로 흔히 말하는 무게 1 kg은 1 kg의 질량에 중력가속도가 작용했을 때의 힘을 뜻하며 전에

표 0.2 단위계의 변환

단 위	kg, m, s	N, Pa, W
1 acre	4,046.87 m^2	
1 atmosphere(atm)	101,325 kg/m·s^2	101.3 KPa
1 bar	100,000 kg/m·s^2	100 KPa
1 barrel(U.S., dry)(bbl)	0.1156 m^3	
1 British thermak unit(Btu) = 778 lb ft	1,055 kg·m^2/s^2	1,055 N·m
1 cubic foot per second(ft^3/s)	0.0283 m^3/s	
1 degree Celsius(℃) = 5/9(T(℉) − 32°)	1 degree Kelvin(°K)	
1 degree Fahrenheit(℉) = 32 + 1.8 T(℃)	0.555556 degree Kelvin(°K)	
1 dyne(dyn)	0.00001 kg·m/s^2	1×10^{-5} N
1 dyne per square centimeter(dyn/cm^2)	0.1 kg/m·s^2	0.1 Pa
1 foot(ft)	0.3048 m	
1 gallon(U.S., liquid)(gal)	0.0037854 m^3	
1 horsepower(hp) = 550 lb ft/s	745.70 kg·m^2/s^3	745.7 W
1 inch(in.)	0.0254 m	
1 inch of mercury(in. Hg)	3,386.39 kg/m·s^2	3,386.39 Pa
1 inch of water	248.84 kg/m·s^2	248.84 Pa
1 joule(J)	1 kg·m^2/s^2	1 N·m = 1 J
1 knot	0.5144 m/s	
1 liter(ℓ)	0.001 m^3	
1 micrometer(μm)	1×10^{-6} m	
1 mile(nautical)	1,852 m	
1 mile(statute)	1,609.34 m	
1 million gallons per day(mgd) = 1.55 ft^3/d	0.04382 m^3/s	
1 Newton(N)	1 kg·m/s^2	
1 ounce(avoirdupois)(oz)	0.02835 kg	
1 fluid ounce(U.S.)	2.957×10^{-5} m^3	
1 pascal(Pa)	1 kg/m·s^2	1 N/m^2
1 pint(U.S., liquid)(pt)	0.0004732 m^3	
1 poise(P)	0.1 kg/m·s	0.1 Pa·s
1 pound-foot(lb-ft)	1.356 kg·m^2/s^2	1.356 N·m
1 pound per square foot(lb/ft^2 or psf)	47.88 kg/m·s^2	47.88 Pa
1 pound per square inch(lb/in.^{2} or psi)	6,894.76 kg/m·s^2	6,894.76 Pa
1 pound-force(lb)	4.448 kg·m/s^2	4.448 N
1 pound-force per cubic foot(lb/ft^3)	157.09 kg/m^2·s^2	157.09 N/m^3
1 quart(U.S., liquid)(qt)	0.00094635 m^3	
1 slug	14.59 kg	
1 slug per cubic foot(slug/ft^3)	515.4 kg/m^3	
1 stoke(S) = 1 cm^2/s	0.0001 m^2/s	
1 ton(U.K., long)	1,016.05 kg	
1 ton(metric)(t)	1,000 kg	
1 ton(short) = 2,000 lb	8,900 kg·m/s^2	8.9 KN
1 watt(W)	1 kg·m^2/s^2	
1 yard(yd)	0.9144 m	

는 1 kg중 또는 1 kg(중)이라 표현하기도 하였다. 이에 따르면 무게 1 kg은 $1^{kg} \times 9.8^{m/s^2}$ $=9.8^{N}$이 된다. 같은 맥락으로 무게 60 kg인 사람의 질량은 분명히 60 kg이다. 이들을 구별하기 위하여 힘을 나타낼 때는 kg_f를, 질량을 나타낼 때는 kg_m로 표기하기도 한다. 또한 단위계 사이에 알아두어야 할 몇 가지 중요한 물리량으로는 중력가속도 $g = 9.81^{m/s^2} = 32.2^{ft/s^2}$이고 무게 $1^{lb} = 0.4536^{kg}$ 등이 있다.

예제 0.1

다음 표에서 밀도, 단위중량, 압력, 일(에너지)의 절대단위계(MLT계) 차원을 중력단위계(FLT계) 차원으로 변환하고 각각의 단위를 나타내시오.

구 분	MLT		FLT	
	차 원	단 위	차 원	단 위
면적	$[L^2]$	m^2	–	–
부피	$[L^3]$	m^3	–	–
속도	$[LT^{-1}]$	m/s	–	–
가속도	$[LT^{-2}]$	m/s^2	–	–
밀도	$[ML^{-3}]$	kg/m^3		
힘	$[MLT^{-2}]$	$kg \cdot m/s^2 = N$	$[F]$	kg중, kg_f
단위중량	$[ML^{-2}T^{-2}]$	$kg \cdot m^2/s^2 = N/m^3$		
압력	$[ML^{-1}T^{-2}]$	$N/m^2 = Pa$		
일, 에너지	$[ML^2T^{-2}]$	$N \cdot m = J$		

➕ 풀이

절대단위계(MLT계)에 $M = FL^{-1}T^2$을 대입하여 중력단위계(FLT계)의 차원을 구한다. 밀도는 중력단위계 차원 $[FL^{-4}T^2]$, 단위 $kg중 \cdot s^2/m^4$; 단위중량은 차원 $[FL^{-3}]$, 단위 $kg중/m^3$; 압력은 차원 $[FL^{-2}]$, 단위 $kg중/m^2$; 일(에너지)은 차원 $[FL]$, 단위 $kg중 \cdot m$이다.

④ 연속체 continuum 의 개념

앞에서 설명한 바와 같이 자연현상의 표현에는 수학적인 도구를 사용하게 되는데 뉴턴(Newton) 이후 대부분은 미분식의 형태를 띠게 된다. 수학적 관점에서 미분 가능한 경우는 우선 대상 함수가 시/공간에 대하여 연속해야 한다. 그러나 어떠한 물리량이 존재하려면 대상 입자가 존재해야 하는데 극히 미세한 세계(예를 들면, 분자, 원자의 세계)에서는 입자들이 연속하지 않을 수 있다. 그러므로 표시하고자 하는 물리량들의 미분값이 존재하지 않는다면 그 식은 의미가 없게 되므로 개념적 관점에서 입자가 불연속할 정도의 아주 미세한 세계까지는 가지 않고 물리량들의 미분값이 존재하기에 충분하도록 연속되어 있다는 가정이 필요하게 된다. 이와 같이 모든 물리량들은 충분히 연속되어 있다는 개념적 가정 하에 있는 물체를 연속체(continuum)라 하고, 연속체라고 가정하여 나타낸 역학을 연속체 역학(continuum mechanics)이라고 한다. 물론 지극히 미세한 세계로까지 더 확장하면 이러한 연속체 개념은 더 이상 만족하지 않을 것이며, 여기서부터는 존재하는 각각의 입자를 중심으로 해석하는 소위 퀀텀(quantum) 세상이 된다. 퀀텀 세상의 양자역학(quantum mechanics)에서는, 예로서, 밀도는 입자들이 자유운동할 때 서로 부딪히지 않고 갈 수 있는 평균거리(mean-free-path)로 나타내거나, 압력은 면에 부딪히는 입자의 시간당 평균개수로 정의한다. 이 책에서 논하는 역학은 연속체 역학에 기초하는 뉴턴역학이다. 한편 이러한 연속체의 개념은 흔히 물과 기름, 어항 속의 기포와 같이 서로 다른 밀도를 갖는 물질들이 이루는 성층(stratification)과는 구별된다.

⑤ 테일러 급수 Taylor series expansion

테일러 급수(Taylor series expansion)는 수학에서 많이 사용되고 있고 특히 컴퓨터를 이용하여 해석할 때 기본식의 차분화 과정에 기초가 되는 식이다. 또는 은행에서 복리로 계산할 때 이용되는 식이기도 하다. 수학적으로는, 연속이고 미분가능한 임의의 함수 $T(x,y,z)$가 알려져 있을 때 공간상의 점(x,y,z)의 주변점$(x+\Delta x, y+\Delta y, z+\Delta z)$에서의 함수값 $T(x+\Delta x, y+\Delta y, z+\Delta z)$를 (x,y,z)점에서의 미분항을 포함하는 급수형태로 나타낼 수 있다는 것이다. 가장 간단한 형태로, $T(x)$가 단일 변수 x만의 함수라면 식(0.6)과 같이 상미분(ordinary differential) 형태의 급수로써 표시된다.

$$T(x+\Delta x) = T(x) + \frac{dT}{dx}\Delta x \qquad (0.6)$$

$$+ \frac{1}{2!}\frac{d^2 T}{dx^2}(\Delta x)^2 + \frac{1}{3!}\frac{d^3 T}{dx^3}(\Delta x)^3 + \cdots$$

$T(x,y,z)$처럼 2개 이상의 변수를 갖는다면 식(0.7)과 같이 편미분 급수 형태를 갖게 된다.

$$T(x + \Delta x, y + \Delta y, z + \Delta z) \qquad\qquad (0.7)$$

$$= T(x,y,z) + \frac{\partial T}{\partial x}\Delta x + \frac{\partial T}{\partial y}\Delta y + \frac{\partial T}{\partial z}\Delta z + H.O.T.$$

여기서 급수형태의 뒤에 나오는 고차미분항들은 일반적으로 차수가 높아질수록 작은 값을 갖게 되는데 이들을 고차항 H.O.T.(Higher Order Terms)라 부른다. 이러한 테일러 급수는 흔히 수치해석(numerical analysis)의 유한차분식(finite difference equation)을 유도하는 수단으로 사용되는데 이때 H.O.T.는 차분식이 내포하고 있는 오차(error)를 나타내게 된다. 가장 간단한 예로서 식(0.6)으로부터 1차 미분항은 다음과 같이 나타낼 수 있다.

$$\frac{dT}{dx} = \frac{1}{\Delta x}[T(x + \Delta x) - T(x)] + H.O.T.(error\,\text{항}) \qquad (0.8)$$

예제 0.2

$T(x - \Delta x)$를 식(0.6)과 같이 상미분 형태의 테일러 급수로 나타내고 이들을 이용하여 $\dfrac{dT}{dx}$를 표시하시오.

➕ 풀이

$$T(x - \Delta x) = T(x) + \frac{dT}{dx}(-\Delta x) + \frac{1}{2!}\frac{d^2T}{dx^2}(-\Delta x)^2 + \frac{1}{3!}\frac{d^3T}{dx^3}(-\Delta x)^3 + \cdots$$

$$T(x - \Delta x) = T(x) - \frac{dT}{dx}(\Delta x) + \frac{1}{2!}\frac{d^2T}{dx^2}(\Delta x)^2 - \frac{1}{3!}\frac{d^3T}{dx^3}(\Delta x)^3 + \cdots$$

따라서 식(0.6)에서 위 식을 빼면 다음식을 얻는다.

$$\frac{dT}{dx} = \frac{1}{2\Delta x}[T(x + \Delta x) - T(x - \Delta x)] + H.O.T.$$

마찬가지 방법으로 고차 미분항들의 차분식도 이끌어 낼 수 있으며, 궁극적으로는 미분방정식 형태의 지배방정식(governing differential equation)을 차분화시키고 초기조건(initial condition)과 경계조건(boundary condition)을 결합하여 해를 구하는 수치해석법의 근간을 제공한다.

앞에서 테일러 급수를 이용하면 (x,y)로 표시되는 그 점 주변의 함수값을 (x,y)점에서의 미분항들의 급수형태로 나타낼 수 있음을 보여주었다. 이것을 좀 더 알기 쉽게 그림으로 나타낸 것이 [그림 0.2]이다. 즉, 점(x,y)에서 $T(x,y)$가 정의될 때 Δx, Δy 떨어진 주변점 $(x + \Delta x, y)$, $(x, y + \Delta y)$ 및 $(x + \Delta x, y + \Delta y)$에서의 T값을 고차항은 생략하고 테일러 급수를 사용하여 그림과 같이 나타낼 수 있다. 물론 여기서는 변수의

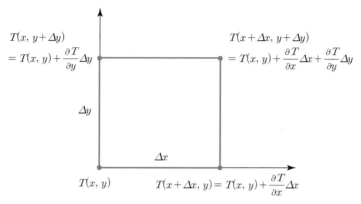

그림 0.2 테일러 급수를 이용한 주변 함수값의 표현

개수가 (x, y) 두 개지만 시간과 공간상(t, x, y, z)으로 증가하더라도 테일러 급수 형태로 나타내는 데는 어렵지 않을 것이다.

6 수 數, number 의 확장

우선 수학의 가장 기본이 되는 수(number)에 대하여 알아보자. 수는 수학이 속한 영역에만 국한되지 않고 우주물리학에서부터 예술, 사상, 철학에 이르기까지 이들의 개념적 발달과 궤를 같이하며 계속적으로 발전하여 왔다. [그림 0.3]은 수의 발달단계를 나타낸 것으로서 가장 초기형태의 수는 하나, 둘, 셋, 만, 억, 경 등의 자연수 형태로 시작했지만 그 후 0의 개념이 도입되면서 급속히 발전되기 시작하였다. 즉, 0의 반대편에 있는 음(마이너스)의 개념이 정의되어 -1, -5, -13 등의 정수로, 이들은 다시 1.2, 10.6, -4.7 등의 소수로 발전되고, 계속하여 분수로 표시할 수 있느냐에 따라 유리수, 무리수로 나뉘고, 크기를 정의할 수 있는 실수와 대응되는 허수의 개념이 도입되어 복소수에 이르고 있다. 이처럼 현대수학에서는 복소수가 최종단계에 와 있지만 앞으로 어떤 형태의 수가 더 나와 수를 확장시킬지 현재로서는 알 수 없다.

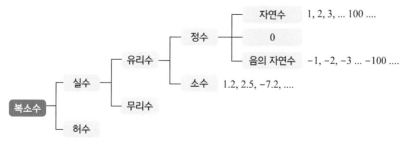

그림 0.3 수의 확장

우리 주변에서 일어나는 물리적 현상은 흔히 3차원 공간상에서 이루어진다. 공간상에서 나타나는 물리현상을 수학적으로 표현하는 방법에도 여러 가지가 있다. 그중 스칼라(scalar), 벡터(vector), 텐서(tensor)의 개념도 자주 이용된다. 우리는 흔히 스칼라라고 하면 크기만 있는 양이고, 벡터는 크기와 방향이 있는 양이라고 알고 있다. 텐서는 이들을 좀 더 확장시킨 개념으로서 이러한 성질을 이용하여 수학적인 식으로 표현하면 편리할 때가 많다. 예를 들면, 공간상에서 다음과 같이 표시되는 벡터 $\boldsymbol{A}$와 벡터 $\boldsymbol{B}$가 있다고 하자. 참고로 벡터를 나타내는 방법에는 여러 가지가 있지만 여기서는 고딕을 사용하여 나타낸다.

$$\boldsymbol{A} = a_1 \boldsymbol{i} + a_2 \boldsymbol{j} + a_3 \boldsymbol{k} \tag{0.9}$$

$$\boldsymbol{B} = b_1 \boldsymbol{i} + b_2 \boldsymbol{j} + b_3 \boldsymbol{k} \tag{0.10}$$

여기서 i, j, k는 x, y, z방향의 단위벡터이고, 각방향의 크기를 나타내는 a_1, a_2, a_3, b_1, b_2, b_3는 스칼라량이다. 만약 이들 두 벡터가 같다면 식(0.11)이 되고, 그들 각각의 성분은 같아야 하므로 식(0.12)~(0.14)를 동시에 만족해야 한다.

$$\boldsymbol{A} = \boldsymbol{B} \tag{0.11}$$

$$a_1 = b_1 \tag{0.12}$$

$$a_2 = b_2 \tag{0.13}$$

$$a_3 = b_3 \tag{0.14}$$

위와 같이 벡터식(0.11)과 스칼라식(0.12)~(0.14)는 같은 식이다. 그러므로 1개의 벡터식은 3개의 스칼라식과 동일하다는 뜻이다. 이들은 흔히 다음과 같이 표기한다.

$$a_i = b_i , \quad i = 1, 2, 3 \tag{0.15}$$

마찬가지로 이와 같은 개념을 식(0.16)과 같이 다음 단계로 확장시킬 수 있다.

$$A_{ij} = B_{ij} , \quad i = 1, 2, 3 , \quad j = 1, 2, 3 \tag{0.16}$$

이것을 수학에서는 텐서(tensor)식이라 부르며 식(0.16)은 9개의 스칼라식 또는 3개의 벡터식과 같다. 이러한 개념은 n차(n^{th} order tensor)까지 계속 확장할 수 있으며 확장된 이들 전체를 텐서장(tensor field)이라고 부른다. 이렇게 일반화된 텐서장에서 0차 텐서

(0th order tensor)를 특별히 스칼라로, 1차 텐서(1st order tensor)를 벡터로 부른다. 질량, 에너지, 일률, 밀도 등은 스칼라량이고, 속도, 가속도, 힘 등은 벡터량이며 면에 작용하는 응력(stress)이나 변형률(strain)은 2차 텐서(2nd order tensor)에 해당된다. 이와 같은 표기방법을 사용하면 공간에서의 물리적인 현상을 수학적으로 나타내는데 매우 간편하고 편리하다. 우선 스칼라 식보다는 벡터식이, 벡터식보다는 텐서식으로 표현하는 것이 식의 개수를 줄일 수 있으며, 물리량끼리 연산하는데도 많은 이점이 있다.

⑧ 요소 element

자연현상을 표시할 때 가급적 현상을 일으키는 본질로 접근하는 것이 이해하기 쉽고 단순화시킬 수 있는 장점이 있다. 그러기 위해서는 어떤 물질이나 시스템을 구성하는 가장 기본적인 요소(element)를 찾아 그것을 사용하여 표현하는 것이 편리하다. 예를 들면, 지구상의 모든 물질은 주기율표에 나와 있는 원소(요소)들의 조합으로 구성되어 있다. 따라서 수많은 개개의 물질을 대상으로 규명하기보다는 구성된 원소를 대상으로 하는 것이 훨씬 유리하다.

다루는 분야에 따라 요소의 종류는 다를 수 있으나 공통적으로 만족해야 할 조건은 하나의 요소는 다른 요소들의 조합으로 표시할 수 없는 독립적인 것이어야 한다. 물리학이나 화학에서 취급하는 수소, 산소, 질소, 철 등 주기율표에 나와 있는 모든 원소들은 확실히 서로 독립적이다. 수소나 산소는 여타 다른 요소로 만들 수 없지만, 물은 수소와 산소의 결합물이므로 원소가 될 수 없다. 이러한 개념은 다른 분야에서도 존재한다. 수학에서 수(number)의 요소는 1, 2, 3, 5, 7, 11, 13 등과 같은 소수로 볼 수 있으며, 차원에서는 M, L, T, K 나, 벡터장에서는 x, y, z 방향의 단위벡터인 i, j, k 를 요소로 취급할 수 있다. 질량이나 에너지 등은 스칼라량이기 때문에 1개의 요소로 충분하고, 힘은 벡터량이므로 3개의 요소가, 응력이나 변형률은 2차 텐서량이므로 9개의 요소가 필요하다. 따라서 각각 9개의 요소를 갖는 응력과 변형률의 관계는 이론상 최대 81가지가 존재하게 됨을 알 수 있다.

물체의 운동은 주로 속도와 가속도로써 나타낸다. 흔히 속도(velocity)는 속력(speed)과 달리 공간상에서 크기와 방향을 동시에 갖고 있는 벡터량으로 알려져 있다. 따라서 공간상에 존재하는 모든 속도는 3개의 요소(여기서는 x, y, z방향의 단위벡터 i, j, k)의 조합으로 표시할 수 있다. 지금 임의의 공간상의 속도벡터를 V라 하고, x, y, z방향의 성분을 각각 u, v, w라고 나타내면 다음과 같은 벡터식으로 표시된다.

$$V = u\boldsymbol{i} + v\boldsymbol{j} + w\boldsymbol{k} \tag{0.17}$$

여기서 u, v, w는 각 방향성분의 크기를 나타내는 스칼라량이며, u, v, w는 각각의 정의에 의하면 다음과 같다.

$$u = \frac{dx}{dt}, \; v = \frac{dy}{dt}, \; w = \frac{dz}{dt} \tag{0.18}$$

이와 같이 속도는 공간상의 위치(x, y, z)에 따라 다른 값을 가질 수 있으므로 속도 벡터 V는 위치 (x, y, z)의 함수로서 $V(x, y, z)$로 표시할 수 있다. 마찬가지로 u, v, w도 (x, y, z)의 함수가 될 것이다.

한편 속도는 공간상에서만 변하는 것이 아니라 시간(t)에 따라서도 달라질 수 있으므로 시간과 공간의 함수가 된다. 따라서 속도 V의 각 방향성분인 u, v, w도 마찬가지로 시간과 공간의 함수가 됨은 당연하다. 이들을 수학적으로 표시하면 다음과 같은 일반적인 식으로 표시할 수 있다.

$$V(t, x, y, z) = u\boldsymbol{i} + v\boldsymbol{j} + w\boldsymbol{k} \tag{0.19}$$

$$u = u(t, x, y, z), \; v = v(t, x, y, z), \; w = w(t, x, y, z) \tag{0.20}$$

속도와 마찬가지로, 주로 물체의 힘을 나타내는 데 사용되는 가속도 a는 속도를 시간에 대하여 미분한 형태이므로 식(0.21)과 같이 벡터식으로 표시할 수 있다.

$$a(t, x, y, z) = \frac{d}{dt} V(t, x, y, z) = a_x \boldsymbol{i} + a_y \boldsymbol{j} + a_z \boldsymbol{k} \tag{0.21}$$

속도 V를 식(0.17)로 가정하면 가속도 a의 각 방향의 가속도 성분 a_x, a_y, a_z와의 관계는 다음과 같다.

$$a_x = \frac{du}{dt}, \; a_y = \frac{dv}{dt}, \; a_z = \frac{dw}{dt} \tag{0.22}$$

10 벡터연산자 vector operator : gradient, divergence, curl

    물체의 운동과 힘을 나타내는 속도나 가속도가 벡터량이므로 벡터 연산에 자주 이용되는 연산자(operator)를 알아두면 매우 편리하다. 그중 다음의 3가지가 자주 사용된다. 우선 벡터 연산에 자주 사용되는 새로운 기호(symbol)를 소개한다. ∇는 일종의 벡터 연산자(vector operator)이며, ∇로 표시하고 'del' 또는 'nabla'라고 읽는다.

$$\nabla \equiv \frac{\partial}{\partial x}i + \frac{\partial}{\partial y}j + \frac{\partial}{\partial z}k \tag{0.23}$$

스칼라 함수 $\phi(x,y,z)$에 대한 $\nabla\phi$는 다음과 같은 벡터를 나타내는 것이며 이것을 gradient ϕ라고 하고 grad ϕ 또는 $\nabla\phi$라고 표현한다.

$$\text{grad } \phi = \nabla\phi = \frac{\partial\phi}{\partial x}i + \frac{\partial\phi}{\partial y}j + \frac{\partial\phi}{\partial z}k \tag{0.24}$$

또한 ∇가 벡터 연산자이기 때문에 임의의 다른 벡터와 내적(inner 또는 dot product) 연산도 가능하다. 만약 V를 식(0.17)의 속도벡터라고 하면 두 벡터의 내적 $\nabla \cdot V$를 divergence라 하고 $\text{div } V$ 또는 $\nabla \cdot V$로 표기하며 식(0.25)와 같은 스칼라량이 된다.

$$\text{div } V = \nabla \cdot V = \frac{\partial u}{\partial x} + \frac{\partial v}{\partial y} + \frac{\partial w}{\partial z} \tag{0.25}$$

벡터의 내적뿐만 아니라 외적(outer 또는 cross product)의 경우 $\nabla \times V$로 나타내며 이것을 curl V라고 하고 다음과 같은 벡터식이 된다.

$$\text{curl } V = \nabla \times V \tag{0.26}$$

$$= \begin{vmatrix} i & j & k \\ \dfrac{\partial}{\partial x} & \dfrac{\partial}{\partial y} & \dfrac{\partial}{\partial z} \\ u & v & w \end{vmatrix}$$

$$= \left(\frac{\partial w}{\partial y} - \frac{\partial v}{\partial z}\right)i + \left(\frac{\partial u}{\partial z} - \frac{\partial w}{\partial x}\right)j + \left(\frac{\partial v}{\partial x} - \frac{\partial u}{\partial y}\right)k$$

또한 del끼리의 내적 $\nabla \cdot \nabla$는 ∇^2로 표시하고 다음과 같다.

$$\nabla^2 = \frac{\partial^2}{\partial x^2} + \frac{\partial^2}{\partial y^2} + \frac{\partial^2}{\partial z^2} \tag{0.27}$$

여기에 스칼라량 $\phi(x,y,z)$를 고려하면 $\nabla^2\phi$로 표시하고, 특별히 $\nabla^2\phi = 0$인 경우를 Laplace 식이라 한다.

$$\nabla^2\phi = 0 \quad \text{또는} \quad \frac{\partial^2\phi}{\partial x^2} + \frac{\partial^2\phi}{\partial y^2} + \frac{\partial^2\phi}{\partial z^2} = 0 \qquad (0.28)$$

여기서는 벡터의 연산을 위해 자주 사용하는 몇 가지 것들에 대해서만 소개하였다. 이들 식이 뜻하는 물리적 의미는 각 장에서 필요한 경우에 설명할 것이며 여기서는 각 기호들의 표시방법 및 정의에 국한한다.

 ## 텐서의 표기방법 summation convention

지금까지 각종 식을 표기하는데 스칼라 형태로 또는 벡터 기호를 이용하여 표기하였다. 1개의 벡터식은 3개의 스칼라식과 같으므로 스칼라식보다는 벡터식으로 표기하면 간단해지는 것을 알 수 있다. 사용하는 식들이 더 높은 차수의 텐서량이라면 한층 더 복잡해지기 때문에 이렇게 표기방법에 대해 일정한 규칙을 만들어 놓고 그 규칙을 따라 표기하면 매우 편리하다. 더구나 식을 유도하거나 변형시킬 때, x, y, z 세 방향에 대하여 반복적으로 표시해야 할 경우가 빈번하게 나타나며, 이것을 매번 동일한 방법으로 반복한다는 것은 지루하고 또한 경제적이지도 않다. 따라서 이렇게 반복되는 진부한 과정을 보다 간단하고 편리하게 나타내는 방법이 필요하게 되었으며 그중 몇 가지를 소개한다.

우선 x, y, z축을 앞으로는 x_1, x_2, x_3 등 숫자로 표시하고, 각 방향의 물리량도 숫자로 표시하도록 한다. 예로서 각 방향의 속도성분 u, v, w는 u_1, u_2, u_3가 된다. 그리고 $a_i = b_i$, $i = 1, 2, 3$으로 표시된 식을 앞으로는 별 언급이 없는 한 $i = 1, 2, 3$을 생략하고 간단히 $a_i = b_i$로 쓰기로 한다. 또한 첨자 i, j, k 등이 겹쳐 사용되면(dummy index) 다음과 같이 그들의 합을 뜻한다.

$$a_i b_i = a_1 b_1 + a_2 b_2 + a_3 b_3 \qquad (0.29)$$

참고로 $a_i b_i$는 $a_j b_j$나 $a_k b_k$와 같다. 이러한 규칙에 따르면 식(0.29)는 두 벡터 $\boldsymbol{A}$, $\boldsymbol{B}$의 내적과 같다.

$$\boldsymbol{A} \cdot \boldsymbol{B} = a_1 b_1 + a_2 b_2 + a_3 b_3 = a_i b_i \qquad (0.30)$$

그 외 $ds^2 = dx^2 + dy^2 + dz^2$ 는 $ds^2 = dx_i dx_i$ 로, a_{ii} 는 $a_{11} + a_{22} + a_{33}$ 가 된다. 또한 $a_{ij} b_{ij}$ 는 다음과 같은 9개 항의 합을 나타낸다.

$$
\begin{aligned}
a_{ij} b_{ij} &= a_{1j} b_{1j} + a_{2j} b_{2j} + a_{3j} b_{3j} \qquad (0.31) \\
&= a_{11} b_{11} + a_{12} b_{12} + a_{13} b_{13} + a_{21} b_{21} + a_{22} b_{22} \\
&\quad + a_{23} b_{23} + a_{31} b_{31} + a_{32} b_{32} + a_{33} b_{33}
\end{aligned}
$$

이 규칙에 따르면 앞에서 설명한 $\mathrm{div}\,\boldsymbol{V}$의 식(0.25)는 $\dfrac{\partial u_i}{\partial x_i}$ 로 표기된다.

$$\frac{\partial u_i}{\partial x_i} = \frac{\partial u_1}{\partial x_1} + \frac{\partial u_2}{\partial x_2} + \frac{\partial u_3}{\partial x_3} = \frac{\partial u}{\partial x} + \frac{\partial v}{\partial y} + \frac{\partial w}{\partial z} \qquad (0.32)$$

혹은 더 간단히 $u_{i,i}$ 로 표시하기도 한다. 여기서 콤마 , 는 $\dfrac{\partial}{\partial x_i}$ 의 편미분을 나타내며, 따라서 $\nabla^2 \phi$ 는 $\phi,_{ii}$ 가 된다.

또한 첨자가 하나만 있는 경우를 single index라고 하는데 single index가 1개면 벡터, 2개면 2차 텐서 등을 나타내고, 없으면 스칼라이다. 즉, $a_i = b_i$ 이면 벡터식을, $a_{ij} = b_{ij}$ 이면 2차 텐서식을, $a_{ii} = b_{jj}$ 이면 스칼라식을 나타낸다. $\nabla \phi$ 는 $\dfrac{\partial \phi}{\partial x_i}$ 이므로 벡터이다.

한편 Kronecker delta라고 부르는 δ_{ij} 와 permutation ϵ 을 이용하면 매우 편리한데 다음과 같이 정의한다.

$$\delta_{11} = \delta_{22} = \delta_{33} = 1,\ \delta_{12} = \delta_{23} = \delta_{31} = \delta_{13} = \delta_{21} = \delta_{32} = 0 \qquad (0.33)$$

$$
\begin{aligned}
&\epsilon_{111} = \epsilon_{222} = \epsilon_{333} = \epsilon_{112} = \epsilon_{121} = \epsilon_{211} = \epsilon_{221} = \epsilon_{331} = \cdots = 0 \qquad (0.34) \\
&\epsilon_{123} = \epsilon_{231} = \epsilon_{312} = 1 \\
&\epsilon_{213} = \epsilon_{321} = \epsilon_{132} = -1
\end{aligned}
$$

$$\epsilon_{ijk}\, \epsilon_{ist} = \delta_{js} \delta_{kt} - \delta_{jt} \delta_{ks} \qquad (0.35)$$

위의 관계로부터 $\delta_{ii} = \delta_{11} + \delta_{22} + \delta_{33} = 3$ 이며, 두 벡터의 곱 $\boldsymbol{u} \times \boldsymbol{v}$ 는 $\epsilon_{ijk} u_j v_k$ 가 되고 $\nabla \times \boldsymbol{V}$ 는 $\epsilon_{ijk} u_{j,k}$ 로 표시된다. 이처럼 이러한 약속과 기호를 사용하여 식을 표현하면 매우 편리할 뿐만 아니라 연산도 간단히 할 수 있는 장점이 있다. 하나의 예를 더 들자면, 앞으로 유체역학에서 자주 나타나는 지배방정식은 다음과 같이 복잡한 식으로 표시된다.

$$\frac{\partial u}{\partial x} + \frac{\partial v}{\partial y} + \frac{\partial w}{\partial z} = 0 \qquad (0.36)$$

$$\frac{\partial u}{\partial t} + u\frac{\partial u}{\partial x} + v\frac{\partial u}{\partial y} + w\frac{\partial u}{\partial z} \qquad (0.37)$$

$$= -\frac{1}{\rho}\frac{\partial p}{\partial x} + \frac{\mu}{\rho}\left(\frac{\partial^2 u}{\partial x^2} + \frac{\partial^2 u}{\partial y^2} + \frac{\partial^2 u}{\partial z^2}\right)$$

$$\frac{\partial v}{\partial t} + u\frac{\partial v}{\partial x} + v\frac{\partial v}{\partial y} + w\frac{\partial v}{\partial z} \qquad (0.38)$$

$$= -\frac{1}{\rho}\frac{\partial p}{\partial y} + \frac{\mu}{\rho}\left(\frac{\partial^2 v}{\partial x^2} + \frac{\partial^2 v}{\partial y^2} + \frac{\partial^2 v}{\partial z^2}\right)$$

$$\frac{\partial w}{\partial t} + u\frac{\partial w}{\partial x} + v\frac{\partial w}{\partial y} + w\frac{\partial w}{\partial z} \qquad (0.39)$$

$$= -g - \frac{1}{\rho}\frac{\partial p}{\partial z} + \frac{\mu}{\rho}\left(\frac{\partial^2 w}{\partial x^2} + \frac{\partial^2 w}{\partial y^2} + \frac{\partial^2 w}{\partial z^2}\right)$$

이렇게 복잡한 4개의 식을 앞서의 텐서 표기법을 이용하면 다음과 같이 2개의 간단한 식으로써 표시 가능하다.

$$u_{i,i} = 0 \qquad (0.40)$$

$$\frac{\partial u_i}{\partial t} + u_j u_{i,j} = G_i - \frac{1}{\rho}\delta_{ij}\, p_{,j} + \frac{\mu}{\rho}u_{i,jj} \qquad (0.41)$$

이러한 텐서 표기법을 사용함으로써 복잡한 식을 간단히 할 수 있고, 이것을 적절히 활용하면 유체역학을 이해하는 데 큰 도움이 된다. 여기서는 이러한 표기법에 대하여 아주 기초적인 내용에 국한하여 설명하였다. 더 자세한 것은 전문적인 문헌을 참조하기 바란다. 다만 이 책에서는 꼭 필요한 경우가 아니고서는 독자의 이해를 돕기 위하여 이들의 사용을 가급적 자제토록 한다.

0.1 다음의 미분방정식에서 x, y는 공간상의 거리이며, t는 시간, u는 x방향 속도, v는 y방향 속도, ρ는 밀도, p는 압력, g_x는 x방향 중력가속도, τ는 전단응력이다. 5개의 항들 중에서 차원이 나머지 항들과 다른 항은 무엇이며 이를 수정하여 다른 항들과 차원을 일치시킨다면 위에서 언급한 변수들 중 어느 변수를 곱하거나 나눠 줄 수 있겠는지를 설명하시오.

$$\rho u \frac{\partial u}{\partial x} + \rho v \frac{\partial u}{\partial y} = -\frac{\partial p}{\partial x} + g_x + \frac{\partial \tau}{\partial y}$$

0.2 $T(x+dx)$를 테일러 급수로 나타낸 식(0.6)과 예제 0.2의 $T(x-dx)$를 테일러 급수로 나타낸 식을 이용하여 2차 미분항인 $\dfrac{d^2 T}{dx^2}$를 식(0.8)과 같이 대수방정식으로 나타내시오.

0.3 왜대칭(skew-symmetric) 텐서 $\omega_{ij} = \dfrac{1}{2}\left(\dfrac{\partial u_j}{\partial x_i} - \dfrac{\partial u_i}{\partial x_j} \right)$를 이용하여, $\omega = \dfrac{1}{2} curl(\boldsymbol{V})$가 됨을 증명하시오.

0.4 $\nabla \times (\nabla \times A) = \nabla(\nabla \cdot A) - \nabla^2 A$임을 증명하시오.

01
Chapter

유체역학이란?

1. 유체란 무엇인가?
2. 역학이란 무엇인가?
3. 힘의 분류
4. 유체의 운동
5. 자연계의 3대 법칙
6. 유체역학에서 자주 쓰는 기본적인 물리량
7. 유체 및 흐름의 분류
8. 차원해석과 상사

유체역학은 유체에 작용하는 힘을 다루는 학문이다. 그렇다면 유체는 무엇이고 어떤 특성을 내포하고 있는지를 우선 알아야하며, 유체에 작용하는 힘에는 어떤 종류가 있고 그들의 특징은 무엇인지 등의 기본적인 사항들도 살펴보는 것이 필요하다. 또한 유체는 궁극적으로 움직이는 것을 전제로 한다면 유체의 운동에 관한 것들도 파악해야 한다. 그러므로 이 장에서는 유체란 무엇인가부터 유체의 특징적 성질과 그에 따른 유체의 종류에 대하여도 알아본다. 또한 힘을 다루는 역학의 학문체계와 힘을 어떻게 분류하고 표현하는지에 대하여도 간략히 기술한다. 특히 뉴턴법칙으로 알려진 힘에 관한 사항과 연속체 개념의 뉴턴역학이 현대 양자역학과 어떻게 다른지에 대하여도 살펴본다. 또한 유체에 적용할 자연계의 3대 법칙인 질량 보존의 법칙, 뉴턴의 제2법칙 및 에너지 보존의 법칙에 대한 것과 유체흐름의 특성과 종류 및 차원해석에 대한 것을 간략하게 설명한다.

① 유체란 무엇인가?

여기서는 유체란 무엇이고 그 특징은 무엇인가에 대하여 알아본다. 유체의 정의에 대하여 가장 잘 설명한 것이 아래의 글이다.

A fluid is a substance that deforms continuously when subjected to a shear stress, no matter how small that shear stress may be.

이에 따르면 유체는 아무리 작은 전단응력(shear stress)이 작용하여도 그 응력에 저항하지 못하고 연속적으로 변형하는 물질이라고 정의하고 있다. 이 정의에 의하면 전단응력이 아무리 작더라도 그 응력이 어떤 물체에 작용할 때, 그 물체가 유체라면 반드시 변형이 일어나야 하고, 만약 조금이라도 저항한다면 그 물질은 유체가 아니다. 그러므로 유체와 전단응력은 매우 밀접한 관계에 있으며, 따라서 우선 전단응력을 이해하는 것이 필요하다. 일반적으로 역학에서 응력이란 단위면적당의 힘을 말한다.

유체의 정의를 설명할 때, 전단응력과 유체의 변형 사이의 관계를 알기 쉽게 이해시키기 위해 [그림 1.1]과 같은 예를 들어 설명한다. 즉, 어떤 물질이 아주 얇고 충분히 넓게 퍼져있고 그 위에 무게를 무시할만한 아주 얇은 판이 붙어 있다고 하자. 이 판을 그림과 같이 횡 방향으로 잡아당길 때 판과 유체 사이에는 힘이 작용하게 되는데 그 힘을 전단력(shear force)이라 부른다. 만약 이 판을 매우 작은 힘으로 당기더라도 끌려오면 앞서의 정의대로 이 물질은 유체이며, 끌려오지 않고 아주 미미하더라도 저항한다면 이 물질은 유체가 아니다.

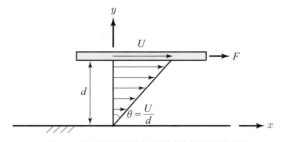

그림 1.1 두 개의 평판 사이의 점성유동과 전단력

유체의 변형과 전단응력 사이의 관계를 좀 더 자세히 알아보자. 만약 어떤 물질이 유체라면, [그림 1.1]에서 판을 U의 속도로 Δt 시간동안 힘 F로 당길 때 판에 붙어 있는 물질은 $U\Delta t$만큼 움직이나 바닥에 붙어있는 물질은 움직이지 않을 것이고, 물질의 두께가 아주 얇다고 가정했으므로 그림과 같이 삼각형태를 이루며 변형될 것이다. 여기서 물질의 두께를 d라고 할 때 Δt 시간동안 변형되는 각도는 $U\Delta t/d$이고, 단위시간당 변형되는 각도 θ는 U/d가 된다. 한편 여기에 소요되는 힘(F)은 변형되는 각도 θ와 판의 넓이 A에 비례할 것이므로 식(1.1)로 나타낼 수 있다.

$$\frac{F}{A} \propto \theta \quad \text{또는} \quad \frac{F}{A} \propto \frac{U}{d} \tag{1.1}$$

여기서 좌변은 단위면적당의 전단력을 나타내는데 이를 전단응력(τ, shear stress)이라고 부르며, 우변은 단위시간당 변하는 각도로서 변형률(rate of deformation)이라 한다. 이를 좀 더 수학적으로 표현하기 위하여 여기에 비례상수 μ를 넣으면 식(1.2)가 된다.

$$\tau = \mu \frac{du}{dy} \tag{1.2}$$

이때 식(1.2)에서 전단응력과 변형률 사이의 관계를 맺어주는 비례상수(μ)를 점성계수(coefficient of viscosity 또는 dynamic viscosity)라고 한다. 점성계수는 $[M/LT]$ 또는 $[FT/L^2]$의 차원을 가지며 1 dyn·sec/cm²을 1 poise라고 한다. 한편 μ를 밀도 ρ로 나눈 값도 자주 사용하는데 이것을 ν로 표기하고 동점성계수(kinematic viscosity)라고 부른다.

$$\nu = \frac{\mu}{\rho} \tag{1.3}$$

여기서 ν는 $[L^2/T]$의 차원을 갖고 단위는 cm²/s 또는 m²/s를 사용하며, 일정한 압력 하에서 동점성계수는 주로 온도의 함수로 알려져 있다.

만약 식(1.2)에서 점성계수가 0이 아니라면 전단응력이 아무리 작은 값을 가져도 변형률 du/dy는 0이 될 수 없으므로 앞서의 유체의 정의를 만족시키며 따라서 이러한 물질은 분명 유체가 틀림없다. 이와 같이 어떤 물질이 유체냐, 유체가 아니냐를 구분하는데 있어 점성계수는 매우 중요한 의미를 갖는다. 어떤 물질이 식(1.2)의 관계를 갖고 점성계수가 0이 아니라면 그 물질은 유체이고 식(1.2)는 유체를 나타내는 식임에 틀림없다.

한편 점성계수 μ의 값은 물질이나 온도에 따라 다른 값을 갖는다. 흔히 점성계수가 물질에 따라 달라지는 것은 물질의 분자구조에 의한다고 생각하여 μ를 분자 점성계수(molecular viscosity)라고도 한다. 점성계수는 물체의 끈끈한 정도를 나타내는 것으로써 물보다는 물엿이나 콜타르의 점성계수값이 크다. 또한 액체의 경우 물질의 온도가 높아지면 점성계수의 값은 작아지고 기체의 경우는 커지지만 일반적으로 모든 물질이 다 그런 것은 아니다. 또한 식(1.2)는 흔히 응력(stress)과 변형(strain)의 관계로 알려져 있다. 점성계수는 마치 스프링 저울에서 힘 F와 늘어난 길이(변형) x의 관계를 나타내는 $F = kx$의 후크(Hook)의 법칙 중 스프링상수 k와 같은 개념이지만 후크법칙의 힘은 전단력이 아닌 압축/인장력인 면에서 다르다.

앞에서 유체의 정의를 설명하는 내용 중 전단응력과 변형률과의 관계를 나타낸 것이 [그림 1.2]이다. 우선 유체는 아무리 작은 전단응력에 대하여도 변형이 일어나야 하므로 그림의 원점에서 출발해야 한다. 원점에서 출발하지 않는 물질은 유체의 정의에 어긋나므로 유체가 아니다. 유체라 하더라도 변형이 전단응력과 선형적인 관계가 있느냐에 따라 구분하는데 선형관계가 있는 것을 뉴턴유체(Newtonian fluid), 그렇지 않은 유체를 비뉴턴유체(non Newtonian fluid)라 한다. 대표적으로 물은 전자에, 몸속의 혈액은 후자에 속한다고 알려져 있다. 한편 [그림 1.2]에서 원점에서 출발하지 않는 물질은 전단응력에 저항하는 물질이므로 엄밀한 의미에선 유체가 아니다. 그러나 이들 물질도

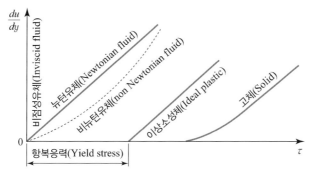

그림 1.2 유체의 전단응력과 변형률과의 관계

두 가지로 구분하는데 철이나 콘크리트처럼 큰 전단응력에도 변형이 일어나지 않는 것을 고체라 하고, 비교적 작은 전단응력에만 저항할 뿐 유체의 성질과 유사한 물질을 플라스틱이라 하며 선형적인 관계가 있는 것을 이상플라스틱(ideal plastic)이라고 부른다. 한편 그림에서처럼 점성계수 $\mu = 0$인 유체는 존재하지 않지만 해석의 편의상 $\mu = 0$이라고 가정한 유체를 비점성 유체(inviscid fluid)라고 한다.

② 역학 力學, mechanics 이란 무엇인가?

역학(mechanics)이란 물체의 운동과 그 운동을 일으키는 힘을 다루는 학문이다. 이를 위해서는 시간, 공간, 힘, 에너지 및 물질 등의 기본적 개념으로부터 출발해야 하며, 역학을 깊이 있게 이해하려면 물리학, 화학, 생물학, 공학 등 거의 모든 학문분야의 지식이 필요하다. 이렇게 전 분야에 걸쳐 역학의 세세한 부분까지 다루기에는 너무 방대하고 복잡하다. 따라서 여기서는 뉴턴에 의하여 제기된 후 현대물리학이 탄생되기 전까지 보편적으로 사용되었던 부분에 국한하여 설명한다. 물론 현대물리학에서 다루는 역학이 더 포괄적이며 보편타당하지만 기상학, 수리학, 해양학 등 우리 주변의 유체를 다루는 데는 근대물리학의 지식만으로도 충분하기 때문이다.

뉴턴은 힘에 관하여 다음과 같은 3가지 법칙을 얘기하였다. 우선 제1법칙은 관성(inertia)의 법칙으로 알려져 있다. 관성이란 어떤 물체가 현재의 상태를 유지하려는 성질을 말하는데 모든 물체는 이러한 성질을 가지고 있다는 것을 뉴턴이 발견하였다. 예를 들면, 움직이는 물체는 계속 움직이려는 성질을 가지고 있고, 정지해 있는 물체는 계속해서 정지해 있으려는 성질을 갖고 있다. 외부에서 힘을 가하지 않는 한 이 상태는 계속 유지된다는 것이다. 따라서 이러한 관성이 깨지기 위해서는 외부로부터 힘을 가하는 것이 필요한데 이때 그 힘은 질량과 속도의 곱으로 표시되는 운동량(mV)의 변화율, 즉 ma가 된다는 것이 뉴턴의 제2법칙이다. 이 힘을 관성력(inertial force)이라 부른다. 다시 말하면, 움직이는 물체를 정지시키려고 하거나 더 빨리 움직이기 위해서 또는 정지해 있는 물체를 움직이기 위해서는 외부로부터 힘을 작용시켜야 하는데 그때 필요한 힘은 ma가 된다는 것이다. 제3법칙은 작용과 반작용의 법칙으로 잘 알려져 있다.

뉴턴이 발견한 역학에서 유일하게 정량적으로 나타낸 것은 뉴턴의 제2법칙이다. 지금 책상 위에 책 한권이 놓여 있다고 하자. 이 책은 관성에 의하여 현재의 상태인 정지상태를 유지할 것이다. 이때 그 물체에 작용하는 각종 힘(여기서는 책의 무게와 그 무게를 지탱하는 책상의 반력)들은 평형상태를 이루게 되고, 따라서 이들의 합은 0이 될 것이다. 이러한 평형상태를 식으로 나타낸 것이 식(1.4)이다.

$$\sum \boldsymbol{F} = 0 \qquad (1.4)$$

여기서 이 식처럼 우변이 0의 값을 갖는 상태를 정적(靜的, statics)인 상태라 한다. 책상 위에서 정지하고 있는 이 책에 외부에서 힘을 가하지 않는 한, 책은 관성의 법칙으로부터 계속하여 그 상태를 유지할 것이다. 만약 외부에서 힘을 가하여 책이 속도 $\boldsymbol{V}$로 움직였다면 관성에 의하여 유지되던 평형상태는 깨어지고 그 물체가 가지고 있던 운동량(momentum) $m\boldsymbol{V}$는 변화되었을 것이다. 뉴턴은 이때 발생한 운동량의 시간에 대한 변화율은 외부로부터 가해진 힘과 동일해야 한다고 보았다. 이것이 뉴턴의 제2법칙으로 알려져 있고 이를 표시한 것이 식(1.5)이다.

$$\sum \boldsymbol{F} = \frac{d}{dt}(m\boldsymbol{V}) \qquad (1.5)$$

여기서 운동량의 변화율을 나타낸 우변의 항을 관성력이라 하고 이 관성력이 존재하는 상태(0이 아닌 상태)를 동적(動的, dynamics)인 상태라 한다. 즉, 관성력이 0이면 정적인 상태의 역학으로서 정역학(statics)이라 부르고, 관성력이 0이 아니면 동역학(dynamics)이라 부른다.

이처럼 뉴턴의 제2법칙은 식(1.5)와 같이 운동량을 미분한 항으로 표시되는데 질량과 속도의 곱의 형태로 되어 있다. 이것을 풀어서 쓰면 식(1.6)이 된다.

$$\sum \boldsymbol{F} = m\frac{d\boldsymbol{V}}{dt} + \boldsymbol{V}\frac{dm}{dt} \qquad (1.6)$$

여기서 우변의 첫 번째 항은 질량에 가속도를 곱한 형태로서 흔히 우리가 알고 있는 관성력 $m\boldsymbol{a}$이다. 한편 우변의 두 번째 항은 속도에 질량의 변화율을 곱한 것으로서 이 항의 해석은 물리학에서 매우 중요한 의미를 내포하고 있다. 우선 뉴턴은 질량은 시간에 따라 변하지 않는다고 보았으며, 따라서 질량의 시간에 대한 미분값은 0이라 하였다. 이러한 가정 하에서는 식(1.6)의 둘째 항은 없어지게 되고, 이 형태는 흔히 우리가 알고 있는 뉴턴의 제2법칙을 나타낸 식(1.7)이 된다.

$$\sum \boldsymbol{F} = m\frac{d\boldsymbol{V}}{dt} + \boldsymbol{V}\frac{dm}{dt} = m\boldsymbol{a} + 0 \qquad (1.7)$$

이렇게 질량은 시간에 따라 변하지 않는다는 개념은 뉴턴 이후 두 세기에 걸쳐 계속 사용되어 왔다. 그러나 20세기 중반 아인슈타인은 질량도 시간에 따라 변한다는 것을 제시하고 입증하기에 이르렀다. 그의 이론에 따르면, 이제 식(1.6)의 두 번째 항은 더 이상 0이 아니게 되었으며 따라서 뉴턴의 식(1.7)은 이제 타당하지 않게 되었다. 이러한 아인슈타인의 주장은 뉴턴에 의하여 제안된 후 200여 년 동안 사용해오던 역학체계를 근본적으로 뒤집는 것으로써 현대 이론물리학측면에서는 새로운 역학체계를 구축했다는 매우 중요하고 발전적인 쾌거의 의미를 내포하고 있다.

그러므로 유체역학에서도 기존의 이론을 모두 수정하여 사용해야 마땅하나 다행스럽게도 질량이 변하는 경우는 어떤 물체가 광속에 가깝게 접근할 때만 가능하다고 하였으며, 이는 뉴턴역학의 기본 가정인 연속체의 개념을 뛰어 넘는 것이다. 이와 같은 아인슈타인의 이론은 뉴턴역학과 전혀 다른 별개의 것이 아니라 뉴턴역학을 포함하는 좀 더 확장시킨 일반적인 경우의 것으로서 뉴턴역학에 큰 오류가 있다는 의미는 절대 아니다.

물론 아인슈타인의 이론이 현대물리학에서 보편적으로 인식되고 있는 것은 사실이다. 그러나 아인슈타인의 역학이론이 더 정확하고 엄밀하다고 하더라도, 기상학, 해양학, 수리학 등 지구상의 유체를 취급하는 실용적인 사례들에서는 대상유체의 속도가 광속에 접근하는 경우는 없으므로 뉴턴의 식(1.7)을 사용하는 데는 전혀 문제가 없을 것이다. 따라서 지구상의 유체를 다루는 실제적인 문제에 있어서는 연속체 개념에 기반한 뉴턴의 역학이론으로 충분하며 지금도 광범위하게 사용하고 있는 이유이다.

이와 같이 질량은 변하지 않는다고 가정한 역학을 고전역학 또는 뉴턴역학(Newtonian mechanics)이라 부르고, 아인슈타인에 의하여 제기되고 입증된, 질량도 변한다는 것을 반영한 역학을 현대역학 또는 양자역학이라고 한다. 그러나 다시 한번 강조하지만 지구상의 유체를 해석 대상으로 하는 분야에서는 뉴턴역학으로도 충분함은 물론이며 이 책에서의 설명도 뉴턴역학에 국한한다.

③ 힘의 분류

우리가 앞으로 뉴턴역학에서 다루고자 하는 힘은 여러 종류가 존재한다. 여기서는 이들 힘의 종류나 특징을 좀 더 구체적으로 알아본다. 힘의 종류에는 중력, 압력, 탄성력, 인장력, 압축력, 표면장력, 마찰력, 전단력, 점성력, 편향력, 만유인력 등 여러 가지가 있다. 이렇게 수많은 힘들을 해석함에 있어 형태나 특성이 동일한 것끼리 묶어 분류하면 편리할 때가 많다. 그러나 해석 목적이나 편의에 따라, 작용하는 장소에 따라 또는 유체나 고체 등 해석대상이나 범위에 따라 분류방법이 상이할 수 있다. 그러므로 여기서는 해석 대상은 유체이고, 일반적인 상태의 유체역학에서 분류하는 방법을 소개한다.

힘을 정량적으로 표시한 뉴턴의 제2법칙을 일반적인 형태로 나타내면 다음과 같다.

$$\sum \boldsymbol{F} = \boldsymbol{F}_g + \boldsymbol{F}_p + \boldsymbol{F}_e + \boldsymbol{F}_v + \cdots = m\boldsymbol{a} \qquad (1.8)$$

여기서 $\boldsymbol{F}_g, \boldsymbol{F}_p, \boldsymbol{F}_e, \boldsymbol{F}_v$ 등은 각각 중력, 압력, 탄성력, 점성력 등을 뜻한다. 이 식에서 우변을 관성력(inertial force)이라 하고, 좌변을 작용력(applied force)이라 부른다. 관성력은 앞에서도 언급했지만 관성에 의한 운동량이 변화할 때 필요한 힘을 말하며 정역학과 동역학의 판단기준이 된다. 작용력은 $\boldsymbol{F}_g, \boldsymbol{F}_p, \boldsymbol{F}_e, \boldsymbol{F}_v$ 등과 같이 어떤 물체가 관성상태를 유지하고 있을 때(정지 또는 등속도 운동으로 관성력이 없을 때) 그 물체에 작용하는 모든 힘들을 통칭하여 쓰이는 말이다.

이렇게 작용력은 다양한 형태의 힘으로 구성되어 있지만 이들이 작용하는 대상에 따라 크게 질량력(body force)과 면력(surface force)의 두 종류로 나눈다([그림 1.3]). 질량력은 질량 자체에 작용하는 힘으로 중력, 자기력, 만유인력, 편향력 등이 이에 속하며 질량력의 작용점은 질량중심에 있다고 본다. 면력은 물체의 표면에 작용하는 힘으로 압력, 인장력, 점성력, 전단력, 마찰력 등이 여기에 속한다. 이 면력은 또한 작용방향에 따라 압력처럼 면에 수직하게 작용하는 연직력(normal surface force)과 마찰력처럼 면에 접하는 방향으로 작용하는 접선력(tangential surface force)으로 나누어진다. 따라서 어떤 면에 작용하는 힘은 연직방향과 접선방향 성분의 합으로 표시할 수 있으며, 공간상에서 2차 텐서(2nd order tensor)량으로 표시된다.

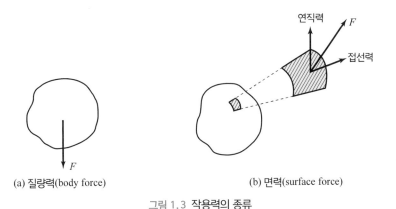

(a) 질량력(body force)   (b) 면력(surface force)

그림 1.3 작용력의 종류

앞에서 우리는 유체를 정의하면서 유체는 전단력이 작용할 때 변형이 이루어져야 한다고 하였다. 물론 전단력을 발생시키는 요인은 매우 여러 가지일 수 있으나, 어떤 요인에 의해서든지 전단력이 유체에 작용하면 그 유체는 변형이 일어나야 된다. 여기서 구체적으로 유체가 변형한다는 의미는 유체입자가 움직인다, 유체입자가 이동한다, 유체가 흐른다, 또는 유체가 운동한다는 말과 동일하다. 그러나 유체가 움직이는 형태는 여러 가지로 다를 수 있다. 따라서 이러한 유체의 기본적인 운동에 대한 이해가 필요하다.

유체입자는 다음의 4가지 형태로 움직인다. 입자가 이동하며 그 모양이 어떻게 변하느냐에 따라 단순이동(translation), 수축－팽창(dilatation), 전단변형(shear deformation) 및 회전(rotation)으로 유체의 운동을 구별한다.

첫째로 단순이동은 [그림 1.4]와 같이 x, y, z축에 나란한 육면체가 있고 그 속의 한점 A가 Δt 시간동안 A'으로 이동했을 때 육면체의 변의 길이가 동일하고, 각 모서리 또한 x, y, z축에 나란한 채로 남아 있다면 이런 운동을 단순이동이라고 한다. 이러한 단순이동에서는 각방향의 유속성분 u, v, w는 일정한 값을 갖으며, 각 방향으로 움직인 거리는 각각 다음과 같다.

$$\Delta x = u\Delta t, \ \Delta y = v\Delta t, \ \Delta z = w\Delta t \qquad (1.9)$$

단순이동에서는 유체입자의 위치만 바뀔 뿐, 유체입자의 형상은 같은 모양을 유지하고 회전도 하지 않는 흐름이다. 이러한 흐름은 [그림 1.5]와 같이 유속이 일정한 곳에서 직선인 유선을 따라 움직이는 운동(등류)이 이에 해당된다.

다음으로 유체입자가 Δt 시간동안 입자의 형상이 변하며 흐르는 것을 변형(deformation)이라 한다. 변형에는 수축－팽창 변형과 각변형(angular deformation)으로 나뉜

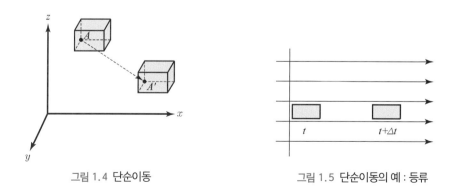

그림 1.4 단순이동　　　　　　　　　그림 1.5 단순이동의 예 : 등류

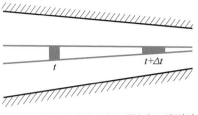

그림 1.6 축소단면에서의 유체입자 모양 변화

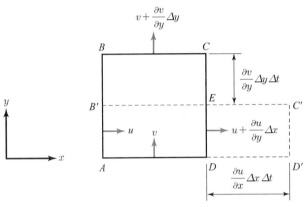

그림 1.7 선형변형의 도식화

다. 수축－팽창은 유체입자가 선형적으로 변하는 것으로 선형변형(linear deformation)이라고도 부른다. [그림 1.6]처럼 좁아지는 수로에서 유체가 이동한다면 좁아질수록 유속은 빠르게 되어 본래의 입자 모양이 늘어나게 된다. 지금 입자의 모양을 시각 t와 $t+\Delta t$의 것을 겹쳐 놓는다면 [그림 1.7]과 같이 도식화시킬 수 있을 것이다.

시간 t에서 입자형상은 $ABCD$를 이루다가 Δt 시간이 지나면 $AB'C'D'$로 변형된다. Δt 시간동안 x방향으로 늘어난 길이 DD'는 $\dfrac{\partial u}{\partial x}\Delta x\,\Delta t$이고 줄어든 길이 BB'는 $\dfrac{\partial v}{\partial y}\Delta y\,\Delta t$이다. 단위시간당 원래의 길이 Δx, Δy에 대한 변형률은 $\dfrac{\partial u}{\partial x}$ 및 $\dfrac{\partial v}{\partial y}$가 된다. 이때 이들 변형율의 합 $\dfrac{\partial u}{\partial x}+\dfrac{\partial v}{\partial y}$를 총 수축－팽창 변화율(total rate of dilatation deformation)이라고 한다. 즉, 단위면적당 면적변화율을 뜻하며 비압축성 유체에서는 줄어든 면적 $BCEB'$과 늘어난 면적 $EC'D'D$가 같아야 하고, 압축성 유체에서는 같지 않으며 그 차이는 수축 또는 팽창률이 될 것이다.

각변형은 전단변형이라고도 하며 유체입자의 형태를 이루는 선이 회전함으로서 나타나는 변형이다. 예로서 [그림 1.8]과 같이 유체가 굴곡수로를 지날 때 각각의 모서리를 잇는 선들이 회전하게 된다. 이것을 앞에서와 같이 도식적으로 표현한 것이 [그림 1.9]이다. $ABCD$를 이루던 형상이 Δt 시간 후에는 $AB'C'D'$로 바뀐다면 Δt 시간 동안 B에서 B'으로 움직인 길이는 $\dfrac{\partial u}{\partial y}\Delta y\,\Delta t$이므로 단위시간당 회전한 각도 θ_1은 다음과 같다.

$$\theta_1 = \frac{\partial u}{\partial y} \tag{1.10}$$

마찬가지로 θ_2는

$$\theta_2 = \frac{\partial v}{\partial x} \tag{1.11}$$

이때 이들 회전각의 합 $\theta_1+\theta_2$는

$$\theta_1 + \theta_2 = \frac{\partial u}{\partial y} + \frac{\partial v}{\partial x} \tag{1.12}$$

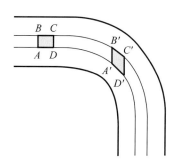

그림 1.8 굴곡수로를 지나는 유체의 전단변형

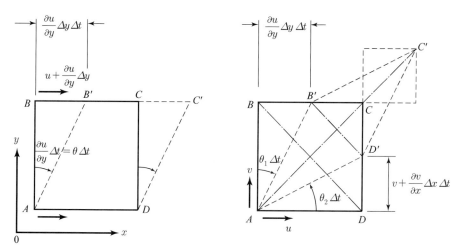

그림 1.9 전단변형 또는 각변형

이것을 각변형률 또는 전단변형률(rate of shear deformation)이라고 부른다.

한편 [그림 1.9]에서 유체입자의 대각선 AC의 방향과 AC'이 항상 일치하는 것은 아니다. θ_1과 θ_2가 같다면 대각선은 일치할 것이지만, 같지 않다면 대각선의 방향이 바뀌게 된다. 이 각도의 차이는 다음과 같이 표시되고 이것을 회전변형률(rate of rotation)이라 한다.

$$\theta_1 - \theta_2 = \frac{\partial u}{\partial y} - \frac{\partial v}{\partial x} \qquad (1.13)$$

그러므로 식(1.13)이 0이라면 흐름은 비회전이고 0이 아니라면 유체입자는 회전하게 된다. 즉,

$$\frac{\partial u}{\partial y} - \frac{\partial v}{\partial x} = 0 \ (비회전류), \quad \frac{\partial u}{\partial y} - \frac{\partial v}{\partial x} \neq 0 \ (회전류) \qquad (1.14)$$

지금까지 설명한 전단변형과 회전변형을 종합적으로 나타낸 것이 [그림 1.10]이다. 흐름이 회전류이냐, 비회전류이냐는 유체역학에서 매우 중요한 의미를 내포하고 있다. 그 이유는 6장에서 자세히 설명하겠지만 여기서는 우선 식(1.13)의 형태는 벡터연산에서 curl $V = \nabla \times V$와 같으며, 따라서 수학적으로 $\nabla \times V = 0$면 비회전류, $\nabla \times V \neq 0$이면 회전류를 뜻한다는 것만 강조한다.

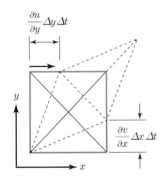

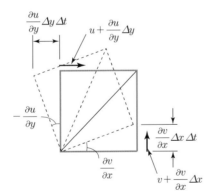

회전 없는 전단변형
$$\frac{\partial u}{\partial y} - \frac{\partial v}{\partial x} = 0$$
$$\frac{\partial u}{\partial y} + \frac{\partial v}{\partial x} \neq 0$$

전단변형 없는 회전
$$\frac{\partial u}{\partial y} - \frac{\partial v}{\partial x} \neq 0$$
$$\frac{\partial u}{\partial y} + \frac{\partial v}{\partial x} = 0$$

회전과 전단변형
$$\frac{\partial u}{\partial y} - \frac{\partial v}{\partial x} \neq 0$$
$$\frac{\partial u}{\partial y} + \frac{\partial v}{\partial x} \neq 0$$

그림 1.10 전단변형과 회전변형

지금까지 유체가 갖는 4가지 운동에 대하여 알아보았다. 그러나 유체의 운동은 어느 한 가지만에 의하여 나타나는 것이 아니라, 이들 4가지 운동이 서로 동시에 복합적으로 일어난다. 예로서 [그림 1.11]처럼 유체입자 $ABCD$가 Δt 시간 후에 $A'B'C'D'$로 변형되었다고 할 때 꼭짓점 C의 좌표점으로부터 이동한 후의 위치인 C'의 좌표점은 [표 1.1]과 같이 4가지의 운동에 의하여 결정된다. 표에서 미소거리 및 미소시간 $\Delta x, \Delta y, \Delta t$를 dx, dy, dt로 표시하면 첫째항은 출발점의 위치($x+dx$, $y+dy$)이고, 두 번째 항부터 각각 단순이동, 선형변형, 전단변형, 회전변형이다.

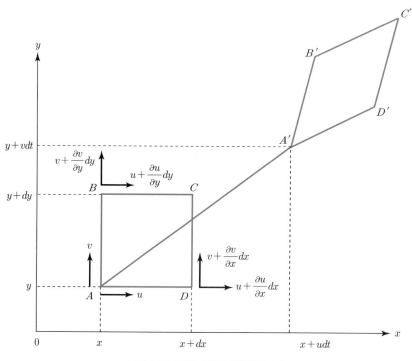

그림 1.11 유체 운동의 2차원 좌표계

표 1.1 C'의 위치좌표

	초기좌표	단순이동	선형변형	전단변형	회전변형
C'	$x+dx$	$+\ u\,dt$	$+\ \dfrac{\partial u}{\partial x}dx\,dt$	$+\ \dfrac{1}{2}\left(\dfrac{\partial u}{\partial y}+\dfrac{\partial v}{\partial x}\right)dy\,dt$	$-\ \dfrac{1}{2}\left(\dfrac{\partial v}{\partial x}-\dfrac{\partial u}{\partial y}\right)dy\,dt$
	$y+dy$	$+\ v\,dt$	$+\ \dfrac{\partial v}{\partial y}dy\,dt$	$+\ \dfrac{1}{2}\left(\dfrac{\partial u}{\partial y}+\dfrac{\partial v}{\partial x}\right)dx\,dt$	$+\ \dfrac{1}{2}\left(\dfrac{\partial v}{\partial x}-\dfrac{\partial u}{\partial y}\right)dx\,dt$

자연계의 3대 법칙

　자연계에는 수많은 자연현상이 시공간상에서 끊임없이 그 형태를 변형하면서 발생과 소멸을 반복하고 있다. 엄밀한 의미에서 자연현상이란 아무것도 없었던 상태에서 새로이 생겨나거나 또는 소멸되어 아주 없어지는 것이 아니라 다만 또 다른 형태로 바뀌어 가는 과정이라 할 수 있다. 따라서 세상의 모든 자연현상은 원인에 따른 결과이며, 원인 없는 결과나 결과 없는 원인은 존재하지 않는다. 이러한 원인과 결과를 맺어주는 과정 사이에는 어떤 일정한 관계가 작용한다. 그러므로 수많은 자연현상을 설명하기 위해서는 각 현상마다 그 수에 해당하는 원인과 결과 사이의 관계를 이끌어 낼 수 있으며, 운이 좋다면 이들 중 공통적으로 만족시키는 인과관계, 즉 일정한 법칙을 도출할 수도 있다.

　이 법칙들 중 수많은 자연현상을 보편적으로 잘 설명해줄 수 있고, 공통적으로 적용할 수 있고, 범용성이 높은 것일수록 쓰임새가 클 것이다. 만약 이처럼 어떤 법칙이 수많은 자연현상을 공통적으로 잘 설명할 수 있다면 이 법칙은 자연계의 중요한 기본 법칙이 될 것이다. 그렇다면 세상을 움직이는 법칙은 몇 개나 될까? 자연과학의 발달과정이란 여러 개의 자연현상으로부터 공통적인 관계를 이끌어 내고, 이들 관계들로부터 더 높은 차원의 법칙을 유도해 가고, 이런 절차를 쉼 없이 반복해 가는 과정이라고 볼 수 있다. 결국 이 과정의 끝에는 현재로서는 정확히 알 수 없지만, 몇몇 가지의 법칙을 도출할 수 있을 것이다. 이런 발전과정으로부터 우주의 모든 움직임은 궁극적으로 몇 개의 법칙에 의하여 이루어질까하는 근원적 의문에 대한 것은 철학의 문제이다. 우주 만물의 움직임을 하나의 법칙에 의하여 설명할 수 있다고 주장하는 소위 우주 1법칙설을 주장하는 철학자도 있다. 그러나 여기서는 이러한 철학적인 논쟁을 하기 위한 것이 아니고, 지금까지 근대물리학에서 자연현상을 보편적으로 가장 잘 설명하고 있는 기본 법칙에 대하여 기술할 뿐이다. 현재까지 물리학뿐만 아니라 자연과학 전반에 걸쳐 가장 상위에 있는 법칙은 다음의 3가지라고 할 수 있다. 즉, 질량에 관한 것으로는 질량 보존의 법칙, 힘에 관한 것으로는 뉴턴의 법칙, 에너지에 관해서는 에너지 보존의 법칙을 말한다.

　질량 보존의 법칙이란 어떤 시스템 내에 존재하는 질량은 새로이 생성되거나 소멸되지 않는다는 것이다. 예로서 항아리 속에 구슬이 100개 있는데 10개를 넣은 후 13개를 꺼냈다면 항아리 속에는 97개가 있어야 한다. 그 이유는 항아리라는 시스템 안에서 구슬이라는 질량을 새로이 만들어 내거나 소멸시키는 공장이 없기 때문이다. 이처럼 자연계에는 질량을 생산하거나 소멸시키는 공장이 없으며, 자연계에서는 질량은 보존되어야 된다는 것을 나타낸 법칙이다. 에너지 보존의 법칙도 같은 맥락이다. 에너지의 형태는 위치에너지, 운동에너지, 탄성에너지, 기계적 에너지, 화학적 에너지, 열 에너지 등등 여러 가지가 있는데 어느 시스템 안에서 존재하는 모든 에너지의 합은 그 형태가 아무리 변한다 하더라도 일정하다(즉, 보존된다)는 것이다.

한편 힘에 관하여는 앞에서 설명한 뉴턴의 3가지 법칙이 이용된다. 뉴턴의 3가지 법칙 중 제1법칙과 제3법칙은 힘의 성질을 설명한 정성적인 내용이고, 제2법칙만이 힘을 정량적으로 표현한 것이다. 그러므로 식의 형태로서 표시할 수 있는 것은 제2법칙뿐이다. 제2법칙을 나타낼 때 꼭 기억해야 할 사항은 힘은 방향성을 가진 벡터량으로서 질량이나 에너지와 같은 스칼라량과 구별된다는 것이다. 따라서 질량 보존의 법칙과 에너지보존의 법칙을 나타내는 식은 각각 한 개의 스칼라식이 되겠지만 뉴턴의 제2법칙을 나타낸 식은 벡터식으로써 3개의 스칼라식으로 표현된다.

우리가 다루려는 유체역학도 위의 3가지 법칙이 성립하는 범주에 속한다. 그러므로 유체에 대하여 질량 보존의 법칙, 뉴턴의 제2법칙 및 에너지 보존의 법칙 등 가장 기본적인 이들 법칙을 만족시키지 못한다면 우리가 살고 있는 자연계의 범주를 벗어남을 의미하게 되며 타당성 또한 잃게 된다. 역으로 이들 법칙을 유체에 적용시켜 적절한 해를 얻는다면 그 해는 유체의 움직임이나 힘을 잘 나타낼 것이며, 이것을 정확하게 해석하여 유체현상을 규명하고 예측하는 것이 유체역학자들이 목적하는 것이다.

유체역학에서 자주 쓰는 기본적인 물리량

유체의 어떤 성질들은 유체운동과 무관한 것들이 있다. 이러한 유체의 기본적인 성질과 특성을 명확하게 정의해 두는 것이 앞으로 유체역학을 해석하고 이해하는데 도움이 될 것이다.

(1) 밀도(ρ)

단위 부피가 갖는 질량으로 아래와 같이 정의되며 $[M/L^3]$의 차원을 갖는다. 밀도의 단위는 SI 단위계에서는 kg/m^3, FPS 단위계에서는 slug/ft^{3}이다.

$$\rho = \frac{m}{\vartheta} \tag{1.15}$$

여기서 m은 질량이고 분모의 ϑ는 부피를 뜻하며, 밀도의 역수 $\dfrac{1}{\rho}$를 비체적이라 한다. 물의 밀도는 4℃에서 가장 큰 값 $1000\,\text{kg/m}^3$을 갖고 4℃에서 벗어나면 감소하는 특성이 있다. 또한 바닷물은 담수보다 밀도가 2.5%에서 3% 가량 더 높다.

(2) 단위중량(γ)

단위중량이란 단위체적당의 무게이며 비중량(specific weight)이라고도 한다.

$$\gamma = \frac{W}{\vartheta} \tag{1.16}$$

여기서 W는 유체의 무게를 나타내고 $[F/L^3]$의 차원을 갖는다. 밀도와의 관계는 다음과 같다.

$$\gamma = \rho g \tag{1.17}$$

일반적인 유체의 단위중량은 γ로 표시하지만, 특별히 물에 대해서는 γ_ω 또는 ω로 표기하기도 하며, 일반적으로 다음의 값을 갖는다.

$$\gamma_w = \omega = 1\,\text{t/m}^3 = \text{무게 } 1000\,\text{kg/m}^3$$
$$= 9{,}800\,\text{N/m}^3 = 62.4\,\text{lb/ft}^3 \tag{1.18}$$

(3) 비중($S.G$, specific gravity)

특정 온도에서 유체의 밀도와 물의 밀도의 비를 말하는데 이때 물의 밀도는 일반적으로 4℃의 것을 사용한다. 어떤 특정 물질의 비중은 다음과 같다.

$$S.G = \rho/\rho_\omega \tag{1.19}$$

여기서 ρ 및 ρ_ω는 각각 특정 물체 및 물의 밀도를 말한다. 비중은 무차원량이며 비중이 1보다 작으면 물위에 뜨고 크면 가라앉는다.

(4) 체적탄성계수(E, bulk modulus of elasticity)

유체의 압축 정도를 나타내는 계수로 압력의 변화에 따른 체적(또는 밀도)의 변화율을 말한다.

$$E = -\frac{dp}{d\vartheta/\vartheta} \qquad (1.20)$$

여기서 p는 압력강도를, ϑ는 부피를 나타낸다. 체적탄성계수는 압력과 같은 $[F/L^2]$의 차원을 갖는다. 물의 경우 온도와 압력에 따라 달라지지만 대개 $2.02 \times 10^4\,\mathrm{kg/cm^2}$의 값을 나타낸다.

예제 1.1

부피 $1\,\mathrm{m^3}$의 물에 $0.1\,\mathrm{MPa}$(약 1기압)의 압력을 가했을 경우 감소되는 부피는 얼마인가? 물의 체적탄성계수는 $2.02 \times 10^4\,\mathrm{kg/cm^2}$이며 중력가속도는 $9.81\,\mathrm{m/s^2}$이라고 가정하시오.

➕ 풀이

물의 체적탄성계수는 $E = 2.02 \times 10^4\,\mathrm{kg/cm^2} \times 9.81\,\mathrm{m/s^2} = 2 \times 10^9\,\mathrm{N/m^2}$이다. 따라서 식(1.20)을 이용하여 감소되는 부피를 구하면

$$-d\vartheta = \frac{\vartheta dp}{E} = \frac{1\,\mathrm{m^3} \times (0.1 \times 10^6\,\mathrm{N/m^2})}{2 \times 10^9\,\mathrm{N/m^2}}$$

$$= 5 \times 10^{-5}\,\mathrm{m^3} = 0.00005\,\mathrm{m^3}$$

$$= (0.0368\,\mathrm{m})^3 = (3.68\,\mathrm{cm})^3$$

(5) 표면장력(σ, surface tension)

액체의 경우 동일한 분자끼리 서로 잡아당기는 인력이 존재하며 이 인력에 의하여 작은 물방울은 둥근 모양을 이루는데, 이때 액체 표면은 [그림 1.12]와 같이 마치 잡아

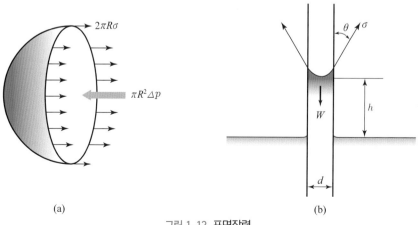

(a)   (b)

그림 1.12 표면장력

당긴(인장된) 고무줄과 같은 형상이 되는데 이때의 힘을 표면장력이라 한다. 표면장력은 표면의 아주 얇은 막에 작용하는데 그 두께를 가늠하기 어려워 단위길이당의 힘 $[F/L]$로 나타낸다. 표면장력식은 다음과 같다.

$$\sigma = \frac{R\Delta p}{2} \quad \text{또는} \quad \Delta p = \frac{2\sigma}{R} \qquad (1.21)$$

여기서 R은 표면장력에 의하여 형성되는 구의 곡률반경을, $\triangle p$는 구의 내부와 외부의 압력차이다. 또한 액체는 유리대롱과 같은 고체표면과 접할 때 붙으려는 부착력이 있으며 이러한 부착력의 크기와 표면장력의 크기에 따라 붙는 형상이 달라진다. 표면장력이 큰 수은과 같은 물질은 응집력이 강하여 위로 볼록한 형태를 이루고 하강하는 반면, 물과 같이 표면장력보다 부착력이 큰 물질은 상승하면서 아래로 볼록한 형태를 보이게 된다. 이러한 표면장력은 모세관 현상의 원인이 되며 그 상승높이는 다음과 같다.

$$h = \frac{4\sigma \cos\theta}{wd} \qquad (1.22)$$

여기서 h는 표면장력에 의한 모세관 상승높이이며, w와 d는 물의 단위중량과 유리관의 안지름이다. θ는 물과 유리관의 접촉각으로서 매끈한 유리관에서는 0°로 보아도 무방하다. 모세관 현상에 의한 상승이나 하강은 수리실험 시 관측오차의 보정에 필요하고, 겨울철 흙 입자 사이의 물에 의한 모세관 상승은 봄철 포장이 깨지는 주원인이 되기도 한다.

예제 1.2

비눗방울(그림 참고)은 물방울과 비교했을 때 매우 얇은 막을 형성하고 있으므로 비눗방울 내부와 외부의 반지름이 같다고 가정할 수 있다. 비눗방울의 표면장력을 구하고 물방울의 내부와 외부의 압력차와 비눗방울의 압력차를 비교하시오.

➕ 풀이

표면장력이 작용하는 테두리선의 길이가 물방울의
2배가 되기 때문에 $4\pi R$이 되므로

$$\sigma(4\pi R) = \Delta p(\pi R^2)$$

$$\sigma = \frac{R\Delta p}{4}$$

$$\therefore \Delta p = \frac{4\sigma}{R}$$

비눗방울 내외부의 압력차는 물방울의 2배이다.

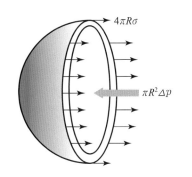

유체 및 흐름의 분류

유체는 그 성질에 따라 몇 가지로 나눌 수 있으며 유체의 흐름도 그 특성에 따라 분류할 수 있다. 여기서는 유체역학에서 흔히 사용하는 용어들을 중심으로 유체와 흐름을 분류하고 그중 기본적으로 기억해 두어야 할 중요한 몇 가지를 기술한다.

(1) 밀도와 비압축성, 압축성 유체

밀도는 질량을 부피로 나눈 것이기 때문에 밀폐된 공간속에 들어 있는 어떤 유체의 질량이 일정하다면 공간 속의 부피에 따라 밀도는 변하게 된다. 만약 외부에서 압력을 주어 부피가 줄어든다면 밀도는 커진다. 이렇게 쉽게 부피가 변하여 밀도가 시간과 장소에 따라 일정한 값을 갖지 않는 유체를 압축성 유체(compressible fluid)라고 하며 $\rho \neq const$ 라고 표시한다. 반면에 밀도가 시간과 공간상에서 일정한 값을 나타내는 유체를 비압축성 유체(incompressible fluid)라고 하며 $\rho = const$ 가 된다. 일반적으로 기체는 압축성으로 취급하는 반면, 물과 같은 액체는 비압축성으로 취급하나 반드시 그런 것은 아니다. 이렇게 유체역학에서는 밀도가 변하는 유체냐, 일정하게 유지되는 유체이냐에 따라 해석방법이 크게 달라진다. 따라서 이 문제는 상당히 중요한 의미를 내포하고 있으며 뒤에서 좀 더 자세히 기술할 것이다.

(2) 점성계수와 비점성, 점성유체

점성계수(μ)가 0인 유체를 비점성유체(inviscid fluid)라고 하고, 점성이 있는 유체를 점성유체(viscous fluid)라고 한다. 따라서 비점성유체는 $\mu = 0$이며 점성유체는 $\mu \neq 0$이다. 그러나 유체를 정의할 때 전단응력과 변형을 맺어주는 점성계수는 유체냐 아니냐를 구별하는 유일한 판단기준이 되기 때문에 점성계수가 0인 유체는 실제로 존재할 수 없다. 따라서 엄밀한 의미에서 비점성유체란 존재할 수 없으며 실제로 점성은 유체의 운동에 매우 중요하다. 유체흐름에서의 점성력은 마찰력과 같은 역할을 하며 궁극적으로는 에너지 손실로 이어지기 때문이다. 그러나 점성의 역할이 이렇게 중요함에도 불구하고 유체역학에서 점성에 의한 영향을 해석하는 것은 매우 복잡하고 어려우며, 해석 자체가 불가능한 경우가 대부분이다. 따라서 실제문제 해석에 있어서 비점성유체로 가정하는 경우는 점성의 효과가 극히 미미할 때 또는 해석상 피치 못하여 궁여지책으로 사용하는 때이다.

(3) 이상유체

이상유체(ideal fluid)란 비압축성($\rho = const$), 비점성($\mu = 0$) 유체를 말한다. 책에 따라서는 완전유체(perfect fluid)와 혼용하여 기술하기도 한다. 이상유체도 실제로 존재하는 유체는 아니나 해석의 편의상 가정하는 개념의 유체이다.

(4) 자유수면과 개수로, 관수로 흐름

자유수면(free surface)이란 대기압이 작용하는 수면을 말하는데 주로 [그림 1.13]과 같이 수면 위로 배가 떠다니는 형상으로 나타낸다. 여기서 수면이라고 해서 대상유체가 반드시 물일 필요는 없으며 물 이외의 어떤 유체에 대하여도 범용으로 사용한다. 이렇게 대기압이 작용하는 자유수면을 유지하면서 흐르는 흐름을 개수로 흐름(open channel flow)이라고 하며, 자유수면의 형성 없이 흐르는 흐름을 관수로 흐름(pipe flow)이라 한다. 하천에서의 흐름이나 해양에서의 파랑 이동은 개수로 흐름이고, 상수도관 속의 흐름은 관수로 흐름이다. 그러나 하수도 흐름은 관속을 흐르지만 자유수면이 있기 때문에 개수로 흐름이다.

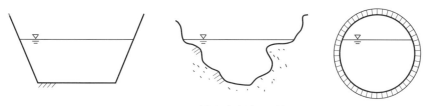

그림 1.13 자유수면이 있는 흐름

(5) 정상류와 부정류

속도, 유량, 밀도, 압력 등 흐름의 제요소들이 시간(t)에 따라 변하지 않고 일정한 값을 가지고 흐르는 것을 정상류(steady flow)라고 하며 수식으로는 다음과 같이 시간에 대한 미분값이 0이어야 한다.

$$\frac{\partial}{\partial t}(\ ) = 0 \qquad\qquad (1.23)$$

정상류와 대비되는 부정류(unsteady flow)는 비정상류라고도 하며 시간에 따라 일정하게 흐르지 않고 변하는 흐름을 말하며 식으로는 다음과 같다.

$$\frac{\partial}{\partial t}(\ \ ) \neq 0 \qquad\qquad (1.24)$$

(6) 등류와 부등류

등류(uniform flow)는 흐름의 제요소들이 장소(s)에 따라 변하지 않는 흐름을 말하며 식으로는 다음과 같다.

$$\frac{\partial}{\partial s}(\ \ ) = 0 \qquad\qquad (1.25)$$

예를 들면, 물속에 작은 모래입자를 떨어뜨리면 처음에는 속도가 증가하지만 어느 정도 지나면 속도가 일정하게 된다. 이러한 등속도운동 구간에서는 중력에 의한 물속의 모래입자 무게와 흐름에 의한 저항력이 같아지기 때문이다. 이렇게 속도가 같은 구간에서의 흐름을 등류라고 한다. 한편 에너지 측면에서 등류는 에너지의 공급과 소모가 균형을 이루는 상태이다. 따라서 자연계에서는 에너지가 평형을 이루는 쪽으로 진행하므로 유체의 흐름도 끊임없이 등류상태를 만드는 방향으로 진행한다. 부등류(non-uniform flow)는 다음 식으로 표시되는 흐름으로서 장소에 따라 변하는 흐름을 말하며, 변류(varied flow)라고도 한다.

$$\frac{\partial}{\partial t}(\ \ ) \neq 0 \qquad\qquad (1.26)$$

변류는 거리에 따라 천천히 변하는 점변류(gradually varied flow)와 급격하게 변하는 급변류(rapidly varied flow)로 나누어진다. 바닥경사가 완만한 하천에서의 흐름은 점변류에 속하나 댐이나 보 또는 폭포 부근에서의 흐름은 급변류에 해당한다. 점변류에서는 압력이 정수압분포를 이루어 어느 정도 이론적인 접근이 가능하지만, 급변류에서는 일반적으로 이론적인 접근이 가능하지 않으며 주로 실험에 의존한다.

⑧ 차원해석과 상사

이 책의 후반부에서 다루게 될 점성유체의 흐름을 해석하거나 마찰손실을 산정하는 실험 등에서 실험 결과를 제시하는 그래프나 공식들이 물리적 차원이 없는 무차원 수(예를 들어, Reynolds 수)를 자주 이용하는 것을 접하게 될 것이다. 난류에서의 마찰손실계수를 규명하는 실험에서 마찰손실계수 f에 영향을 미치는 주요 인자를 추출하는 과정에서 차원해석법이 사용된다. 차원해석(dimensional analysis)은 실험을 통해 몇 개의 표나 그래프로 제시될 많은 분량의 결과들이 무차원화 될 경우 더 간략한 형태의 곡선이나 식으로 제시하는데 사용되는 기법을 말하며 이론적 연구에서도 또한 유효하다.

차원해석의 주 목적은 변수들의 수를 줄이고 이들을 무차원 형태로 만드는 것이며, 따라서 이로 인해 발생하는 몇 가지 부수적인 이점들이 있다. 우선 여러 개의 변수들을 몇 개의 무차원 변수로 줄일 수 있으므로 물리현상에 영향을 끼치고 있는 실험 변수와 그 복잡성을 줄이는 것이 주된 이점이라고 할 수 있다. 두 번째는 중요한 변수와 무시할 수 있는 변수의 구별을 가능하게 하여 실험이나 이론을 생각하고 계획하는데 도움이 될 수 있다. 마지막으로 무차원 수는 하나의 대표적인 실험 결과를 물리적 크기가 다르고 성질이 상이한 유체를 포함하는 경우에도 확대 적용할 수 있도록 한다. 어떠한 조건을 부합하는 유체의 흐름은 일반화된 결론에 따라 거동하는 것이기 때문에 차원해석을 통한 실험자료의 일반화가 가능하다고 할 수 있다.

이처럼 차원해석을 통해 얻을 수 있는 이점은 상당히 많다고 할 수 있지만 이를 제대로 활용하기 위해서는 차원해석의 개념을 제대로 이해하고 습득하는 과정이 반드시 필요하다. 차원해석은 물리적이고 수학적인 근거에 기초하여 적용하는 것이긴 하나 이를 효과적으로 활용하는 데는 상당한 경험과 숙련이 필요하다고 할 수 있다.

(1) 차원의 동차성의 원리

유체역학과 관련된 실제 문제를 해결하기 위해서는 일반적으로 이론적인 전개와 실험적인 결과를 모두 활용해야 한다. 이러한 과정에서 중요한 변수들을 묶어 무차원 수로 만든다면 변수의 수를 줄이고 이와 유사한 모든 문제에 대해 확대 적용할 수 있는 공식이나 그래프 등의 간략한 형태의 결과를 도출할 수 있을 것이다.

여러 개의 변수를 몇 개의 변수로 표시하는 과정에는 차원의 동차성의 원리(principle of dimensional homogeneity)가 이용된다. 즉, 어떤 식이 물리현상에 관계되는 변수들 사이의 관계를 바르게 나타내고 있다면 그 식은 차원적으로 동차되어 있다고   할 수 있다. 이는 이미 '시작전에의 3. 차원과 단위'에서 설명한 바 있으며, 식(0.2)와 같이 타당한 물리적 의미를 갖기 위해서는 각 항들의 차원이 일치해야 하는 것이다. 예를 들어, 이 책의 7장에서 유도할 비압축성 유체에 대한 베르누이 방정식의 각 항의 차원을 고려해 보자.

$$z + \frac{p}{\gamma} + \frac{V^2}{2g} = C \qquad (1.27)$$

위 식의 각 항은 상수를 포함하여 길이 단위의 $[L]$ 차원을 갖는다. 따라서 이 식은 차원의 동차성을 만족하고 있으며 어떤 단위계에 대해서도 타당한 결과를 도출할 것이다.

그러나 모든 공학 방정식이 이러한 차원의 동차성 원리를 따르는 것은 아니다. 그 대표적인 예가 개수로에서의 평균유속과 흐름저항의 관계를 나타내는 Manning 공식이다.

$$V = \frac{1}{n} R^{2/3} S^{1/2} \qquad (1.28)$$

여기서 V는 단면평균 유속(m/s), R은 동수반경(m), n은 조도계수(무차원), S는 하상경사 또는 에너지경사(무차원)이다. 이 공식은 차원적으로 동차성을 만족하지 못하며 SI 단위에서만 적용되는 공식이다. 따라서 V와 R의 단위가 달라지면 공식도 달라진다. 이처럼 차원적으로 동차가 아닌 공식은 수리학의 문헌에 자주 등장한다. 많은 경우 국한된 분야에서 편의를 위해 사용되는 경험식들이 주로 차원의 동차성의 원리가 성립하지 않는 경우이며 공식에 관련되어 있는 변수들을 차원해석 방법으로 해석할 수 없다. 따라서 이러한 차원의 동차성 원리가 성립하지 않는 공식들은 일반화할 수 있는 적용 범위에 제한이 있을 수 있으며 변수에 적용되는 단위에도 제한을 받는다.

(2) Buckingham의 Ⅱ 정리

차원해석은 물리현상에 영향을 끼치고 있는 중요한 변수들로 무차원 수를 만들어 이 무차원 수들 간에 함수 관계를 얻어내는 과정이다. 여러 차원의 변수들을 그 보다 적은 무차원 수로 나타내는 대표적인 방법이 Buckingham의 Ⅱ 정리이다.

Buckingham의 Ⅱ 정리를 이용하면 n개의 물리량을 포함하고, m개의 기본차원을 갖는 물리적 문제에 있어서 이들 n개의 물리량은 $n-m$개의 독립 무차원 수로 대치할 수 있다. 여기서 속도, 압력, 점성계수 등의 물리량을 A_1, A_2, A_3, ……, A_n이라고 할 때 이들 n개의 물리량 사이에는 어떤 함수 관계가 존재한다고 하자.

$$F(A_1, A_2, A_3, \cdots\cdots, A_n) = 0 \qquad (1.29)$$

Buckingham의 Ⅱ 정리에 의하여 물리량의 수가 n개이고 기본차원은 m개이므로 무차원 수는 다음과 같이 $n-m$개를 도출할 수 있으며 이들 무차원 수는 다음과 같은 함수 관계가 성립하는 무차원 방정식으로 표시될 것이다.

$$f(\Pi_1, \Pi_2, \Pi_3, \cdots\cdots, \Pi_{n-m}) = 0 \qquad (1.30)$$

Π 정리를 이용하여 무차원 수를 만드는 순서는 아래와 같다.

① 물리량들 중에 서로 다른 차원을 갖고 m개의 기본차원을 포함하는 m개의 물리량
   을 반복변수(repeating variables)로 사용한다. 여기서 반복변수로 사용하는 m개의
   물리량은 다른 반복변수로부터 유도될 수 있는 것을 사용할 수는 없다.
② 반복변수와 나머지 물리량 중 1개를 선택하여 하나의 무차원 수를 만든다.

위의 과정은 수평 모세관을 흐르는 유량을 산정하는 무차원 방정식을 도출하는 다음
의 예제를 통해 쉽게 이해할 수 있다.

예제 1.3

수평 모세관을 흐르는 유량 Q는 길이에 따른 압력의 변화를 나타내는 $\Delta p/l$, 유체의 점성 μ,
그리고 모세관의 지름 D의 함수이다. Π 정리를 이용하여 무차원 수를 도출하고 무차원 방정
식을 구하시오.

➕ 풀이

수평 모세관을 흐르는 유량과 이에 영향을 끼치는 물리량들과의 관계는 다음과 같이 나타
낼 수 있다.

$$Q = f_n\left(\frac{\Delta p}{l}, D, \mu\right) \;\rightarrow\; F\left(Q, \frac{\Delta p}{l}, D, \mu\right) = 0$$

또한 각각의 물리량의 차원은 다음과 같다.

$$Q = [L^3 T^{-1}], \; \Delta p/l = [ML^{-1}T^{-2}/L] = [ML^{-2}T^{-2}],$$
$$D = [L], \; \mu = [ML^{-1}T^{-1}]$$

물리량의 수 n은 4이고 기본차원은 M, L, T이므로 m은 3이다. 따라서 무차원 수는
$n - m = 4 - 3 = 1$로써 1개가 도출될 수 있다. 물리량의 수가 3개이므로 반복변수 3개가
선택되어야 하며 $Q, \dfrac{\Delta p}{l}, \mu$를 반복변수로 선택할 경우 다른 반복변수로부터 유도될 수
없음이 확인된다. 따라서 D와 나머지를 다음과 같이 조합함으로써 무차원 수 Π_1을 구할
수 있다.

(계속)

$$\Pi_1 = Q^x\,(\Delta p/l)^y\,\mu^z\,D$$
$$= [L^3T^{-1}]^x\,[ML^{-2}T^{-2}]^y\,[ML^{-1}T^{-1}]^z\,[L] = [M]^0[L]^0[T]^0$$

위의 식을 다시 정리하면 다음과 같다.

$$[M]^{y+z}[L]^{3x-2y-z+1}[T]^{-x-2y-z} = [M]^0[L]^0[T]^0$$

지수들이 같다고 두고 대수식을 풀면 x, y, z를 구할 수 있다.

$$y + z = 0$$
$$3x - 2y - z = -1$$
$$-x - 2y - z = 0$$

$x = -\dfrac{1}{4},\ y = \dfrac{1}{4},\ z = -\dfrac{1}{4}$이므로 무차원 수 Π_1은 다음과 같다.

$$\therefore \Pi_1 = \frac{\left(\dfrac{\Delta p}{l}\right)^{1/4} D}{Q^{1/4}\mu^{1/4}}$$

따라서 수평 모세관을 흐르는 유량 관계식은 다음과 같이 나타낼 수 있다.

$$\frac{\left(\dfrac{\Delta p}{l}\right)^{1/4} D}{Q^{1/4}\mu^{1/4}} = C' \rightarrow \therefore Q = C\frac{\Delta p}{l}\frac{D^4}{\mu}$$

위 식의 상수값 C는 이 책의 8장에서 예제 8.2의 Hagen-Poiseuille 흐름 유속분포 식을 이용하여 수평 원형관에서의 유량 계산식을 유도하는 과정에서 $-\dfrac{\pi}{8}$임을 알 수 있다.

(3) 유체역학에서 중요한 무차원 수

유체역학에서 다루는 무차원 수는 매우 다양하다. 이 책에서는 대부분의 유동을 지배하는 Reynolds 수, Froude 수, Euler 수 또는 압력계수, Mach 수, Weber 수에 제한하여 간략히 설명하고자 한다.

Reynolds 수는 점성력에 대한 관성력의 비인 VD/ν이며, 일반적으로 유체역학에 있어서 가장 중요한 무차원 수인 것으로 받아들여지고 있다. 영국의 공학자인 Osborne Reynolds(1842~1912)의 이름을 딴 것으로 Reynolds 수는 자유표면이 있는 경우나 없는 경우에 모두 중요하다. 경계층 유동 또는 유체 속에 잠긴 물체 둘레의 유동이 층류유동인지 혹은 난류유동인지의 형태를 구별하는 판정값으로 사용된다. 압축성 유체의 흐름에서는 Reynolds 수 보다는 Mach 수가 일반적으로 더 중요한 의미를 갖는다.

Froude 수는 $V/\sqrt{gh}$ 로서 깊이가 h인 자유표면이 있는 유동에서 중요한 무차원 수이다. Froude 수는 중력에 대한 관성력의 비로서 Froude 수가 1 보다 큰 값인지 아닌지에 따라 유동의 성질이 상류(subcritical flow)와 사류(supercritical flow)로 구별된다. Froude 수는 개수로 수리학 분야에서 많이 쓰이며 도수(hydraulic jump)의 계산, 수력구조물의 설계, 선박설계 등에도 유용하게 이용된다. Froude 수는 영국의 조선 기술자인 William Froude(1810~1879)의 이름을 딴 것이다.

Euler 수 또는 압력계수는 관성력에 대한 압력의 비이며, $\Delta p/(\rho V^2/2)$이다. 이것은 스위스의 수학자이자 물리학자인 Leonhard Euler(1707~1783)의 이름을 딴 것으로 액체 안의 압력이 기포가 발생하는 정도(공동현상, cavitation)까지 낮아지지 않는 한 크게 중요하지 않다.

유체 속에서의 음속(c)을 체적탄성계수 K를 이용하여 $\sqrt{K/\rho}$ 또는 $\sqrt{kRT}$(여기서 k는 비열비)로 나타낸다. Mach 수는 이러한 탄성력에 대한 관성력의 비를 뜻하며, V/c이다. 이는 오스트리아의 물리학자 Ernst Mach(1838-1916)의 이름을 딴 것으로 유체의 내부에너지에 대한 운동에너지의 비를 의미하기도 한다. Mach 수는 0.3보다 크면 압축성 유동 특성에 크게 영향을 미치며 압축성 유동 해석에서 지배적인 변수이다.

마지막으로 Weber 수는 표면장력에 대한 관성력의 비이며 $Vl\rho/\sigma$이다. 이는 베를린 공과 대학의 Moritz Weber(1871~1951)의 이름을 딴 것으로 그 크기가 1 이하일 때만 중요하며 이러한 크기는 작은 물방울, 모세관 유동, 잔물결, 또는 매우 작은 수리모형 등에서 대표적으로 나타난다. 표면장력은 표면장력파와 물방울의 형성을 야기하고, 매우 낮은 수두의 오리피스나 위어 등에서의 유출량에 영향을 미친다.

지금까지 살펴 본 대표적인 유체역학에서의 무차원 수를 정리한 것이 [표 1.2]이다.

표 1.2 유체역학의 대표적인 무차원 수

무차원 수	정의	물리적 의미의 정의	중요한 분야
Reynolds 수	$Re = VD/\nu$	관성력/점성력	대부분의 유체역학 분야
Froude 수	$Fr = V/\sqrt{gh}$	관성력/중력	자유표면 유체
Euler 수(압력계수)	$Eu = \Delta p/(\rho V^2/2)$	압력/관성력	공동현상
Mach 수	$Ma = V/c$ 또는 $V/\sqrt{K/\rho}$	유속/음속 또는 관성력/탄성력	압축성 유체
Weber 수	$We = Vl\rho/\sigma$	관성력/표면장력	자유표면 유체

(4) 상사법칙과 모형실험

실제 대상에 대해 스케일이 작은 모형을 제작하여 실험을 할 경우 이를 통해 얻은 자료들을 큰 규모의 원형에 대해서 적용할 수 있게 변환시킬 수 있는 축척법칙(scaling laws)을 도출하는 것이 필요하다. 원형의 크기로 실험 대상을 제작하여 실험을 수행하는데 소요되는 시간과 비용을 크기가 작은 모형으로 대체할 수 있다면 비용적인 측면에서 상당한 이점을 누릴 수 있을 것이다. 그러나 축척법칙이 성립할 때는 모형과 원형 사이에 상사(similitude)법칙이나 상사조건이 존재하고 이를 만족해야 한다. 즉, 원형과 실험하고자 하는 모형 사이의 상사성(similarity)이 만족되어야 하며 '관계되는 모든 무차원 수가 모형과 원형 사이에서 각각 같은 값을 가진다면 모형실험에 대한 유동조건은 완전히 상사하다'라고 할 수 있다.

이처럼 모형을 이용한 실험이나 연구로부터 정확한 정량적 자료를 얻으려면 모형과 원형 사이에는 역학적 상사(dynamic similitude)가 존재해야 하며 역학적 상사가 성립하기 위해서는 정확한 기하학적 상사(geometric similitude)의 성립과 모든 대응점에서 동압(dynamic pressure)의 비가 일정한 값을 가져야 하는 운동학적 상사(kinematic similitude) 두 가지가 전제 되어야 한다.

기하학적 상사는 모형과 원형 사이에 대응하는 길이의 비는 물론 표면조도의 비까지도 일정해야 한다는 의미이며 이를 다음과 같이 표현할 수 있다.

$$L_r = \frac{L_p}{L_m} \qquad (1.31)$$

여기서, m, p, r의 첨자는 각각 모형(model), 원형(prototype), 상사비 또는 상사율(ratio)을 나타낸다. 즉, 원형에서의 길이가 $10\ m$이고 상사율이 10이면 모형에서의 길이는 1 m가 된다. 기하학적으로 상사한 경우 좌표축 세 방향에 대해 모두 같은 선형 축척비(길이 축척비)를 갖기 때문에 모든 각은 보존되어 있고 유동의 방향도 모두 보존되어 있다. 따라서 모형과 원형이 그 주변에 대해 갖는 방향은 같아야 한다.

운동학적 상사는 모형과 원형 사이에 대응하는 길이의 축척비가 같고 또 시간의 축척비도 같다는 것을 의미한다. 예를 들어, 모형과 원형 사이의 속도 비를 V_r이라고 하고 시간의 비를 t_r이라고 하자. $L = Vt$이고 $V = at$이므로 $V^2 = aL$이 된다. 원형이든 모형이든 가속도는 중력가속도로 동일하므로 $a_r = g_r = 1$이며, 따라서 t_r, V_r은 다음 식과 같이 $L_r^{1/2}$이 된다.

$$V_r = \frac{V_p}{V_m} = \left(\frac{L_p}{L_m}\right)^{1/2} = L_r^{1/2} \qquad (1.32)$$

$$\rightarrow t_r = \frac{t_p}{t_m} = \frac{L_p/V_p}{L_m/V_m} = L_r^{1/2}$$

즉, 원형에서의 길이(L_p)가 10 m이고 상사율(L_r)이 10이면 모형에서의 길이(L_m)는 $L_m = \dfrac{L_p}{L_r} = \dfrac{10\text{ m}}{10} = 1$ m가 되지만 원형에서의 유속(V_p)이 1 m/s인 경우 모형에서의 유속(V_m)은 식(1.32)를 이용하면 $V_m = \dfrac{V_p}{L_r^{1/2}} = \dfrac{1\text{ m/s}}{(10)^{1/2}} = 0.316$ m/s가 되어야 한다. 길이의 축척이 같다는 것은 단순히 기하학적으로 상사하다는 것을 의미하지만 시간의 축척이 같다는 것은 Reynolds 수나 Mach 수 등도 같아야 한다는 조건이 추가로 필요하다. 자유표면을 갖는 무마찰 유동의 경우는 다음 식과 같이 모형과 원형의 Froude 수가 같을 때 운동학적 상사가 만족된다.

$$Fr_m = \frac{V_m^2}{gL_m} = \frac{V_p^2}{gL_p} = Fr_p \qquad (1.33)$$

그러나 점성이나 표면장력 또는 압축성이 중요하다면 이때의 운동학적 상사는 다음의 역학적 상사를 만족시킴으로써 성립하게 된다.

역학적 상사는 모형과 원형 사이에서 길이의 축척비, 시간의 축척비, 그리고 힘(또는 질량)의 축척비가 각각 같을 때 성립한다. 먼저 기하학적 상사가 만족되어야 하며 만일 모형과 원형의 힘계수와 압력계수들이 같다면 역학적 상사가 존재하면서 동시에 운동학적 상사도 존재한다. 모형과 원형의 길이 비가 1 : 1이 아니고서는 엄밀한 역학적 상사를 얻는 것은 일반적으로 불가능하다. 다행히 여러 힘 중에서 두 개의 힘만이 중요한 경우가 많이 있다. 예를 들면, 자유표면이 없는 관수로 흐름의 경우에는 점성력과 관성력이 중요한 경우이기 때문에 모형과 원형의 Reynolds 수가 같아야 하며, 자유표면이 있는 개수로 흐름의 경우는 중력과 관성력이 지배적이므로 모형과 원형의 Froude 수가 같아야 할 것이다. 모형실험의 대부분은 엄밀한 역학적 상사를 만족하지 못하는 경우가 많다. 따라서 상사를 만족시켜야 하는 주요한 힘과 무차원 수 등을 적절하게 판별하는 것이 모형실험과 모형연구에서는 매우 중요하다고 할 수 있다.

1.1 그림과 같이 경사진 경계면에서 두께 0.117 mm 기름막 위를 면적이 1 m×1 m이며 무게가 25 N인 평판을 2 cm/s의 일정 속도로 끌어당기는데 필요한 힘 F를 구하고 기름의 점성계수를 계산하시오.

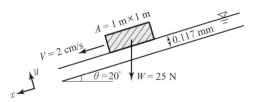

1.2 우리 주변에서 쉽게 볼 수 있는 치약, 마요네즈, 케첩 등의 유체들이 [그림 1.2]의 전단응력과 변형률과의 관계에서 어느 경우에 해당하는지를 설명하시오.

1.3 실린더 내에서 액체가 압축되고 있다. 1 MPa 압력을 가했을 경우 부피가 1리터(1,000 cm^3) 감소되고, 2 MPa 압력을 가했을 경우 부피가 995 cm^3 감소되는 경우 체적탄성계수를 계산하시오.

1.4 부피가 5 m^{3}인 유체의 무게가 35 KN일 때 유체의 밀도, 비중량, 비중을 계산하시오.

1.5 [그림 1.12(b)]에서 유리관 내경이 3 mm일 때 모세관 현상에 의해 올라간 액주의 높이가 6 mm이면 액체의 표면장력은 몇 N/m인지 계산하시오. 접촉각은 20°이고, 액체의 비중량은 8.5 KN/m^{3}이다.

1.6 예제 1.3에서 반복변수를 다르게 선택하여 무차원 수를 도출하고 무차원 방정식을 구하시오.

1.7 삼각위어를 통과하는 유량은 삼각위어에서의 월류 수심 H와 접근 유속 V, 중력가속도 g, 그리고 위어각 ϕ의 함수이다. Ⅱ 정리를 이용하여 무차원 수를 구하시오.

02
Chapter

연속방정식

1. 질량 보존의 법칙과 연속방정식
2. 관속 흐름에서의 연속방정식
3. 저수지/하천/해양에서의 연속방정식
4. 미소육면체에 의한 연속방정식의 유도
5. 폐합공간에서 연속방정식의 유도
6. Reynolds 이송정리에 의한 연속방정식의 유도
7. 연속방정식의 물리적 의미

앞서 자연계의 3대 법칙인 질량 보존의 법칙, 뉴턴의 제2법칙, 그리고 에너지 보존의 법칙을 간략하게 개념적으로 설명하였다. 유체역학에서 목적하는 것은 유체가 가지고 있는 성질을 이해하고, 어떤 원인에 따른 유체의 반응을 미리 예측하며, 이 과정이 자연계와 인간에게 어떤 영향을 미칠 것인지를 분석하여 궁극적으로는 우리가 사는 세상에 도움을 주기 위함일 것이다. 그러기 위해서는 위의 법칙들을 유체에 적용시켜 법칙에 기초한 해를 얻는 것이 필요하고, 이렇게 얻어진 해는 자연계에서 나타나는 유체의 운동이나 힘 또는 에너지의 현상을 잘 표현해 줄 것이다. 따라서 이와 같은 유용한 해를 얻기 위해서는 우선 유체에 대하여 이들 법칙을 적절히 적용하고 표현하는 것이 해석의 시발점이 된다.

먼저 이 장과 다음 장에서는 3대 법칙 중 질량 보존의 법칙과 뉴턴의 제2법칙을 우선 유체 흐름에 적용시켜 식을 유도한다. 에너지 보존의 법칙을 제외한 이유는 유체가 갖고 있는 모든 종류의 에너지에 대하여 식을 만들 수는 있지만, 해석하는 목적에 따라 주요한 몇 가지에 대한 것만으로도 충분할 경우가 있기 때문이다. 다행히 질량 보존의 법칙과 뉴턴의 제2법칙으로부터 얻을 수 있는 해 중 에너지를 나타내는 식도 있으며, 이의 대체 가능성에 대하여도 검토가 필요할 것이다.

 # 질량 보존의 법칙과 연속방정식

질량 보존의 법칙은 유체역학 분야뿐만 아니라 거의 모든 자연과학 분야에서 광범위하게 타당하다고 입증된 기본 법칙이다. 어떤 시스템 내에 존재하는 질량은 보존된다는 이 법칙은 적용하는 대상, 분야, 목적 등에 따라 수많은 형태를 갖게 된다. 물리학, 화학이나 생물학 분야는 물론, 물이라는 동일한 유체를 연구대상으로 하는 분야인 수리학, 수문학 또는 해양학 등에서조차도 각 분야마다 질량 보존의 식은 여러 가지 형태로 표현된다. 그러나 표현하고자 하는 본질적 내용이 질량 보존의 법칙에 기초한 것이라면 그 식들 속에는 질량은 보존된다는 공통적인 속성을 내포하고 있을 것이다. 그중 우리의 관심분야인 유체역학에서 질량 보존의 법칙을 유체거동에 적용시켜 표현한 모든 식을 통틀어 연속방정식(continuity equation)이라 부른다.

우선 유체를 포함하고 있는 가상의 폐합된 공간에서 질량의 변화를 생각해 보자. 유체를 포함하고 있는 이 공간 속에는 이미 일정량의 유체질량이 존재하고 있고, 만약 공간을 둘러싸고 있는 표면에서 유체질량의 유출이나 유입이 없다면 그 속의 유체질량

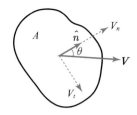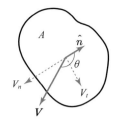

그림 2.1 임의의 표면을 통과하는 유량

은 변하지 않을 것이다. 또한 표면을 통하여 들어오는 유체질량과 나가는 질량이 동일한 경우에도 그 속의 질량은 변하지 않을 것이다. 그러나 표면을 통하여 나가는 양과 들어오는 양이 다르다면 그 속의 질량은 일정하지 않고 변할 것이다. 유출되는 양이 적다면 질량 보존의 법칙으로부터 공간 속의 유체질량은 늘어날 것이고 반대로 나가는 양이 많다면 질량은 감소하게 될 것이다. 이처럼 질량 보존의 법칙에 기초하여 유체의 유출입에 의한 질량의 변화를 나타낸 식들은 앞에서도 언급했지만 모두 연속방정식이 된다.

이것을 좀 더 알기 쉽게 설명하기 위하여 수학적으로 표시하면 다음과 같다. [그림 2.1]과 같이 면적이 A이고 면에서의 유체속도가 V라고 하자. 이 면을 통하여 단위시간당 들어오고 나가는 유체질량은 유체의 밀도(ρ)에 속도(V)와 면적(A)을 곱한 것과 같다. 우선 밀도(ρ)의 차원은 $[M/L^3]$이고 속도(V)는 $[L/T]$, 면적(A)은 $[L^2]$이므로 ρVA는 $[M/T]$의 차원, 즉 단위시간당의 질량임을 알 수 있다.

한편 속도 V는 방향성이 있는 벡터량이다. 그러므로 면에 수직한 방향성분 V_n과 접하는 방향의 성분 V_t으로 나눌 수 있다. 따라서 질량의 이동도 [그림 2.1]과 같이 직각방향으로 면을 통과하는 질량과 접선방향을 따라 움직이는 질량으로 나눌 수 있다. 면의 접선방향의 성분에 의한 질량이동은 표면을 따라 이동하는 양으로써 유체가 순환(circulation)되는 역할을 담당할 뿐이며, 표면을 통과하여 이동하는 질량은 오로지 연직한 방향성분에 의해서만 발생한다. 따라서 공간 속의 질량변화를 발생하게 하는 성분은 다음 식으로 표시되는 연직성분뿐이다.

$$\rho V_n A = \rho V \cdot \hat{n} A \qquad (2.1)$$

여기서 $\hat{n}$은 면에 수직하고 크기가 1인 단위벡터이다. 또한 면을 통해서는 유체질량이 들어올 수도, 나갈 수도 있으므로 이것을 구별하는 것이 필요하다. 수학에서는 통상적으로 어떤 공간 밖으로 나가는 방향을 (+)로, 들어오는 방향을 (−)로 각각 취한다. 만약 밀도 ρ가 일정하다고 가정하여 생략하고 면적 A를 통하여 순수하게 유입, 유출되는 유체의 양은 다음 식으로 나타낼 수 있다.

$$Q = \boldsymbol{V} \cdot \hat{n} A \qquad (2.2)$$

여기서 Q를 유량이라고 하고 $[L^3/T]$의 차원을 갖는다. $\hat{n}$은 공간 밖으로 향하는 방향을 (+)로 하는 면에 수직한 단위벡터를 말하며 위의 식을 벡터의 내적으로부터 다음과 같이 된다.

$$Q = A V \cos\theta \qquad (2.3)$$

여기서 V는 속도의 크기를 나타낸다. 이와 같이 벡터의 내적의 성질을 이용하면 θ값에 따라 나가는 방향과 들어오는 방향이 쉽게 정해진다. [그림 2.1]에서와 같이 나가는 방향에서는 θ의 값이 $-\pi/2 \le \theta \le \pi/2$이므로 (+)값을 나타내어 유출을 나타내고, 들어오는 방향은 $\pi/2 \le \theta \le 3\pi/2$이므로 θ의 값이 (-)값을 가지게 되어 유입을 나타낸다. 이처럼 θ에 따라 자동적으로 유출입이 구별되는 편리함이 있다. 만약 속도 V가 면의 직각방향과 일치한다면 θ의 값이 0° 또는 180°이므로 자동적으로 면을 통하여 나가는 유량은 (+)로, 들어오는 것은 (-)가 될 것이며 유량 Q는 AV가 된다.

② 관속 흐름에서의 연속방정식

연속방정식은 표현하는 대상이나 방법에 따라 여러 가지 형태가 있다. [그림 2.2]와 같이 관속을 꽉 차서 유체가 흐르고 있다고 하자. 그림에서 단면 1과 2 그리고 관벽으로 둘러싸여 있는 공간에 대하여 질량의 유출입을 생각해 보면, 관벽을 통해서는 유체의 출입이 없으므로 양쪽의 단면을 통해서만 가능할 것이다. 지금 유체가 왼쪽에서 오른쪽으로 흐르고, 관과 직각방향의 단면적을 각각 A_1, A_2라 하고 각 단면에 수직한 속도를 각각 V_1, V_2라 하고 각각의 속도크기를 V_1, V_2라 하자. 단면 1을 통하여 들어

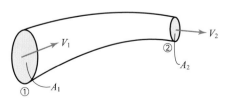

그림 2.2 관속 흐름

가는 단위시간당 유체의 질량은 $\rho A_1 V_1$이고 단면 2를 통하여 나가는 질량은 $\rho A_2 V_2$가 된다. 만약 나가는 질량이 많다면 단면 사이에 있는 질량은 줄어들게 되고, 반대의 경우는 늘어나게 되어 공간 속 질량의 변화를 나타낸다.

지금 단위시간당 들어오는 질량과 나가는 질량이 동일하다면 공간 속의 질량은 질량 보존의 법칙으로부터 시간에 따라 변하지 않아야 한다. 이를 식으로 나타내면 다음과 같다.

$$\rho A_1 V_1 = \rho A_2 V_2 \qquad (2.4)$$

여기서 유체가 비압축성이라면 밀도가 일정해야 하므로 다음과 같이 간단히 된다.

$$A_1 V_1 = A_2 V_2 \qquad (2.5)$$

이 식은 흔히 유량을 표시하는 식으로 알려져 있다. 이것이 비압축성 유체에 대한 단면 1과 2를 통과하는 유량이며 동일해야 함을 뜻한다.

$$Q = A_1 V_1 = A_2 V_2 \qquad (2.6)$$

여기서 Q는 m^3/s, ft^3/s의 단위를 갖는 스칼라량이다. 이 식은 분명히 질량 보존의 법칙을 기본으로 하고 있으므로 앞에서 언급한 것처럼 연속방정식의 한 가지 형태임에 틀림없다.

한편 밀도는 질량을 부피로 나눈 것이므로, 관벽과 좌우단면이 이루는 체적이 변하지 않는다면 유출입에 따른 질량의 변화는 밀도의 변화로 이어져야 한다. 관이 튼튼하여 그 속의 체적이 변하지 않을 때, 들어오는 질량과 나가는 질량이 같다면 밀도는 변하지 않게 될 것이나, 들어오는 질량이 더 많으면 밀도는 증가하고 그 반대는 감소하게 된다. 밀도를 일정하게 유지하려면 질량이 증가한 만큼 그에 따른 공간의 체적이 늘어나거나, 반대로 유출량이 많아 질량이 줄어든 만큼 체적도 줄어들면 된다. 그러나 지금 체적이 변하지 않는 관속에 유체가 흐를 때 그 속의 밀도가 일정하려면 질량이 들어간 만큼 빠져나가야 하므로 유체는 압축되지 않는다. 앞장에서 간략하게 언급했지만 이렇게 밀도가 일정한 유체를 비압축성 유체($\rho = const$)라 부르고, 밀도가 변하는 유체를 압축성 유체($\rho \neq const$)라고 한다.

예제 2.1

그림과 같이 단면적이 변하는 원형관에 비압축성 유체가 흐르고 있을 때 좁아진 단면에서의 유속은 얼마인지 계산하시오.

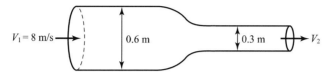

➕ 풀이

비압축성 유체의 밀도는 일정하므로 연속방정식 $Q = A_1 V_1 = A_2 V_2$에 적용하면

$$V_2 = V_1 \frac{A_1}{A_2} = 8 \times \frac{\pi \times 0.6^2/4}{\pi \times 0.3^2/4} = 32 \text{ m/s}$$

③ 저수지 / 하천 / 해양에서의 연속방정식

저수지에서의 연속방정식은 매우 간단하게 표시될 수 있다. 홍수기에 저수지 상류에 비가 많이 내려 유입량이 많아지면 저수지의 수위가 증가하여 저류량은 많아지게 되고, 반대로 갈수 시 하류에 물을 많이 공급하여 유출량이 많아지면 저류량은 줄어들 것이다. [그림 2.3]처럼 상류에서 유입되는 유량을 I, 출구를 통하여 나가는 유량을 O라 할 때 이들의 차이는 저류량(S)의 시간(t)적 변화율과 같으므로 다음 식의 형태로 표현할 수 있다.

$$I - O = \pm \frac{\Delta S}{\Delta t} \qquad (2.7)$$

이 식은 또한 저류량의 변화량인 ΔS를 저수지의 수위로 나타낼 수도 있다. 위 식의 형태는 매우 간단하지만 질량 보존의 법칙에 기초했으므로, 이 또한 연속방정식 중 하나이다.

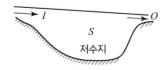

그림 2.3 저수지에서의 유입과 유출

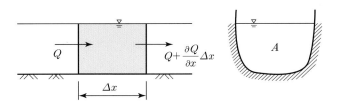

그림 2.4 균일단면 수로에서의 유입과 유출

[그림 2.4]와 같이 단면이 일정한 1차원 수로에서는 상류의 유입량이 하류의 유출량보다 더 많으면 상·하류 사이 부분의 수위가 상승하여 통수단면적이 증가하게 되고, 반대의 경우는 수위가 하강하여 단면적이 줄어들게 된다. 그림에서 하류의 유출되는 유량을 (+)로, 상류에서 유입되는 유량을 (−)로 취하면 다음과 같은 미분형태의 식을 얻는다.

$$\frac{\partial A}{\partial t} + \frac{\partial Q}{\partial x} = 0 \tag{2.8}$$

여기서 Q는 유량을 나타내고 A는 통수단면적으로서 수위의 함수가 된다.

앞에서와 마찬가지로, 하천과 같은 1차원 수로에 대한 유도방법을 평면 2차원 형태에 대하여도 적용시켜 연속방정식을 유도할 수 있다. 만약 [그림 2.5]와 같이 물과 같은 비압축성 유체가 x방향과 y방향으로부터 유입/유출된다면 유·출입되는 질량(혹은 유량)의 차이에 의하여 수위는 증가하거나 감소하게 된다. 이것을 식으로 나타낸 것이 식 (2.9)이다.

$$\frac{\partial \eta}{\partial t} + \frac{\partial [U(d+\eta)]}{\partial x} + \frac{\partial [V(d+\eta)]}{\partial y} = 0 \tag{2.9}$$

여기서는 앞의 식(2.8)에서 사용한 유량(Q)과 단면적(A) 대신 x, y방향의 단면평균유속(U, V)과 수심(d) 및 수위 또는 파고(η)로서 표시하였으나 의미하는 바는 동일하다. 이러한 연속방정식 형태는 흔히 호수나 넓은 하천의 2차원 해석 또는 바다에서의 파동해석에 주로 이용된다.

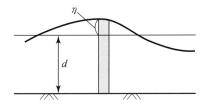

그림 2.5 개수로에서의 유입과 유출

④ 미소육면체에 의한 연속방정식의 유도

앞절에서 우리는 사용대상이나 해석 목적에 따라 서로 다른 형태의 연속방정식이 있음을 알았다. 여기서는 연속방정식을 좀 더 일반적인 경우에 대하여 유도해 보도록 한다. 이를 위하여 우선 [그림 2.6]에 나타낸 것과 같이 작은 직육면체를 생각해 보자. 직육면체 변의 길이가 각각 Δx, Δy, Δz이고 이들 값은 각 면에서 하나의 물리량 값을 가질 수 있도록 충분히 작다고 가정하고 이들이 이루는 가상의 공간(검사체적, control volume)에서의 질량의 유출입을 생각한다. 우선 x방향만을 생각할 때 그림에서 들어오는 단위시간당 질량은 $\rho u \, \Delta y \, \Delta z$가 되고 Δx만큼 떨어져 있는 면에서의 나가는 질량은 테일러 급수를 이용하여 $\left[\rho u + \dfrac{\partial (\rho u)}{\partial x} \Delta x \right] \Delta y \, \Delta z$로 나타낼 수 있다. 그러므로 단위시간당 나가는 질량(+)과 들어오는 질량(-)의 차이는 식(2.10)이 된다.

$$\left[\rho u + \frac{\partial (\rho u)}{\partial x} \Delta x \right] \Delta y \Delta z - \rho u \Delta y \Delta z = \frac{\partial (\rho u)}{\partial x} \Delta x \Delta y \Delta z \qquad (2.10)$$

마찬가지로 y방향으로 나가고 들어오는 질량의 차이 식은 식(2.11)로, z방향은 식(2.12)이 된다.

$$\left[\rho v + \frac{\partial (\rho v)}{\partial y} \Delta y \right] \Delta x \Delta z - \rho v \Delta x \Delta z = \frac{\partial (\rho v)}{\partial y} \Delta x \Delta y \Delta z \qquad (2.11)$$

$$\left[\rho w + \frac{\partial (\rho w)}{\partial z} \Delta z \right] \Delta x \Delta y - \rho w \Delta x \Delta y = \frac{\partial (\rho w)}{\partial z} \Delta x \Delta y \Delta z \qquad (2.12)$$

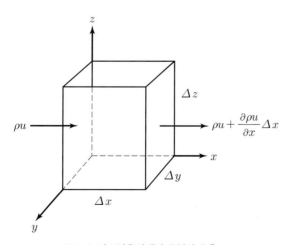

그림 2.6 미소직육면체의 유입과 유출

식(2.10)에서 식(2.12)를 모두 합하면 가상의 공간인 육면체 각각의 면으로부터 들어오고 나가는 단위시간당 질량의 총 차이가 되며 이 차이만큼 공간 속의 질량$(\rho \Delta x \Delta y \Delta z)$은 변하게 된다. 또한 식(2.10)에서 식(2.12)를 나가는 질량을 $(+)$라고 했으므로 나가는 질량이 많으면 공간속의 질량은 감소하게 되므로 $(-)$값을 가질 것이다. 따라서 이들을 표시하면 식(2.13)이 되고 이를 정리하면 식(2.14)가 된다.

$$\left[\frac{\partial(\rho u)}{\partial x} + \frac{\partial(\rho v)}{\partial y} + \frac{\partial(\rho w)}{\partial z}\right] \Delta x \Delta y \Delta z = -\frac{\partial(\rho \Delta x \Delta y \Delta z)}{\partial t} \qquad (2.13)$$

$$\frac{\partial \rho}{\partial t} + \frac{\partial(\rho u)}{\partial x} + \frac{\partial(\rho v)}{\partial y} + \frac{\partial(\rho w)}{\partial z} = 0 \qquad (2.14)$$

위의 식이 연속방정식의 일반적인 형태이다. 만약 물과 같이 밀도가 일정한 비압축성 유체면 다음의 식(2.15)와 같이 간단한 연속방정식을 얻을 수 있으며, 이를 벡터식으로 표시하면 식(2.16)이 된다.

$$\frac{\partial u}{\partial x} + \frac{\partial v}{\partial y} + \frac{\partial w}{\partial z} = 0 \qquad (2.15)$$

$$\nabla \cdot \boldsymbol{V} = 0 \qquad (2.16)$$

⑤ 폐합공간에서 연속방정식의 유도

앞절에서는 미소육면체에 대하여 연속방정식을 유도하였다. 그러나 반드시 육면체일 필요는 없다. 다만 편의를 위하여 육면체로 가정했을 뿐이다. 좀 더 일반적인 경우에 대하여도 동일한 연속방정식을 유도할 수 있다. [그림 2.7]과 같이 임의의 폐합된 공간에 대하여 공간 표면으로부터 유출입되는 유체의 질량 차이는 공간 속 질량의 변화와 같아야 한다는 질량 보존의 법칙에 따라 다음 식(2.17)과 같은 적분형태의 식을 얻는다.

$$\int_A \rho \boldsymbol{V} \cdot \hat{n} \, dA = -\frac{\partial}{\partial t} \int_\vartheta \rho \, d\vartheta \qquad (2.17)$$

여기서 $\hat{n}$은 표면적 A에 연직한 방향의 단위벡터이며 이것은 1절에서 이미 설명하였다. 좌변에 표시된 면적적분은 [그림 2.7]과 같이 면을 통하여 나가는 방향을 $(+)$로, 들어오는 방향을 $(-)$로 각각 취할 때 면을 통한 유체의 유출입량을 뜻한다. 우변은 공

그림과 같이 물탱크에 유입구 1번과 2번에서 물이 채워지고 있는 경우 시간에 따른 수면높이 변화에 대한 식을 먼저 구하고, 단면 1과 2의 관경 및 유속을 대입하여 시간에 따른 수면높이 변화율을 계산하시오.

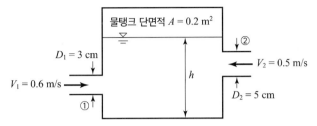

➕ 풀이

식(2.17)을 1차원 입구와 출구만 갖고 있는 물탱크의 검사체적에 적용하면 다음과 같이 된다.

$$\frac{\partial}{\partial t}\int_{\vartheta}\rho\,d\vartheta+\int_{A}\rho\boldsymbol{V}\cdot\hat{\boldsymbol{n}}\,dA=0$$

$$\frac{d}{dt}\int_{\vartheta}\rho\,d\vartheta+\sum_{i}(\rho_{i}A_{i}V_{i})_{out}-\sum_{i}(\rho_{i}A_{i}V_{i})_{in}=0$$

$$\frac{d}{dt}\int_{\vartheta}\rho\,d\vartheta-\rho A_{1}V_{1}-\rho A_{2}V_{2}=0$$

탱크의 단면적을 A라고 하면, 첫 번째 항은 다음과 같이 된다.

$$\frac{d}{dt}\int_{\vartheta}\rho\,d\vartheta=\frac{d}{dt}(\rho Ah)=\rho A\frac{dh}{dt}$$

따라서 수면높이 변화에 대한 식은 다음과 같다.

$$\frac{dh}{dt}=\frac{\rho A_{1}V_{1}+\rho A_{2}V_{2}}{\rho A}=\frac{A_{1}V_{1}+A_{2}V_{2}}{A}=\frac{Q_{1}+Q_{2}}{A}$$

1번과 2번의 관경과 유속을 대입하면 각각의 유입유량은

$$Q_{1}=A_{1}V_{1}=\frac{\pi\times0.03^{2}\times0.6}{4}=4.24\times10^{-4}\,\mathrm{m^{3}/s}$$

$$Q_{2}=A_{2}V_{2}=\frac{\pi\times0.05^{2}\times0.5}{4}=9.81\times10^{-4}\,\mathrm{m^{3}/s}$$

따라서 수면높이 변화율은

$$\frac{dh}{dt}=\frac{4.24\times10^{-4}+9.81\times10^{-4}}{0.2}=0.0139\,\mathrm{m/s}$$

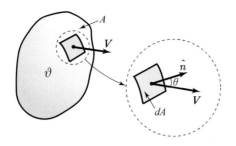

그림 2.7 임의의 검사체적에서의 유입과 유출

간속의 질량변화율을 나타내며 따라서 좌변과 우변은 같아야 한다. 한편 좌변은 벡터의 미적분 정리인 가우스정리(Gauss Theorem) 또는 divergence 정리로 알려진 체적적분으로 변환될 수 있다.

$$\int_A \rho \boldsymbol{V} \cdot \hat{n}\, dA = \int_\vartheta \nabla \cdot (\rho \boldsymbol{V})\, d\vartheta \tag{2.18}$$

이를 이용하여 정리하면 다음의 식들을 얻게 되는데 이들 식은 앞절에서 유도한 식들과 동일하다. 즉, 식을 유도하는 방법에 좀 더 일반적인 경우를 대상으로 하느냐 또는 고급 수학지식을 사용하느냐에 따른 차이일 뿐이다.

$$\int_\vartheta \left[\frac{\partial \rho}{\partial t} + \nabla \cdot (\rho \boldsymbol{V})\right] d\vartheta = 0 \tag{2.19}$$

$$\frac{\partial \rho}{\partial t} + \nabla \cdot (\rho \boldsymbol{V}) = 0 \tag{2.20}$$

비압축성 유체의 경우는 다음과 같이 간단하게 표시된다.

$$\nabla \cdot \boldsymbol{V} = 0 \quad \text{또는} \quad \frac{\partial u}{\partial x} + \frac{\partial v}{\partial y} + \frac{\partial w}{\partial z} = 0 \tag{2.21}$$

⑥ Reynolds 이송정리에 의한 연속방정식의 유도

앞에서 우리는 연속방정식을 유도하기 위하여 질량의 유출과 유입이 일어나는 대상을 미소한 육면체나 폐합된 고정공간에 한정하여 사용하였다. 그러나 반드시 미소한 직육면체로 가정할 필요도 없고 검사체적이 고정될 필요도 없는 시·공간상에서 임의의 형태에 대하여 식을 유도할 수 있다면 가장 일반적인 방법일 것이다. Reynolds 이송정리(Reynolds Transport Theorem)라고 알려진 이 방법을 이용하여 연속방정식을 유도하면 다음과 같다.

움직이는 물체에 대한 변화율을 표현하는 방법에는 Euler 식과 Lagrange 식의 2가지 종류가 있다. 전자는 공간상에 고정된 검사체적을 정해 놓고 그곳을 흐르는 유체에 초점을 두고 표현하는 것이다. 이 방식에서는 검사체적은 변하지 않으므로 시각 t에서 해석대상이 되는 검사체적내의 유체는 바로 전 시간에 그 속에 있던 것과는 다를 수 있다. 반면에 후자는 해석대상을 특정한 유체에 맞추어 표현하는 방식이다. 만약 흘러가는 물속에 잉크 한 방울을 떨어트렸다면 잉크 묻은 유체는 그 모양이 변해가지만 동일한 유체이므로 이 방식에서는 잉크 묻은 유체를 따라 해석하게 된다. 이것을 수학적으로 표현하면 Euler 방법의 독립변수는 시간과 공간$(t,\ x,\ y,\ z)$의 함수이지만 Lagrange 방법에서는 시간(t)만의 함수로 된다. 그러나 표현방법이 다를 뿐 현상자체가 바뀌거나 최종적인 결과물이 달라지는 것은 아니다. 그러므로 연속방정식을 유도하는 과정도 Euler 방법과 Lagrange 방법이 있는데 앞에서와 같이 어떤 경로를 밟든지 결과물인 연속방정식은 동일하다. 질량이나 에너지처럼 보존되는 법칙을 유도하는 데는 후자의 방법이 비교적 단순하고 이해하기 쉽지만 전자도 많은 부분에서 즐겨 사용된다. 이러한 표현방식의 차이에 대한 설명은 '3장의 2. 관성력'에서 좀 더 자세하게 다룬다.

Euler 방법 또는 Lagrange 방법으로 연속방정식을 유도하기 위해서는 우선 검사체적의 좌표계를 어떻게 취하느냐에 따라 달라진다. 앞서 유도한 $dx,\ dy,\ dz$로 이루어진 직육면체를 가정하고 유출입하는 유체를 해석대상으로 하는 경우, 검사체적인 이 육면체는 시간에 따라 변하지 않는 고정체이며, 다만 나중에 매우 작다는 것으로써 테일러급수 속에 포함되어 있는 고차항들의 값도 작아 소거할 수 있다는 논리 위에 이루어졌다. 따라서 이 방법은 Euler 개념에 의거하여 유도되었다. 그러나 미소 직육면체 대신 임의의 검사체적을 해석대상으로 삼아 Lagrange 방법에 의하여 연속방정식을 유도할 수도 있다. 결코 앞서의 직육면체처럼 미소할 필요는 없으며 검사체적이 시간에 따라 고정될 필요도 없다. 다만 동일한 유체를 해석대상으로 취할 뿐이다. 지금 [그림 2.8]처럼 시간 t에서 $t+\Delta t$로 변할 때 검사체적도 부피 및 표면적이 $\vartheta(t),\ A(t)$에서 $\vartheta(t+\Delta t),\ A(t+\Delta t)$로 변했다고 하자. 이때 그 속에 들어 있는 유체는 잉크 묻은 유체처럼 동일하다. 이러한 가정하에 검사체적 내의 질량은 보존된다는 법칙을 적용하여 식을 유도하면 다음과 같다.

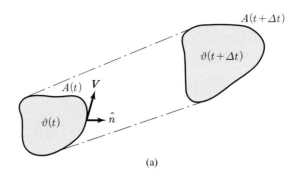

(a)

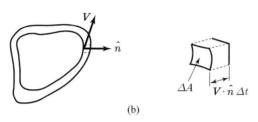

(b)

그림 2.8 임의의 검사체적에서의 유입과 유출

$$\frac{D}{Dt}\int_{\vartheta(t)}\rho(t)d\vartheta = \lim_{\Delta t \to 0}\left[\frac{1}{\Delta t}\int_{\vartheta(t+\Delta t)}\rho(t+dt)d\vartheta - \int_{\vartheta(t)}\rho(t)d\vartheta\right] \quad (2.22)$$

$$= \lim_{\Delta t \to 0}\frac{1}{\Delta t}\left[\int_{\vartheta(t+\Delta t)}\rho(t+\Delta t)d\vartheta - \int_{\vartheta(t)}\rho(t+\Delta t)d\vartheta\right]$$

$$+ \lim_{\Delta t \to 0}\frac{1}{\Delta t}\left[\int_{\vartheta(t)}\rho(t+\Delta t)d\vartheta - \int_{\vartheta(t)}\rho(t)d\vartheta\right]$$

$$= \lim_{\Delta t \to 0}\frac{1}{\Delta t}\int_{\vartheta(t+\Delta t)-\vartheta(t)}\rho(t+\Delta t)d\vartheta + \int_{\vartheta(t)}\frac{\partial\rho}{\partial t}d\vartheta$$

$$= \lim_{\Delta t \to 0}\frac{1}{\Delta t}\int_{A(t)}\rho(t+\Delta t)\boldsymbol{V}\cdot\hat{n}dA + \int_{\vartheta(t)}\frac{\partial\rho}{\partial t}d\vartheta$$

$$= \int_{A(t)}\rho(t)\boldsymbol{V}\cdot\hat{n}dA + \int_{\vartheta(t)}\frac{\partial\rho}{\partial t}d\vartheta$$

이 식은 질량에 대하여 Reynolds의 이송정리를 적용한 식의 형태이다. 한편 위 식의 우변은 Gauss 정리에 의하여 면적적분을 다음 식과 같이 체적적분으로 변환시킬 수 있다.

$$\frac{D}{Dt}\int_{\vartheta(t)}\rho d\vartheta = \int_{\vartheta(t)}\nabla\cdot(\rho\boldsymbol{V})d\vartheta + \int_{\vartheta(t)}\frac{\partial\rho}{\partial t}d\vartheta \quad (2.23)$$

$$= \int_{\vartheta(t)}\left[\frac{\partial\rho}{\partial t} + \nabla\cdot(\rho\boldsymbol{V})\right]d\vartheta$$

검사체적 속에 들어 있는 유체는 동일유체로서 질량 또한 같아야 한다. 따라서 위 식의 좌변 값은 질량 보존의 법칙으로부터 0이 되어야 한다. 또한 검사체적을 임의로 취하더라도 항상 0이 되어야 하므로 앞 식의 우변에 있는 적분 속의 값이 0이 되어야 한다. 이를 표현한 것이 식(2.24)이며 앞에서 유도한 식(2.14) 또는 식(2.20)과 동일하다.

$$\frac{\partial \rho}{\partial t} + \nabla \cdot (\rho V) = 0 \tag{2.24}$$

앞에서 언급한 바와 같이 Reynolds 이송정리에 의하여 질량을 대상으로 Euler 방법에 의하여 유도된 식이나 Lagrange 방법에 의한 결과는 서로 일치함을 보이고 있다. Reynolds 이송정리는 질량뿐만 아니라 운동량 또는 에너지 등 임의의 물리량에 대하여 적용할 수 있는 범용적인 수학 정리이다.

⑦ 연속방정식의 물리적 의미

연속방정식의 일반적인 형태는 식(2.24) 또는 식(2.14)로 이를 다시 풀어서 쓰면 다음과 같은 세 항이 이루는 그룹으로 나눌 수 있다.

$$\frac{\partial \rho}{\partial t} + \left(u\frac{\partial \rho}{\partial x} + v\frac{\partial \rho}{\partial y} + w\frac{\partial \rho}{\partial z} \right) + \rho\left(\frac{\partial u}{\partial x} + \frac{\partial v}{\partial y} + \frac{\partial w}{\partial z} \right) = 0 \tag{2.25}$$

첫 번째 항이 0이 되는 경우는 비압축성 유체일 때 또는 시간에 대하여 변하지 않는 흐름, 즉 정류(steady flow)일 때이다. 따라서 압축성 유체에서 나타나는 음파(sound), 수격작용(water hammer) 및 shock wave 해석 등에서는 이 항이 없어지지 않는다. 세 번째 그룹은 비압축성 유체일 때의 식으로써 벡터식으로 표시하면 다음과 같다.

$$\nabla \cdot V = 0 \tag{2.26}$$

여기서 $\nabla \cdot V > 0$이면 유체는 팽창되고 $\nabla \cdot V < 0$이면 수축됨을 뜻한다. 따라서 수축팽창이 없는 비압축성 유체에서는 식(2.26)이 성립되어야 한다. 두 번째 그룹은 공간의 밀도변화율로서 일반적으로 다른 그룹에 비하여 생략할 수 있을 정도로 매우 작은 값을 갖는다. 그러나 shock wave 등을 해석할 때는 그렇지 않다.

비압축성 유체에 대한 식(2.26)을 2차원 평면에 대하여 표현하면 다음 식으로 간단히 된다. 이 식의 물리적 의미는 [그림 2.9]와 같이 한 방향에서 줄어드는 만큼 다른 방향으로는 늘어나서 전체적인 부피가 일정해야 함을 뜻한다.

$$\frac{\partial u}{\partial x} + \frac{\partial v}{\partial y} = 0 \qquad (2.27)$$

지금까지 유도된 연속방정식의 적용범위를 [표 2.1]에 간략히 정리하여 나타내었다.

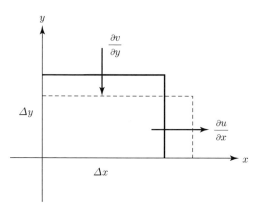

그림 2.9 비압축성 유체에 대한 2차원 연속방정식의 의미

표 2.1 연속방정식의 적용범위

비압축성 1차원 흐름	$\dfrac{\partial u}{\partial x} = 0$
비압축성 2차원 흐름	$\dfrac{\partial u}{\partial x} + \dfrac{\partial v}{\partial y} = 0$
비압축성 3차원 흐름	$\dfrac{\partial u}{\partial x} + \dfrac{\partial v}{\partial y} + \dfrac{\partial w}{\partial z} = 0$ $\text{div } \boldsymbol{V} = 0$
일반적인 속도를 갖는 압축성 유체의 비정상운동 (음향파, 수격작용)	$\dfrac{\partial \rho}{\partial t} + \rho\left(\dfrac{\partial u}{\partial x} + \dfrac{\partial v}{\partial y} + \dfrac{\partial w}{\partial z} \right) = 0$ $\dfrac{\partial \rho}{\partial t} + \rho \text{ div } \boldsymbol{V} = 0$
속도가 큰 압축성 유체의 비정상운동 (충격파)	$\dfrac{\partial \rho}{\partial t} + \dfrac{\partial (\rho u)}{\partial x} + \dfrac{\partial (\rho v)}{\partial y} + \dfrac{\partial (\rho w)}{\partial z} = 0$ $\dfrac{\partial \rho}{\partial t} + \text{div}(\rho \boldsymbol{V}) = 0$

x방향, y방향 유속이 각각 $u = 2x - y$, $v = 1 - 2y$일 때 2차원 비압축성 유체의 연속방정식을 만족하는지 설명하시오.

➕ 풀이

비압축성 유체의 밀도는 일정하므로 2차원 비압축성 유체의 연속방정식은

$$\frac{\partial u}{\partial x} + \frac{\partial v}{\partial y} = 0$$

$$\frac{\partial}{\partial x}(2x - y) + \frac{\partial}{\partial y}(1 - 2y) = 2 + (-2) = 0$$

따라서 연속방정식을 만족한다.

2.1 미소검사체적을 이용하여 질량 보존 법칙으로부터 연속방정식을 유도하고 유도과정에서 필요한 가정을 모두 서술하시오.

2.2 연속방정식 식(2.24)는 점성, 비점성, 압축성, 비압축성, 뉴턴, 비뉴턴 유체에 모두 적용 가능한지를 논하시오.

2.3 유관에 대한 연속방정식과 유선(streamline, 주어진 순간에 속도 벡터에 접하는 선을 이은 선) 방향으로 고정된 원관에 대한 연속방정식의 차이점을 설명하시오.

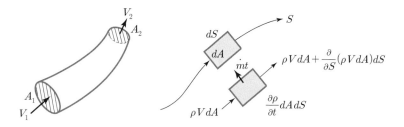

2.4 그림에서처럼 물이 단면 1로 들어와서 물탱크를 채우고 있다. 비압축성 유체라고 가정했을 때 물탱크의 수위가 일정하게 되는 단면 2에서의 유출 속도를 구하시오.

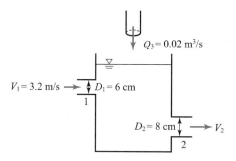

2.5 x방향, z방향 유속이 각각 $u = a(x^2 - y^2)$, $w = b$이고, 3차원 비압축성 유체의 연속방정식을 만족할 때 y방향 유속 v를 구하시오.

03
Chapter

운동량방정식

1. 뉴턴의 제2법칙과 운동량방정식
2. 관성력
3. 질량력
4. 면 력
5. 운동량방정식의 일반적 형태
6. 운동량방정식의 다른 형태

앞장에서 질량 보존의 법칙에 기초한 연속방정식에 대하여 알아보았다. 해석목적이나 그 대상에 따라 여러 가지 종류의 식을 유도할 수 있었지만 질량은 보존된다는 근본개념은 동일하였다. 이 장에서는 자연계의 3대 기본법칙 중 두 번째인 뉴턴의 제2법칙을 유체에 적용시켜 수학적으로 유도한다. 뉴턴의 법칙을 나타내는 식은 힘에 관한 것으로서 힘은 벡터이기 때문에 1개의 식으로 표시되는 연속방정식과는 다르게 3개의 스칼라식이 도출될 것이다. $\sum F = ma$로 표시되는 뉴턴의 제2법칙에 관한 개괄적인 내용은 이미 '1장의 3. 힘의 분류'에서 설명하였다. 이에 따르면 힘은 여러 가지의 형태를 가지나 크게 관성력과 작용력으로 나눌 수 있으며 작용력은 질량력과 면력으로 구성되어 있다.

힘에는 여러 종류가 있으나 이들이 모두다 유체에 작용하는 것은 아니다. 인장력이나 전자기력 등은 유체역학에서는 일반적으로 논의의 대상이 아니다. 그러므로 여기서는 유체가 운동하는데 주도적으로, 중요한 역할을 담당하는 힘들을 중심으로 설명한다. 질량력 중 중력은 유체운동을 일으키게 하는 중요한 힘이며, 면력 중에서는 연직력으로서 압력이, 접선력으로서는 점성력이 대표적이다. 따라서 이 장에서는 관성력, 중력, 압력과 점성력을 중심으로 설명한다. 물론 해석대상이나 목적에 따라 다른 종류의 힘들도 포함시킬 수 있다. 예를 들면, 편향력(Coriolis force)은 넓은 영역을 대상으로 하는 조석현상이나 태풍의 진로를 해석하는데 필요하다.

① 뉴턴의 제2법칙과 운동량방정식

뉴턴의 제2법칙은 $\sum F = ma$ 또는 $\sum F = \dfrac{d}{dt}(mV)$로 표시되는 벡터식이다. 여기서 질량($m$)에 속도($V$)를 곱한 값 mV를 운동량(momentum)이라고 하며, 이들 식을 유체흐름해석에 지배방정식으로 사용할 경우 운동량방정식(momentum equations)이라 부른다. 또한 작용력 $\sum F$는 질량력과 면력으로 구성되어 있으므로 다음과 같이 표시할 수 있다.

$$ma = F_b + F_s \tag{3.1}$$

여기서 F_b, F_s는 각각 질량력과 면력을 뜻한다. 식(3.1)을 유체에 적용시키기 위하여 좌변의 관성력, 우변의 질량력 및 면력 등 세부분으로 나누어 유도하고 각각의 특성을 살펴본다.

관성력 inertial force : ma

뉴턴은 관성에 의하여 평형상태를 유지하고 있는 물체에 힘을 가하면 그 평형상태는 깨어지고, 물체가 가진 운동량이 변하게 되며, 이때 가한 힘은 운동량의 시간 변화율과 같음을 발견하였다. 이것이 뉴턴의 제2법칙이며 운동량의 시간에 대한 미분형태로 나타난다. 따라서 뉴턴의 제2법칙을 잘 이해하기 위해서는 무엇보다도 몇 가지 기초적인 미분의 성질이나 표현방법에 대하여 알아보는 것이 필요하다.

(1) 전미분 (total derivatives 또는 material derivatives)

관성력을 이해하기 위하여 우선 수학에서 이미 널리 사용하고 있는 전미분(total derivatives)을 이해하는 것이 중요하다. 전미분은 상미분과 편미분의 관계를 나타낸 것으로 만약 2차 평면에서 임의의 함수 T가 x,y의 함수라면 $T(x,y)$의 변화량 ΔT는 다음의 식(3.2)와 같이 편미분의 형태로 표시된다.

$$\Delta T = \frac{\partial T}{\partial x}\Delta x + \frac{\partial T}{\partial y}\Delta y \quad \text{또는} \quad dT = \frac{\partial T}{\partial x}dx + \frac{\partial T}{\partial y}dy \quad (3.2)$$

여기서 좌변은 상미분(ordinary difference) 형태를, 우변은 편미분(partial difference) 형태를 나타내며, 이들의 관계를 전미분(total derivatives)이라 부른다. 식(3.2)에 기초하여 T의 시간적인 변화율 $\frac{dT}{dt}$는 식(3.3)으로 된다. 여기서 dx/dt는 '시작전에의 9. 속도와 가속도'에서 이미 설명한 것과 같이 x방향의 유속 u의 정의와 같다. 마찬가지로 dy/dt도 y방향의 유속 v로 표시할 수 있으며 이들을 정리하면 다음과 같다.

$$\frac{dT}{dt} = u\frac{\partial T}{\partial x} + v\frac{\partial T}{\partial y} \tag{3.3}$$

이러한 관계를 시간 t와 3차원 공간(x,y,z)으로 확장시켜 $T(t,x,y,z)$라고 하면 이에 대한 전미분은 다음과 같은 일반적인 형태로 표시된다.

$$\frac{dT}{dt} = \frac{\partial T}{\partial t} + u\frac{\partial T}{\partial x} + v\frac{\partial T}{\partial y} + w\frac{\partial T}{\partial z} \tag{3.4}$$

이 식의 형태는 운동학이나 역학을 해석하는데 자주 이용되는데 이처럼 특별한 물리적 의미를 내포하고 있는 전미분의 형태를 강조하기 위하여 종종 $\frac{dT}{dt}$ 대신 $\frac{DT}{Dt}$로 정의

하기도 한다. 즉,

$$\frac{D}{Dt} \equiv \frac{\partial}{\partial t} + u\frac{\partial}{\partial x} + v\frac{\partial}{\partial y} + w\frac{\partial}{\partial z} \tag{3.5}$$

$$\frac{DT}{Dt} = \frac{\partial T}{\partial t} + u\frac{\partial T}{\partial x} + v\frac{\partial T}{\partial y} + w\frac{\partial T}{\partial z} \tag{3.6}$$

예제 3.1

전미분의 운동학적 의미를 좀 더 쉽게 이해하기 위하여 다음과 같은 예를 들어보자. 그림처럼 서울에서 7시에 비행기를 타고 북동방향으로 1,000 km 떨어진 북해도를 가고 있다. 동쪽으로 100 km 갈 때마다 기온은 섭씨 3℃씩 증가하고 북쪽 방향으로는 5℃씩 감소한다고 한다. 출발점인 서울에서의 기온이 15℃였을 때 북해도에 도착했을 때의 온도는 몇 ℃일까?

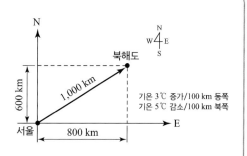

♦ **풀이**

우선 그림에서 서울에서 북해도로 갔다는 것은 벡터적으로 동쪽(x방향)으로 800 km, 북쪽(y방향)으로 600 km 이동한 것을 의미한다. 또한 온도 T는 x, y의 함수이고 앞서의 전미분 식(3.2)에서 편미분항 $\frac{\partial T}{\partial x}$는 $+3℃/100\,km$, $\frac{\partial T}{\partial y}$는 $-5℃/100\,km$이며 $\triangle x$와 $\triangle y$는 각각 800 km, 600 km가 된다. 그러므로 서울과 북해도의 온도 차이 ΔT는 식(3.2)로부터 다음과 같이 산정된다.

$$\Delta T = \frac{\partial T}{\partial x}\Delta x + \frac{\partial T}{\partial y}\Delta y = (+3℃/100^{km})(800^{km}) + (-5℃/100^{km})(600^{km}) = -6℃$$

따라서 북해도와 서울의 온도 차이 ΔT는 $-6℃$가 되어 북해도의 온도는 9℃임을 알 수 있다. 만약 이 비행기가 2시간 동안 비행했다면 시간당 온도변화율은 $-3℃/hr$가 될 것이다. 이를 전미분으로부터 구하면 u와 v는 각각 $+400\,km/hr$, $+300\,km/hr$이므로 식(3.3)으로부터 시간당 온도의 변화율은 다음과 같이 산정된다.

$$\frac{dT}{dt} = u\frac{\partial T}{\partial x} + v\frac{\partial T}{\partial y} = (400^{km/hr})(+3℃/100^{km}) + (300^{km/hr})(-5℃/100^{km}) = -3℃/hr$$

만약 이때 동아시아 전체가 시간당 +1.2℃씩 온도가 상승하고 있었다면 식(3.4)의 우변 첫째항 $\frac{\partial T}{\partial t}$은 $+1.2℃/hr$가 되어 온도의 변화율은 최종적으로 다음과 같다.

$$\frac{dT}{dt} = \frac{\partial T}{\partial t} + u\frac{\partial T}{\partial x} + v\frac{\partial T}{\partial y} = 1.2℃/hr - 3℃/hr = -1.8℃/hr$$

전미분의 식(3.4)는 상미분과 편미분의 관계를 표시한 것으로써 수학적으로 좌변과 우변은 동일한 값을 갖는다. 그러나 좌변의 상미분이 나타내는 물리적 의미와 우변의 편미분이 나타내는 의미는 사뭇 다르다. 지금 비행기 속에 타고 있는 사람과 지상에서 비행기를 바라보는 사람이 있다고 하자. 비행기 속에 있는 사람은 자신의 위치를 모른 채 단지 시간이 경과함에 따라 온도가 변하는 것을 느낄 것이나, 지상에 있는 사람은 비행기가 시간에 따라 움직이면서 위치가 변하고 그때마다 온도가 달라짐을 알 것이다. 이처럼 식(3.4)의 좌변은 비행기 속에 타고 있는 승객이 느끼는 온도의 변화율이다. 비행기 속에 있는 승객에게는 비행기가 어디를 지나고 있는지에 관계없이 오로지 시간이 지남에 따라 온도가 내려가는 것을 느낄 뿐이다. 이는 유체입자 위에 타고 유체입자와 함께 진행하면서 온도변화를 산정하는 방법이다. 반면에 식(3.4)의 우변에 있는 편미분 항들은 비행기 밖 지상에 있는 사람이 비행기의 온도를 산정하는 방법이다. 즉, 7시에 떠난 비행기가 30분 후 강릉을 통과할 때 몇 도이고, 8시 울릉도를 지날 때 몇 도가 되는지를 산정하는 방법이다. 그러므로 땅위의 사람에게는 몇 시에 떠났는가도 중요하지만 강릉이나 울릉도 등 지나는 위치도 중요한 관심의 대상이다. 다시 말하자면, 전자에서는 오직 시간이 지남에 따라 온도가 변하므로 시간 t만의 함수 $T(t)$로서 표시된 것이며, 후자는 시간뿐 아니라 비행기가 지나는 위치에 따라서도 온도가 변하므로 t와 위치(x, y)의 함수 $T(t, x, y)$로써 표현된 형태이다. 그러나 두 가지 모두 물리적 현상을 표현하는 방법이 다를 뿐, 최종적인 결과값은 동일함을 잊어서는 안 된다.

수학적으로는 식(3.4)처럼 상미분으로 나타낸 형태를 Lagrange 방법, 우변처럼 편미분 형태로 나타낸 것을 Euler 방법이라고 한다. Lagrange 방법은 출발한 원점과 시간이 얼마나 경과했나에 주관심이 있으며 주로 구조역학 등에서 선호하는 반면, Euler 방법은 조금은 복잡하지만 출발한 위치보다는 현재의 시각과 그 위치에서의 값에 초점을 두고 있어 주로 유체역학에서 이용된다. 이처럼 해석의 목적상 어느 방법이 더 적합한지에 따라 선택하게 된다. 좀 더 이해를 돕기 위하여 다음과 같은 예를 들어보자. 매우 높은 타워를 설계한다고 할 때 태풍 등 큰 바람에 의하여 힘을 받아 타워는 [그림 3.1]의 (a)와 같이 휘게 될 것이다. 이 상태에서 가장 큰 응력을 받는 지점이 A_1이라면 이 부분에 더 많은 보강을 해야 할 것이다. 그러나 실제로 보강을 해야 할 지점은 타워가 힘을 받기 전 A_0이다. 그러므로 원래 출발지점이 관심의 대상이 된다. 반면에 [그림 3.1]의 (b)처럼 수로를 설계한다고 하면 현재 어느 지점을 지나는 유속이 가장 큰지를 알아야 그곳에 세굴이 안 되도록 보강할 것이다. 이 경우 물이 어디서 출발해 왔는지는 중요하지 않고 큰 유속이 발생하는 위치에 관심이 많을 수밖에 없다. 따라서 구조해석에서는 주로 전자에 의한 방법이, 유체해석에서는 후자의 방법을 선호하게 된다.

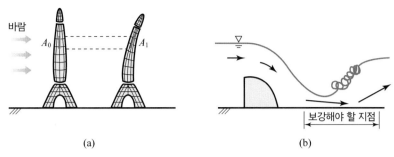

그림 3.1 Lagrange와 Euler 표현방법이 적용되는 경우

(2) 관성력의 표현

뉴턴역학에서 관성력은 질량과 가속도의 곱으로 나타내었다. 가속도 a는 식(3.7)로 주어진 속도벡터 V를 시간에 대하여 미분한 것으로써 식(3.8)과 동일하게 벡터량이다.

$$V(t,x,y,z) = u(t,x,y,z)i + v(t,x,y,z)j + w(t,x,y,z)k \quad (3.7)$$

$$a = \frac{dV}{dt} = \frac{du}{dt}i + \frac{dv}{dt}j + \frac{dw}{dt}k \quad (3.8)$$

$$= a_x i + a_y j + a_z k$$

앞에서 언급했던 것처럼 속도벡터 V가 시간과 공간의 함수이므로 각 방향의 속도성분인 u, v, w도 시간과 공간의 함수여야 한다.

한편 관성력 항은 가속도로 나타내지므로 u, v, w의 미분형태가 되며, 속도의 미분값 또한 시간과 공간의 함수가 되어야 하다. 따라서 가속도의 x, y, z 성분 a_x, a_y, a_z는 전미분의 관계를 이용하면 다음과 같이 쉽게 표시할 수 있다.

$$a_x = \frac{du}{dt} = \frac{\partial u}{\partial t} + u\frac{\partial u}{\partial x} + v\frac{\partial u}{\partial y} + w\frac{\partial u}{\partial z} \quad (3.9)$$

$$a_y = \frac{dv}{dt} = \frac{\partial v}{\partial t} + u\frac{\partial v}{\partial x} + v\frac{\partial v}{\partial y} + w\frac{\partial v}{\partial z} \quad (3.10)$$

$$a_z = \frac{dw}{dt} = \frac{\partial w}{\partial t} + u\frac{\partial w}{\partial x} + v\frac{\partial w}{\partial y} + w\frac{\partial w}{\partial z} \quad (3.11)$$

이 식들의 우변 첫째항은 시간에 대한 편미분항을 나타내는데, 이를 지점가속도(local acceleration)라 하고 뒤의 3개항을 이류가속도(convective acceleration)라고 한다. 물리적으로 이류가속도항은 물체가 움직임으로써 발생하는 가속도이며 지점가속도는 시스템 전체가 갖는 변화량을 의미한다. 앞절의 예에서 전 영역에 걸친 온도의 시간적 변화율은 지점가속도, 비행기가 이동하면서 발생하는 변화율은 이류가속도라고 이해하면 된다. 만약 정지해 있다면 이류가속도는 존재할 수 없다.

③ 질량력 body force : F_b

질량력(body force)은 중력, 자기력, 편향력 등과 같이 물체의 질량에 작용하는 힘으로서 작용점은 질량중심에 있다고 본다. 이러한 질량력들은 각자 고유한 방향을 가지고 있는 벡터량이다. 중력은 지구중심방향을, 전자기력은 플레밍의 법칙에 따라, 편향력은 그 지점에서의 지구자전에 의한 방향을 갖는다. 공간상에서 이러한 힘들을 나타내는 질량력은 벡터량이므로 3개의 독립적인 성분으로 표시할 수 있다.

유체역학에서 중요하게 작용하는 질량력 중 중력의 경우, [그림 3.2]의 (a)처럼 x, y, z의 직각좌표계에서 질량 m에 작용하는 중력은 mg이고 다음 식으로 나타낼 수 있다.

$$F_g = mg \qquad\qquad (3.12)$$
$$= mg_x \boldsymbol{i} + mg_y \boldsymbol{j} + mg_z \boldsymbol{k}$$

따라서 그 물체에 작용하는 질량력 중 중력은 각 방향성분 g_x, g_y, g_z만 알면 된다. 이것은 전자기력이나 편향력도 마찬가지이다. 그러므로 임의의 물체에 작용하는 어떠한 질량력도 공간상에서 x, y, z방향성분 3개로 나타낼 수 있다는 뜻이다. 이러한 까닭에 일반적으로 질량력을 통털어 각 방향성분을 X, Y, Z라 할 때 다음과 같이 나타내기도 한다.

$$F_b = X \boldsymbol{i} + Y \boldsymbol{j} + Z \boldsymbol{k} \qquad\qquad (3.13)$$

여기서 F_b는 질량력의 합을 뜻한다. 한편 유체흐름에서는 질량력 중 중력이 가장 중요

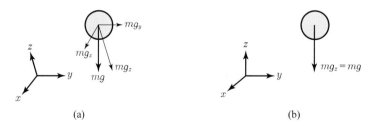

그림 3.2 x, y, z의 직각좌표계에서 질량 m에 작용하는 중력

하게 작용하므로 질량력은 중력에 한정하자. [그림 3.2]의 (a)와 달리 [그림 3.2]의 (b)와 같이 좌표축을 중력방향과 나란하게 z축을 취하면 x, y방향의 성분은 없어지므로 식 (3.13)은 다음과 같이 표시된다.

$$\boldsymbol{F}_b = 0\,\boldsymbol{i} + 0\,\boldsymbol{j} - mg\,\boldsymbol{k} \qquad (3.14)$$

여기서 g는 중력가속도 9.8 m/s^2이고, z축과 중력이 반대 방향을 이루므로 (−)값을 갖는다.

 4 **면력** surface force : F_s

(1) Cauchy의 정리 (Cauchy's formula)

면력은 물체의 표면에 작용하는 힘이다. [그림 3.3]과 같이 면에 작용하는 힘은 면에 연직방향성분과 접하는 성분으로 나눌 수 있으며 전자를 연직력(normal surface force, F_n), 후자를 접선력(tangential surface force, F_t)이라고 한다. 연직력은 압축이나 인장 및 탄성력 등이 이에 해당하며, 접선력은 전단력이나 마찰력 등이 있다. 유체에서의 연직력으로는 압력이 대표적이며 일반적으로 인장력은 없다고 본다. 물론 탄성력도 이에 속하나 이는 압축성 유체에서만 고려한다. 접선력에는 전단력이 있으나 유체에서는 전단력이 유체의 점성에 의하여 발생하므로 점성력이라 한다. 그러므로 비압축성 유체입자에 작용하는 면력으로는 압력과 점성력이 대표적이다.

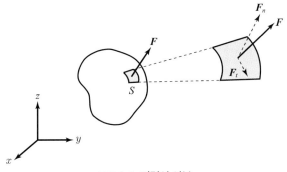

그림 3.3 **면력의 성분**

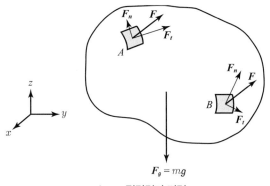

그림 3.4 **질량력과 면력**

임의의 질량력은 질량 자체에 작용하고 그 작용점은 질량중심점에 있다고 보므로 3개의 방향성분으로써 표현 가능한 벡터량임을 보였다. 그러나 어떤 물체에 작용하는 면력을 표시하는 방법은 이보다 복잡하며 더 많은 성분이 필요하다. 그 이유는 동일한 힘이 작용하여도 작용하는 면에 따라서 연직력과 접선력이 달라져 결과적으로는 전혀 다른 유체운동을 야기하기 때문이다.

[그림 3.4]와 같이 중력은 모든 유체질량에 공통적으로 작용하고 그 크기는 질량에 따라 다르지만 방향은 동일하다. 이처럼 중력은 물체에 크기와 방향을 주는, 벡터적으로 유체운동에 영향을 미친다. 반면 동일한 힘이 물체의 두 표면 A와 B에 작용한다고 할 때 두 면에서의 연직력과 접선력은 동일하지 않다. 이렇게 연직력과 접선력이 다르다면 물체의 운동 또한 달라질 것이다. 비록 크기와 방향이 동일한 힘이 면에 작용하더라도 그 힘이 어떤 면에 작용했느냐에 따라 유체의 운동은 달라지므로 면력을 표현하기 위해서는 면의 방향까지 고려해야 한다.

Cauchy는 임의의 면에 작용하는 힘은 다음과 같은 9개의 요소로써 표현할 수 있음을 보였다. 다시 말하면 식(3.15)에 있는 9개의 성분은 물체 표면에 작용하는 힘을 표시하는 데 필요하고 충분하다는 것을 입증하였으며, 이것은 Cauchy의 정리(Cauchy's formula)로 알려져 있다.

$$\tau = \begin{vmatrix} \tau_{xx} & \tau_{yx} & \tau_{zx} \\ \tau_{xy} & \tau_{yy} & \tau_{zy} \\ \tau_{xz} & \tau_{yz} & \tau_{zz} \end{vmatrix} \tag{3.15}$$

여기서 τ를 면력을 나타내는 stress 텐서(stress tensor)라고 한다. Cauchy의 정리를 잘 나타낸 글은 다음과 같다.

τ_{ij} 9 components are necessary and sufficient to define traction across any surface element in a body. Hence the stress in a body is characterized completely by the set of quantities τ_{ij}.

Stress 텐서를 나타내는 표기방법은 사람마다 다르나 여기서는 [그림 3.5]와 같이 가장 많이 사용하는 방법을 따른다. 즉, 앞의 첨자는 축에 수직한 면을 나타내고, 뒤의 첨자는 방향을 나타낸다. 예로서, τ_{xy}는 x축에 수직한 면에 작용하는 성분 중 y방향의 것을 뜻한다.

중력과 같은 질량력은 벡터량이므로 x, y, z방향의 성분 3개로서 표현할 수 있었지만 면력은 면의 방향까지를 고려해야 하기 때문에 위와 같은 9개의 성분이 필요하다. 이러한 형태의 수학적인 의미는 이미 이 책 서두에 '시작전에의 7. 텐서장(스칼라, 벡터, 텐서)'에서 언급하였으며 위의 stress 텐서는 2차 텐서(2nd order tensor)임을 보이고 있다. stress 텐서에 대하여 좀 더 자세한 설명과 유도과정은 다음과 같다.

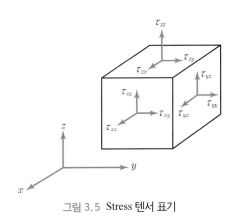

그림 3.5 Stress 텐서 표기

(2) Stress 텐서

① Stress 텐서의 정의

어떤 물체의 표면에 ΔF 라는 힘(면력)이 미소면적 ΔS 위에 작용한다고 할 때([그림 3.6]) $\lim\limits_{\Delta S \to 0} \dfrac{\Delta F}{\Delta S}$가 유한한 값을 갖고 임의의 점에서의 모멘트가 0이라면 이를 traction 또는 stress vector라고 하여 T라고 표시한다.

$$T = \lim_{\Delta S \to 0} \frac{\Delta F}{\Delta S} \qquad (3.16)$$

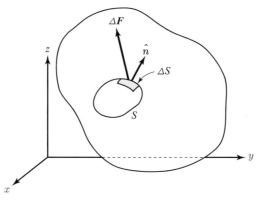

그림 3.6 Stress의 개념

T는 단위면적당의 힘을 나타내며, 벡터량이므로 x, y, z방향의 성분으로 나눌 수 있다.

$$T = T_x \, i + T_y \, j + T_z \, k \tag{3.17}$$

여기서 T_x, T_y, T_z는 각 방향의 성분이며 표면에 작용하는 면력(surface force)은 T에 면적을 곱하면 되므로 면력의 각 방향성분은 각각 $T_x \Delta S$, $T_y \Delta S$, $T_z \Delta S$가 된다.

지금 미소면적 ΔS를 x축에 수직한 면에 투영한 면적을 ΔS_x, y축 및 z축에 수직한 면에 투영한 면적을 ΔS_y, ΔS_z라고 할 때, stress 벡터의 x성분 T_x가 면적 ΔS_x에 기여하는 성분을 τ_{xx}라고 하고, T_x가 면적 ΔS_y 및 ΔS_z에 기여하는 성분을 각각 τ_{yx} 및 τ_{zx}라고 나타낸다. 마찬가지로 y방향에 대해서도 T_y가 면적 ΔS_x, ΔS_y, ΔS_z에 기여하는 성분을 각각 τ_{xy}, τ_{yy} 및 τ_{zy}로 나타낸다. 또한 z방향에서도 T_z가 면적 ΔS_x, ΔS_y, ΔS_z에 기여하는 성분을 τ_{xz}, τ_{yz}, τ_{zz}로 정의 할 수 있다. 이를 종합하면 다음과 같은 9개의 요소를 이끌어 낼 수 있으며 이들을 stress 텐서라고 한다.

$$\tau = \begin{vmatrix} \tau_{xx} & \tau_{yx} & \tau_{zx} \\ \tau_{xy} & \tau_{yy} & \tau_{zy} \\ \tau_{xz} & \tau_{yz} & \tau_{zz} \end{vmatrix} \quad \text{또는} \quad \tau = \begin{vmatrix} \tau_{11} & \tau_{21} & \tau_{31} \\ \tau_{12} & \tau_{22} & \tau_{32} \\ \tau_{13} & \tau_{23} & \tau_{33} \end{vmatrix} \tag{3.18}$$

여기서 τ는 stress 텐서를 나타낸다. Stress 텐서는 2차 텐서량이므로 책에 따라서는 τ 위에 두 줄을 그어 표시하기도 하며, 위와 같이 첨자를 (x, y, z) 대신에 $(1, 2, 3)$으로 써서 표기하기도 한다. 텐서식(3.18)의 대각선 성분 $\tau_{xx}, \tau_{yy}, \tau_{zz}$는 그림에서와 같이 면의 연직방향 stress이고, 나머지 비대각선 성분 $\tau_{xy}, \tau_{xz}, \tau_{yz}, \cdots$ 등은 면에 접하는 전단응력 방향의 stress(shearing stress)를 뜻한다.

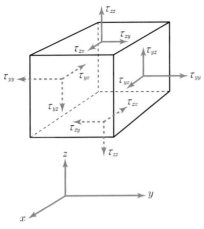

그림 3.7 (+) 방향의 stress 텐서 요소

한편 [그림 3.7]처럼 마주 보고 있는 두면에 작용하는 요소들의 방향을 살펴보자. 윗면에 작용하는 3개의 stress 요소 τ_{zx}, τ_{zy}, τ_{zz}를 (+)방향으로 취하면 아랫면의 요소들은 크기는 동일하고 방향은 반대여야 한다. 마치 거울에 비친 형태로서 그렇지 않다면 모멘트의 값이 0을 이루지 않기 때문이다. 그러므로 반대되는 면에 작용하는 stress 텐서 요소들은 (+)의 방향이 [그림 3.7]과 같아야 한다.

② Stress 텐서의 대칭성

임의의 면에 작용하는 면력은 9개의 요소로 구성된 stress 텐서로 표시되는데 대각선 요소들은 연직한 방향의 것들이며 나머지 요소들은 접선방향의 것들이다. 대각선 요소를 제외한 접선방향의 stress 텐서는 각각의 방향에 대하여 대칭을 이루어야 한다. 그 이유는 [그림 3.8]처럼 전단응력이 작용할 때 평면 위 임의의 점(그림에서는 A점)에서 토크(torque)는 0이여야 하기 때문이다.

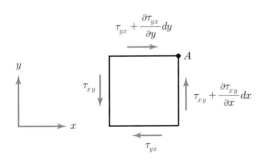

그림 3.8 A점에 대한 토크(torque)

그림에서 A점에 대한 토크식은 다음과 같다.

$$\tau_{xy}(dydz)dx - \tau_{yx}(dzdx)dy = 0 \tag{3.19}$$

이 식으로부터 다음과 같은 대칭의 관계를 얻을 수 있다.

$$\tau_{xy} = \tau_{yx} \tag{3.20}$$

마찬가지로 각각 다른 면에 대하여 이를 적용하면 다음과 같은 동일한 대칭관계를 얻을 수 있다.

$$\tau_{yz} = \tau_{zy} \quad 그리고 \quad \tau_{zx} = \tau_{xz} \tag{3.21}$$

그러므로 stress 텐서에서 원래 9개의 독립적인 성분이 이와 같은 대칭성에 의하여 6개로 줄어들어 결과적으로 간단히 되었음을 알 수 있다. 이들 6개의 성분들을 Lamé의 성분(components of Lamé)이라고 하여 다음 식으로 나타낸다.

$$\tau = \begin{vmatrix} \tau_{xx} & \tau_{xy} & \tau_{xz} \\ \tau_{xy} & \tau_{yy} & \tau_{yz} \\ \tau_{xz} & \tau_{yz} & \tau_{zz} \end{vmatrix} \tag{3.22}$$

(3) 면력의 표현

앞에서 우리는 면에 작용하는 어떠한 힘도 Cauchy에 의하여 입증된 stress 텐서 식 (3.18)의 9개 성분으로써 표시할 수 있음을 보였다. 식의 대각선 성분들은 면에 수직한 연직방향의 응력을 나타내는데 압력이나 인장 또는 압축력 등이 이에 속하고, 비대각선 성분들은 접선방향을 나타내는데 전단력 등이 해당된다. 따라서 이를 구분하기 위하여 다음과 같이 표기하는 것이 일반적이다.

$$\tau = \begin{vmatrix} \sigma_{xx} & \tau_{yx} & \tau_{zx} \\ \tau_{xy} & \sigma_{yy} & \tau_{zy} \\ \tau_{xz} & \tau_{yz} & \sigma_{zz} \end{vmatrix} \tag{3.23}$$

여기서 σ_{xx}, σ_{yy}, σ_{zz}는 각각 면에 연직한 방향의 성분들이다. 또한 접선방향의 성분들 τ_{xy}, τ_{xz}, $\tau_{yz}\cdots$은 서로 대칭임은 앞서 설명하였다. 이러한 stress 텐서를 이용하여 실제 면력을 구할 수 있다.

어떤 물체의 표면에 작용하는 면력 F_s는 다음과 같이 각방향 성분의 합으로 표현된다.

$$F_s = F_{sx}i + F_{sy}j + F_{sz}k \qquad (3.24)$$

여기서 F_{sx}, F_{sy}, F_{sz}는 각각 x, y, z방향의 면력성분을 뜻하며 스칼라량이다.

[그림 3.9]와 같이 Δx, Δy, Δz 크기를 갖는 직육면체 표면에 작용하는 면력을 살펴보자. 6개의 면마다 3개씩의 면력이 존재하여 도합 18개의 면력이 작용할 것이며 이들을 x, y, z 각각의 방향에 대하여 종합하면 면에 작용하는 힘을 얻을 수 있을 것이다. 우선 편의상 x방향으로 작용하는 힘(F_{sx})만을 생각하자. 지금 각 면에서 x방향의 힘은 그림처럼 6개가 있으며 바닥에서의 응력이 τ_{yx}라면 Δy만큼 떨어져 있는 윗면에서의 응력의 크기는 테일러 급수를 사용하면 $\tau_{yx} + \dfrac{\partial \tau_{yx}}{\partial y}\Delta y$이 될 것이고 방향은 밑면과 반대가 된다. 또한 여기에 작용면적 $\Delta x\,\Delta z$를 곱하면 작용하는 힘을 얻을 수 있다.

$$F_{sx} = \left[\left(\sigma_{xx} + \frac{\partial \sigma_{xx}}{\partial x}\Delta x\right)\Delta y \Delta z + \left(\tau_{yx} + \frac{\partial \tau_{yx}}{\partial y}\Delta y\right)\Delta z \Delta x \right. \qquad (3.25)$$

$$\left. + \left(\tau_{zx} + \frac{\partial \tau_{zx}}{\partial z}\Delta z\right)\Delta y\,\Delta x\right] - \left[\sigma_{xx}\Delta y \Delta z + \tau_{yx}\Delta z \Delta x + \tau_{zx}\Delta y \Delta x\right]$$

이것을 육면체의 부피 $\Delta x\,\Delta y\,\Delta z$로 나누면 단위부피당 x방향의 면력 f_{sx}는 다음과 같다.

$$f_{sx} = \frac{\partial \sigma_{xx}}{\partial x} + \frac{\partial \tau_{yx}}{\partial y} + \frac{\partial \tau_{zx}}{\partial z} \qquad (3.26)$$

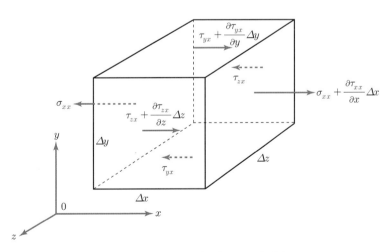

그림 3.9 직육면체에 작용하는 x방향 면력

마찬가지 방법으로 y방향 및 z방향에 대하여도 다음 식들을 얻을 수 있다.

$$f_{sy} = \frac{\partial \tau_{xy}}{\partial x} + \frac{\partial \sigma_{yy}}{\partial y} + \frac{\partial \tau_{zy}}{\partial z} \tag{3.27}$$

$$f_{sz} = \frac{\partial \tau_{xz}}{\partial x} + \frac{\partial \tau_{yz}}{\partial y} + \frac{\partial \sigma_{zz}}{\partial z} \tag{3.28}$$

위의 각 방향에 대한 성분들을 이용하여 면에 작용하는 면력을 나타내면 다음의 최종적인 벡터식을 얻게 된다.

$$\boldsymbol{F}_s = (f_{sx}\boldsymbol{i} + f_{sy}\boldsymbol{j} + f_{sz}\boldsymbol{k})\Delta x\,\Delta y\,\Delta z \tag{3.29}$$

⑤ 운동량방정식의 일반적 형태

지금까지 앞의 2절부터 4절에서는 뉴턴의 제2법칙을 유체의 운동에 적용시켰을 때 필요한 관성력, 질량력 및 면력에 대하여 살펴보았다. 운동량방정식의 도출을 위하여 관성력은 식(3.8)을, 질량력은 중력만을 고려하여 식(3.14)를 이용하고 면력은 식(3.29)를 사용하여 뉴턴의 제2법칙을 표시하면 다음식을 얻는다.

$$\begin{aligned} m(a_x\boldsymbol{i} + a_y\boldsymbol{j} + a_z\boldsymbol{k}) = {}& m(0\boldsymbol{i} + 0\boldsymbol{j} - g\boldsymbol{k}) \\ & + (f_{sx}\boldsymbol{i} + f_{sy}\boldsymbol{j} + f_{sz}\boldsymbol{k})\Delta x\,\Delta y\,\Delta z \end{aligned} \tag{3.30}$$

위 벡터식에 x, y, z방향의 각 성분의 식들을 대입하고 각 방향에 대하여 정리하면 운동량을 표시하는 3개의 스칼라식을 구할 수 있다. 즉, 관성력의 각 성분을 나타낸 식(3.9)~(3.11)을, 질량력은 식(3.14)를, 면력은 식(3.26)~(3.28)을 식(3.30)에 각각 대입하고 $\Delta x\,\Delta y\,\Delta z$로 나누면 다음과 같은 각 방향에 대한 단위부피당 힘을 표시한 최종적인 식을 유도할 수 있다.

$$\rho\left(\frac{\partial u}{\partial t} + u\frac{\partial u}{\partial x} + v\frac{\partial u}{\partial y} + w\frac{\partial u}{\partial z}\right) = \frac{\partial \sigma_{xx}}{\partial x} + \frac{\partial \tau_{yx}}{\partial y} + \frac{\partial \tau_{zx}}{\partial z} \tag{3.31}$$

$$\rho\left(\frac{\partial v}{\partial t} + u\frac{\partial v}{\partial x} + v\frac{\partial v}{\partial y} + w\frac{\partial v}{\partial z}\right) = \frac{\partial \tau_{xy}}{\partial x} + \frac{\partial \sigma_{yy}}{\partial y} + \frac{\partial \tau_{zy}}{\partial z} \tag{3.32}$$

$$\rho\left(\frac{\partial w}{\partial t} + u\frac{\partial w}{\partial x} + v\frac{\partial w}{\partial y} + w\frac{\partial w}{\partial z}\right) = -\rho g + \frac{\partial \tau_{xz}}{\partial x} + \frac{\partial \tau_{yz}}{\partial y} + \frac{\partial \sigma_{zz}}{\partial z} \tag{3.33}$$

다시 한 번 강조하지만 확실히 앞의 식들은 뉴턴의 제2법칙인 벡터로 표시된 식 $\sum F = ma$에 기초한 것이며, 다만 유체의 부피로 나눈 형태로써 단위부피당의 힘을 나타낸 식이다. 식들의 좌변은 관성력을 나타내고 우변은 작용력을 표시한다. 작용력 중 질량력은 중력만을 고려했는데 z축을 중력방향과 평행하게 취하여 x, y방향 성분은 없고 오로지 z방향 성분만이 존재하는 형태이고, 물체 표면에 작용하는 면력은 9개의 stress 텐서 성분으로써 나타내었다. 이렇게 복잡한 과정을 거쳐 최종적으로 유도한 위의 방정식은 유체뿐만 아니라 고체에서도 적용할 수 있는 일반적인 식이다. 유체와 고체는 9개의 스트레스 텐서 성분을 어떻게 표현하느냐에 따라 구별되며 이에 대한 내용은 '4장의 1. Stress와 strain의 관계'에서 다룬다.

6 운동량방정식의 다른 형태

원래 뉴턴의 제2법칙은 $\sum F = \dfrac{d}{dt}(mV)$와 같이 질량과 속도의 곱으로 나타내는 운동량(momentum)이 시간에 따라 변할 때 그 변화율은 작용력과 같다는 데서 출발하였다. 앞에서는 운동량의 변화율을 시간에 대하여 미분한 형태인 관성력 항으로써 나타내었지만 다른 형태로도 나타낼 수 있다. [그림 3.10]과 같이 유체가 이루는 가상의 체적(검사체적)에 대하여 뉴턴의 제2법칙을 또 다른 형태인 다음 식으로 변형시킬 수 있다.

$$\sum F = \frac{d}{dt}(mV) = \frac{1}{\Delta t}[(mV)_2 - (mV)_1] \qquad (3.34)$$

이 식의 의미는 검사체적으로 나가고 들어오는 단위시간당 운동량의 차이는 그 검사체적에 작용하는 힘과 같다는 것을 뜻한다. 그림에서 단면 A_2로 나가는 운동량은 $\rho Q V_2$이고, A_1으로 들어오는 운동량은 $\rho Q V_1$이며, 이들의 차이는 작용력의 총합 $\sum F$와 같아야 한다.

[그림 3.10]에서 작용력으로는 양단에서 작용하는 압력에 의한 힘 F_{p1}과 F_{p2}, 관벽에 작용하는 힘 F_w와 관벽에서의 점성력 F_v, 유체의 무게 W가 있다. 따라서 식(3.34)에 적용시키면 다음과 같다.

$$F_{p1} + F_{p2} + F_w + F_v + W = \rho Q(V_2 - V_1) \qquad (3.35)$$

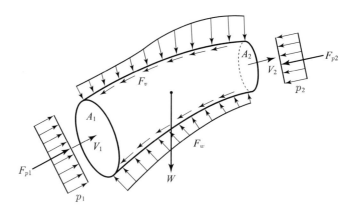

이 식은 벡터식이므로 x, y방향으로 나누어 해석하면 관벽에 작용하는 힘 $\boldsymbol{F}_w$를 구할 수 있을 것이다. 여기서 주의해야 할 점은 각 항은 벡터량이므로 각각의 힘들과 운동량의 방향을 일관성 있도록 취해야 한다. 여기서 구한 힘 $\boldsymbol{F}_w$는 유체가 관벽에 주는 힘 또는 관벽이 유체로부터 받는 힘이다.

이를 좀 더 알기 쉽도록 [그림 3.11]의 (a)와 같이 90°로 꺾인 관을 생각해 보자. 만약 관경이 같다면 유입부와 유출부에서의 유속의 크기는 동일하겠지만 방향이 다르기 때문에 운동량의 변화가 생기므로 식(3.35)의 우변은 0이 아니다. 또한 이 검사체적에 작용하는 힘은 유출입부에서의 압력과 유체가 이 관에 주는 힘이므로 식(3.34)의 좌변이 된다. 한편 힘은 벡터량이기 때문에 x, y방향으로 나눌 수 있고, 점성력은 무시할 만큼 작다면 이때의 식은 각각 식(3.36)과 식(3.37)이 된다.

$$\boldsymbol{F}_{p1} + \boldsymbol{F}_x = \rho Q(0 - \boldsymbol{V}_{1x}) \tag{3.36}$$

$$\boldsymbol{F}_{p2} + \boldsymbol{F}_y = \rho Q(\boldsymbol{V}_{2y} - 0) \tag{3.37}$$

위 식들로부터 유체가 관에 미치는 힘 또는 관이 유체로부터 받는 힘, $\boldsymbol{F}_x$와 $\boldsymbol{F}_y$를 각각 구할 수 있다. 고무호스에 물을 틀면 호스가 움직이거나, 스프링쿨러에 물을 통과시키면 회전하게 되는 이유이다.

그러나 만약 [그림 3.11]의 (b)와 같이 대칭인 경우에도 동일한 방법으로 구할 수 있을 것이다. 이 두 개를 연결시켜 검사체적을 그림과 같이 취한 후 관이 받는 힘을 구하면 다음과 같다.

$$\boldsymbol{F}_{p1} - \boldsymbol{F}_{p2} + \boldsymbol{F}_x = \rho Q(\boldsymbol{V}_{2x} - \boldsymbol{V}_{1x}) \tag{3.38}$$

$$0 + 0 + \boldsymbol{F}_y = \rho Q(0 - 0) \tag{3.39}$$

여기서 $V_{2x} = V_{1x}$, $F_{p1} = F_{p2}$이므로 F_x와 F_y 모두 0이 되는데, 그 이유는 부분 부분에서는 힘이 작용하더라도 전체로 보아서는 이들 힘의 합은 0이 되기 때문이다.

결론적으로 운동량의 변화를 나타낸 뉴턴의 제2법칙은 식(3.35)에 의하여 유체력을 산정할 수 있으며 이러한 식을 선형운동량식(linear momentum equation)이라 부르고 수돗물을 틀면 호스가 춤을 추는 이유이기도 하다. 또한 이 식에 모멘트를 취한 식을 운동량모멘트식(moment of momentum equation)이라 부른다. 이것은 스프링쿨러나 모터, 터빈 등의 회전운동에서 토크(torque)를 계산하는 데 주로 사용된다.

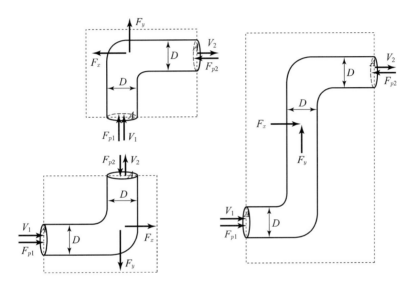

그림 3.11 직각으로 굽은 관을 통해 흐르는 유체의 검사체적에 대한 힘

예제 3.2

다음 그림의 파이프 관에 물($\rho = 1{,}000\ kg/m^3$)이 1번에서 2번 방향으로 흐른다고 가정할 때 곡면에 작용하는 힘의 방향과 크기를 구하시오. 이 파이프의 직경은 20 cm이고, 1과 2에서 도심압력은 49 kN/m²이다. 또한 파이프 내의 유량은 0.2 m³/s이며 물과 파이프의 무게는 무시한다.

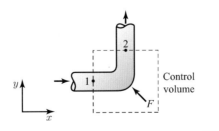

(계속)

6. 운동량방정식의 다른 형태

Chapter 03 / 운동량방정식

➕ 풀이

먼저 1번 단면과 2번 단면의 파이프 직경은 동일하므로 유속은 다음과 같다.

$$V_1 = \frac{Q}{A_1} = \frac{0.2}{\pi \times 0.2^2/4} = 6.369 \,\text{m/s} = V_2$$

식(3.38)을 이용하여 수평관 곡면에 작용하는 x방향 힘을 구하면

$$p_1 A_1 - F_x = \rho Q(V_{2x} - V_{1x})$$

$$49{,}000 \times \frac{\pi \times 0.2^2}{4} - F_x = 1{,}000 \times 0.2 \times (0 - 6.369)$$

$$F_x = 2812.4 \,\text{N}$$

식(3.38)을 이용하여 수평관 곡면에 작용하는 y방향 힘을 구하면

$$-p_2 A_2 + F_y = \rho Q(V_{2y} - V_{1y})$$

$$-49{,}000 \times \frac{\pi \times 0.2^2}{4} + F_y = 1{,}000 \times 0.2 \times (6.369 - 0)$$

$$F_y = 2812.4 \,\text{N}$$

따라서 수평관 곡면에 작용하는 힘과 방향은

$$\therefore F = \sqrt{F_x{}^2 + F_y{}^2} = 3977.3 \,\text{N}$$

$$\therefore \theta = \tan^{-1}\left(\frac{F_y}{F_x}\right) = -45°$$

3.1 밀도 ρ의 시간적인 변화율을 전미분 식으로 나타내고, 각 항이 의미하는 바를 설명하시오. 여기서 ρ는 x, y, z의 함수이다. 또한 전미분의 물리적인 의미를 간단히 설명하시오.

3.2 유체의 거동을 설명하기 위한 두 가지 방법인 Euler식 표현방법과 Lagrange식 표현방법을 비교 설명하고, 일반적으로 Euler 방법이 유체역학에 주로 사용되는 이유를 설명하시오.

3.3 다음 그림처럼 정상유동 중인 유관(좌)과 곡관(우)을 지금의 위치에 유지시키는데 필요한 힘을 구하시오.

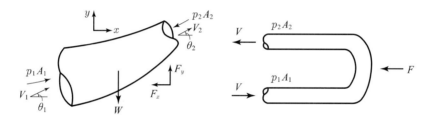

3.4 연속방정식과 선형운동량식을 이용하여 다음과 같이 개수로에서 도수(Hydraulic Jump)가 발생한 후의 수심(h_2)을 도수 발생 전의 수심(h_1)으로 나타내시오. 단, 단면은 폭이 동일한 직사각형 수로라고 가정하시오.

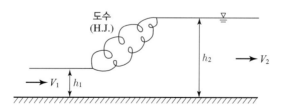

3.5 그림과 같이 물이 수문을 통과한 후 3번 단면에서 3.6 m의 수심을 발생시키기 위해 콘크리트 블록이 설치되어 있으며 도수가 발생한다. 수문으로부터 유출되는 물($\rho = 1{,}000 \text{ kg/m}^3$)의 유량이 30 m³/s이고 수로의 폭이 6 m일 때 연속방정식과 선형운동량식을 이용하여 이 블록에 미치는 외력 힘 F를 구하시오. 여기서 2번 단면과 3번 단면의 압력 수두 p_2와 p_3는 각각

물의 단위중량과 수심의 곱($p = \gamma_w h$)으로 구할 수 있다.

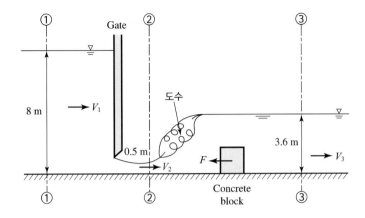

3.6 보트에 설치된 노즐로부터 수평방향으로 물이 분사된다. 제트의 지름은 8 cm이고 속도는 30 m/s일 때 보트를 정지상태로 유지하기 위해 필요한 힘을 계산하시오.

04

Chapter

Navier-Stokes 방정식

1. Stress와 strain의 관계
2. 압축성, 점성유체에 대한 Navier-Stokes 방정식
3. 비압축성, 점성유체에 대한 Navier-Stokes 방정식
4. 비압축성, 비점성유체에 대한 Navier-Stokes 방정식 (Euler 방정식)
5. 경계조건

우리는 앞에서 매우 근원적인 자연계의 법칙으로부터 유체의 운동을 해석하기 위한 기본적인 식들을 유도하였다. 질량 보존의 법칙으로부터 1개의 연속방정식을, 뉴턴의 제2법칙으로부터 x, y, z 방향에 대한 3개의 운동량방정식을 유도하였다. 원칙적으로는 이들 식을 해석하면 되겠지만, 실제적으로는 해결해야 할 과제가 아직 남아 있다. 운동량방정식에 있는 9개의 stress 텐서를 미지수로 놓은 채 직접 해석할 수는 없으며, 이들을 해석 가능한 strain 텐서로 나타내어야 한다. 따라서 해석하려는 유체의 stress와 strain의 관계를 도출해 내는 것이 필요하며, 이들 관계로부터 대상 유체에 적합한 운동량방정식을 이끌어내야 한다.

Stress와 strain의 관계는 해석하는 물질에 따라 다르다. 큰 틀에서는 유체와 고체에 따라 그 표현식이 달라지며, 유체 중에서도 유체의 종류 및 성질에 따라 그 차이가 크다. 그중 유체가 압축성인지 또는 비압축성인지, 점성인지 또는 비점성인지에 따라 해석상 많은 차이를 보이고 있다. 일반적으로 실제 유체는 엄밀한 의미에서 크기가 크던 작던 간에 압축성이고 점성을 가지고 있다. 그러나 이러한 압축성이고 점성인 유체에 대한 식들은 상대적으로 더 많은 항을 내포하고 있고 더 복잡한 형태를 갖게 된다. 따라서 이들을 모두 포함시켜 해석하는 것은 쉬운 일이 아니며 더 높은 차원의 해석방법이 요구된다.

원칙적으로 유체가 압축성이고 점성을 가지고 있다면 당연히 압축성, 점성 유체로 해석해야 하고 그것이 당연하다. 그러나 이들을 해석하는 것이 매우 어렵고 어떤 경우는 해석자체가 불가능하다면 차선책으로 비압축성이나 비점성으로 가정하여 일단 해를 구하고 추후에 보정하는 방법을 사용하는 것도 고려할 수 있는 문제이다. 더구나 대상유체의 압축정도가 미약하고 점성이 미미할 때는 이러한 방법이 매우 효과적일 것이다. 이 장에서는 우선 유체에서의 stress와 strain의 관계를 도출하고, 이에 따른 지배방정식을 유도한다. 또한 이들 방정식을 해석할 때 압축성과 비압축성, 점성과 비점성 유체의 차이점에 대하여 살펴본다.

 Stress와 strain의 관계

앞장에서 뉴턴의 제2법칙을 임의의 물체에 적용시켜 운동량방정식을 이끌어내었다. 따라서 이들 식은 대상물체가 유체 또는 고체에 관계없이 모두 사용할 수 있으며 그 최종적인 형태를 다시 쓰면 다음과 같다.

$$\rho\left(\frac{\partial u}{\partial t}+u\frac{\partial u}{\partial x}+v\frac{\partial u}{\partial y}+w\frac{\partial u}{\partial z}\right)=0+\frac{\partial\sigma_{xx}}{\partial x}+\frac{\partial\tau_{yx}}{\partial y}+\frac{\partial\tau_{zx}}{\partial z} \qquad (4.1)$$

$$\rho\left(\frac{\partial v}{\partial t}+u\frac{\partial v}{\partial x}+v\frac{\partial v}{\partial y}+w\frac{\partial v}{\partial z}\right)=0+\frac{\partial\tau_{xy}}{\partial x}+\frac{\partial\sigma_{yy}}{\partial y}+\frac{\partial\tau_{zy}}{\partial z} \qquad (4.2)$$

$$\rho\left(\frac{\partial w}{\partial t}+u\frac{\partial w}{\partial x}+v\frac{\partial w}{\partial y}+w\frac{\partial w}{\partial z}\right)=-\rho g+\frac{\partial\tau_{xz}}{\partial x}+\frac{\partial\tau_{yz}}{\partial y}+\frac{\partial\sigma_{zz}}{\partial z} \qquad (4.3)$$

위 식들은 좌변의 관성력, 우변의 중력으로 표시된 질량력과 9개의 stress 텐서로 나타낸 면력으로 구성되었다. 이들 식에서 stress 텐서 성분 9개를 미지수로 놓고 직접 풀 수는 없다. 사용할 수 있는 식은 연속방정식을 포함하여 도합 4개에 불과하기 때문이다. 따라서 더 많은 식이 요구되며 이를 위하여 stress와 strain의 관계식들이 필요하다.

Stress란 단위면적당 작용하는 힘으로 일반적으로 응력이라 한다. 그러나 원래 stress는 눈에 보이지 않는다. 때문에 이들 응력 자체를 직접 측정할 수 있는 방법은 없다. 따라서 이들을 측정하기 위해서는 간접적인 방식이 사용되는데 유일한 수단은 변형을 통하여 얻는 방법이다. 물체에 힘을 가할 때 일어나는 변형(deformation)을 측정함으로써 가해진 힘을 측정할 수 있게 된다. 예로서 여기에 수박 한 덩이가 있다고 할 때 그 무게(힘)를 알 수 있는 방법은 저울에 올려놓고 재는 수밖에 없다. 즉, 저울 속의 스프링이 늘어난 길이(변형)를 통하여 그 무게를 환산할 뿐이다. 그러므로 유체에서의 stress와 strain이 어떠한 관계를 이루고 있는지에 대하여 알아본다.

(1) 압력과 점성력의 분리

앞에서 stress로 표현되는 면에 작용하는 힘을 유도하였다. 유체에서는 면에 작용하는 가장 중요한 힘은 압력과 점성력이다. 그런데 압력(p)은 항상 면을 향하여 연직방향으로 작용한다. 수학적으로는 면으로부터 나가는 방향을 (+)로 취하기 때문에 압력은 항상 반대방향으로 (−)의 값을 갖게 되며, 또한 한 점에 작용하는 압력은 각 방향에서 동일한 값을 갖는 스칼라량이다. 따라서 압력과 점성력을 모두 포함하고 있는 9개의 stress 텐서에서 압력을 분리하면 나머지는 점성력이 될 것이다. 압력은 연직방향이므로 σ_{xx}, σ_{yy}, σ_{zz}로 표시되는 3개의 대각선 성분에서 분리할 수 있으며, 압력을 분리한 후 남는 성분은 점성력 성분이 될 것이다. 이를 표시하면

$$\sigma_{xx}=\tau_{xx}-p \ , \quad \sigma_{yy}=\tau_{yy}-p \ , \quad \sigma_{zz}=\tau_{zz}-p \qquad (4.4)$$

여기서 τ_{xx}, τ_{yy}, τ_{zz}는 연직방향의 점성력이고, p는 압력강도(pressure)를 나타낸다.

(2) 점성력에 의한 전단응력

점성에 의한 전단응력을 나타내는 성분은 stress 텐서 중 대각선 요소를 제외한 6개인데 stress 텐서는 대칭이므로 실제로는 3개가 된다. 이들과 유체입자의 변형성분과의 관계를 이끌어 내는 것이 필요하다. 우리는 이미 '1장의 1. 유체란 무엇인가?'에서 점성력을 유체입자의 변형을 통하여 표현할 수 있었다. 좀 더 이해하기 쉽도록 유체의 정의를 설명할 때처럼 2차원 평면상에서 작용하는 점성력을 생각해 보자. 점성력은 면에 작용하는 면력 중 접선방향의 힘, 즉 전단력을 의미한다. 유체요소의 면에 작용하는 전단력은 인접한 층 사이에 있는 유체입자들이 섞이면서 운동량 교환이 이루어지게 되고, 서로 간섭하게 되며 마치 고체운동에서의 마찰력과 같은 역할을 한다. 이때 위아래층 사이에 작용하는 전단응력은 다음과 같은 뉴턴의 식으로 표현하였다.

$$\tau = \mu \frac{du}{dy} \tag{4.5}$$

이 식의 좌변은 점성력을 표시한 stress를 나타내고 우변은 변형율 strain을 나타냄을 알 수 있으며, 점성계수 μ는 이들 관계를 맺어주는 비례상수이다. 위의 식은 가장 간단한 형태인 일방향으로의 stress와 strain의 관계이다. 이들 stress와 strain의 관계식을 좀더 일반적인 경우에 대하여 이끌어 내기 위하여 우선 [그림 4.1]과 같은 2차원 유체요소에 작용하는 전단력을 상중하 세부분으로 나누어 생각해 보자. (a)에서 AB면에서의 속도(x방향)의 크기를 u라고 하면 dy 떨어진 DC 면에서의 속도는 $u + \frac{\partial u}{\partial y}dy$로 표시할 수 있다. 만약 그림에서 $ABCD$ 입자의 DC 면에 작용하는 전단력을 (+)로 취한다면

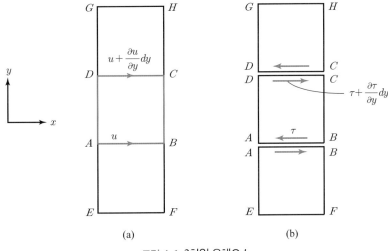

(a)   (b)

그림 4.1 2차원 유체요소

$DCHG$ 입자의 DC 면의 것은 동일한 크기이나 반대방향으로 작용할 것이다. 또한 $ABCD$ 입자의 AB 면의 전단력은 DC 면과 크기는 다르지만 $(-)$방향이 되고, $EFAB$ 입자의 AB 면은 (+)로 그 크기는 동일해야 한다. 또한 (b)처럼 AB에서의 전단력을 τdx라고 하면 dy 떨어진 DC 면에서는 $\left(\tau + \dfrac{\partial \tau}{\partial y}dy\right)dx$가 되고, 이들을 식(4.5)를 이용하여 나타내면 AB 면과 CD 면의 전단력은 각각 다음 식으로 된다.

$$\tau dx = \mu \frac{\partial u}{\partial y}dx \tag{4.6}$$

$$\left(\tau + \frac{\partial \tau}{\partial y}dy\right)dx = \mu \frac{\partial}{\partial y}\left(u + \frac{\partial u}{\partial y}dy\right)dx \tag{4.7}$$

따라서 이들 관계로부터 위아래면의 유속 차이에 의하여 발생하는 x방향의 단위면적당 전단력(점성력)은 다음 식으로 된다.

$$\frac{\partial \tau}{\partial y} = \mu \frac{\partial^2 u}{\partial y^2} \tag{4.8}$$

또한 마찬가지로 AD 면과 BC 면의 y방향의 값도 동일한 방법으로 유도할 수 있으며 다음과 같이 될 것이다.

$$\frac{\partial \tau}{\partial x} = \mu \frac{\partial^2 v}{\partial x^2} \tag{4.9}$$

이러한 2차원의 결과를 3차원으로 확장시키고, 연직방향성분에서 압력성분을 분리해 놓았던 점성항을 추가하면 일반적인 형태의 점성항을 이끌어 낼 수 있다. 이렇게 도출된 점성력의 최종 결과식들은 다음과 같다.

$$\frac{\partial \tau_{xx}}{\partial x} + \frac{\partial \tau_{yx}}{\partial y} + \frac{\partial \tau_{zx}}{\partial z} = \mu\left(\frac{\partial^2 u}{\partial x^2} + \frac{\partial^2 u}{\partial y^2} + \frac{\partial^2 u}{\partial z^2}\right) = \mu \nabla^2 u \tag{4.10}$$

$$\frac{\partial \tau_{xy}}{\partial x} + \frac{\partial \tau_{yy}}{\partial y} + \frac{\partial \tau_{zy}}{\partial z} = \mu\left(\frac{\partial^2 v}{\partial x^2} + \frac{\partial^2 v}{\partial y^2} + \frac{\partial^2 v}{\partial z^2}\right) = \mu \nabla^2 v \tag{4.11}$$

$$\frac{\partial \tau_{xz}}{\partial x} + \frac{\partial \tau_{yz}}{\partial y} + \frac{\partial \tau_{zz}}{\partial z} = \mu\left(\frac{\partial^2 w}{\partial x^2} + \frac{\partial^2 w}{\partial y^2} + \frac{\partial^2 w}{\partial z^2}\right) = \mu \nabla^2 w \tag{4.12}$$

(3) Stress와 strain의 일반적 관계

앞에서 우리는 힘을 나타내는 stress는 직접적으로 측정할 수 없고 단지 변형으로 알려진 strain을 통해서만 알 수 있다고 하였다. 그러므로 stress량을 알기 위해서는 유체입자의 변형과의 관계부터 잘 정립하는 것이 필요하다. Stress는 9개의 성분을 갖는 2차 텐서량임을 이미 보였으며, strain도 동일한 2차 텐서량으로 알려져 있다. 물론 이론적으로 strain도 2차 텐서량임을 stress와 마찬가지로 유도할 수 있으나 여기서는 생략한다.

Stress와 strain은 각각 2차 텐서이므로 서로 9개씩의 성분을 가지고 있으며, 따라서 이 두 텐서 성분끼리 맺을 수 있는 관계의 수는 81개가 된다. 지금 stress 텐서를 τ_{ij}라 하고 strain 텐서를 e_{kl}이라고 할 때 일반적인 관계를 텐서 표기방법으로 나타내면 다음과 같다.

$$\tau_{ij} = D_{ijkl}\ e_{kl}\ (i,\ j,\ k,\ l = 1,\ 2,\ 3) \qquad (4.13)$$

여기서 D_{ijkl}은 이들의 관계를 맺어주는 상수들로서 4차 텐서(4th order tensor)를 나타내며 81개의 성분으로 이루어져 있다. 이들 두 개의 텐서량의 관계가 복잡해질수록 해석하는데도 어려워질 것이다. 이들 관계는 해석하고자 하는 대상 물질 또는 물체의 성질에 따라 결정되며, 또한 두 텐서의 고유한 특성에 따라 단순화시킬 수도 있다. 예로서, stress 텐서는 대칭의 성질을 가지므로 stress 요소의 개수는 6개로 줄어든다. strain 텐서도 대칭임을 밝힐 수 있으며 개수를 줄일 수 있다. 또한 등방성이나 적합성을 이용하면 더 간단히 표현할 수 있다. 이처럼 stress와 strain의 특성을 이용하여 해석학적으로 독립적 요소들을 추출해낸다. 이들 요소들 사이의 관계는 stress와 strain의 관계를 맺어주는 계수를 통하여 이루어지게 되며, 계수들은 대상물질의 종류에 따라 다른 값을 갖게 되는데 실험에 의하여 결정된다. 고체역학이나 유체역학에서 흔히 사용하는 영률, 포아송비, 탄성계수, 점성계수 등이 이에 속하며 이들은 모두 실험을 통하여 얻는 값들이다. 여기서는 고체역학에 관한 것은 논외로 하고, 유체역학에서 취급하는 유체물질에 작용하는 힘과 변형에 관한 것에 국한하여 설명한다.

① 압축성 점성유체(viscous compressible fluid)의 경우

유체입자에 작용하는 stress와 strain의 가장 일반적인 관계식은 다음과 같다. 이들 식은 압축성이고 점성을 가진 유체에 관한 것으로서 압축 정도를 나타내는 탄성계수와 전단변형을 나타내는 점성계수로 구성되어 있다.

$$\sigma_{xx} = -p + \lambda\left(\frac{\partial u}{\partial x} + \frac{\partial v}{\partial y} + \frac{\partial w}{\partial z}\right) + 2\mu\frac{\partial u}{\partial x} \tag{4.14}$$

$$\sigma_{yy} = -p + \lambda\left(\frac{\partial u}{\partial x} + \frac{\partial v}{\partial y} + \frac{\partial w}{\partial z}\right) + 2\mu\frac{\partial v}{\partial y} \tag{4.15}$$

$$\sigma_{zz} = -p + \lambda\left(\frac{\partial u}{\partial x} + \frac{\partial v}{\partial y} + \frac{\partial w}{\partial z}\right) + 2\mu\frac{\partial w}{\partial z} \tag{4.16}$$

$$\tau_{xy} = \tau_{yx} = \mu\left(\frac{\partial v}{\partial x} + \frac{\partial u}{\partial y}\right) \tag{4.17}$$

$$\tau_{yz} = \tau_{zy} = \mu\left(\frac{\partial w}{\partial y} + \frac{\partial v}{\partial z}\right) \tag{4.18}$$

$$\tau_{zx} = \tau_{xz} = \mu\left(\frac{\partial u}{\partial z} + \frac{\partial w}{\partial x}\right) \tag{4.19}$$

여기서 p, λ, μ는 각각 압력강도, 탄성계수, 점성계수를 뜻한다. 이들 관계로부터 유체의 정의에서 도출한 점성계수(μ)가 stress와 strain을 맺어주는 상수 중 하나임을 알 수 있다. 유체에는 크건 작던 압축성과 점성이 존재하므로 위의 관계가 가장 실제 유체의 흐름에 부합되나 제일 복잡한 형태를 보인다. 이러한 실제유체에서 압력강도 p와 각 방향의 연직응력 σ_{xx}, σ_{yy}, σ_{zz}의 관계를 규명하기 위하여 각방향 연직응력을 합하면 다음과 같다.

$$\sigma_{xx} + \sigma_{yy} + \sigma_{zz} = -3p + (3\lambda + 2\mu)\left(\frac{\partial u}{\partial x} + \frac{\partial v}{\partial y} + \frac{\partial w}{\partial z}\right) \tag{4.20}$$

우변의 둘째항은 단원자 기체(monoatomic gas)에서는 0의 값을 나타내고 일반적으로 무시될 정도로 작은 값을 갖는다고 알려져 있다. 이런 경우 $\lambda = -2\mu/3$의 관계가 존재한다. 만약 물과 같이 비압축성 유체라면 맨 뒤의 항은 연속방정식으로부터 자동적으로 0이 될 것이다. 따라서 비압축성 유체에서는 압력강도 p는 다음과 같이 세 방향의 연직응력들의 평균값과 같다.

$$-p = \frac{1}{3}(\sigma_{xx} + \sigma_{yy} + \sigma_{zz}) \tag{4.21}$$

② 비압축성, 점성 유체(viscous incompressible fluid)의 경우

우리가 취급하는 대부분의 액체, 특히 물은 압축하기 힘든 유체이다. 이러한 비압축성 유체에 대한 stress와 strain의 관계에는 압축성을 표시하는 탄성계수 λ의 값이 0을 나타내게 되며 따라서 비압축성 점성유체에 대한 관계식은 다음과 같다.

$$\sigma_{xx} = -p + 2\mu\frac{\partial u}{\partial x} \qquad\qquad (4.22)$$

$$\sigma_{yy} = -p + 2\mu\frac{\partial v}{\partial y} \qquad\qquad (4.23)$$

$$\sigma_{zz} = -p + 2\mu\frac{\partial w}{\partial z} \qquad\qquad (4.24)$$

$$\tau_{xy} = \tau_{yx} = \mu\left(\frac{\partial v}{\partial x} + \frac{\partial u}{\partial y}\right) \qquad\qquad (4.25)$$

$$\tau_{yz} = \tau_{zy} = \mu\left(\frac{\partial w}{\partial y} + \frac{\partial v}{\partial z}\right) \qquad\qquad (4.26)$$

$$\tau_{zx} = \tau_{xz} = \mu\left(\frac{\partial u}{\partial z} + \frac{\partial w}{\partial x}\right) \qquad\qquad (4.27)$$

③ 이상유체(ideal fluid)의 경우

유체의 흐름을 해석하는데 가장 간단한 경우는 압축도 되지 않고 점성도 없다고 가정한 유체로써 오로지 압력만이 관여한다. 이러한 비압축성, 비점성 유체에 대한 관계식은 다음과 같다.

$$\sigma_{xx} = \sigma_{yy} = \sigma_{zz} = -p \qquad\qquad (4.28)$$

$$\tau_{xy} = \tau_{yz} = \tau_{zx} = \cdots = 0 \qquad\qquad (4.29)$$

위와 같이 비압축성이고 비점성 유체를 이상유체라 부르며, $\rho =$ const, $\mu = 0$인 유체를 말하는데 오로지 압력만이 작용하는 형태이다.

이제 이들 관계식을 대상유체의 성질에 맞게 앞장에서 유도한 식(4.1)~(4.3)에 대입하면 관성력, 중력과 함께 면에 작용하는 연직방향 및 접선방향의 힘을 모두 표시한 운동량방정식을 얻게 된다. 이렇게 얻어진 운동량방정식을 Navier-Stokes의 운동방정식(Navier-Stokes equation of motion)이라고도 부른다. 이 식들은 연속방정식과 함께 유체거동을 해석하는데 지배방정식으로 사용되는 가장 기초적이고 기본적인 식이다.

이 식을 어떻게 해석하여 원하는 해를 얻느냐가 유체역학의 본질이라 해도 과언이 아니다. 그러나 유체의 종류에 따라 stress-strain의 관계가 달라지므로 Navier-Stokes 식도 이에 따라 복잡할 수도, 간단할 수도 있으며 해석방법도 달라진다. 다음에서는 유체의 압축성과 점성에 따른 Navier-Stokes 식의 형태와 그에 따른 해석방법에 대하여 설명한다.

2 압축성, 점성 유체에 대한 Navier-Stokes 방정식

압축성 유체에 대한 연속방정식은 '2장 연속방정식'에서 유도한 식(2.14)와 같다. 점성유체에 대한 운동량방정식은 식(4.14)~(4.19)를 식(4.1)~(4.3)에 대입하면 얻을 수 있으며 최종적인 Navier-Stokes 방정식은 다음과 같다.

$$\frac{\partial \rho}{\partial t} + \frac{\partial (\rho u)}{\partial x} + \frac{\partial (\rho v)}{\partial y} + \frac{\partial (\rho w)}{\partial z} = 0 \tag{4.30}$$

$$\frac{\partial u}{\partial t} + u\frac{\partial u}{\partial x} + v\frac{\partial u}{\partial y} + w\frac{\partial u}{\partial z} = -\frac{1}{\rho}\frac{\partial p}{\partial x} + \nu\nabla^2 u + \frac{\nu}{3}\frac{\partial}{\partial x}\left(\frac{\partial u}{\partial x} + \frac{\partial v}{\partial y} + \frac{\partial w}{\partial z}\right) \tag{4.31}$$

$$\frac{\partial v}{\partial t} + u\frac{\partial v}{\partial x} + v\frac{\partial v}{\partial y} + w\frac{\partial v}{\partial z} = -\frac{1}{\rho}\frac{\partial p}{\partial y} + \nu\nabla^2 v + \frac{\nu}{3}\frac{\partial}{\partial y}\left(\frac{\partial u}{\partial x} + \frac{\partial v}{\partial y} + \frac{\partial w}{\partial z}\right) \tag{4.32}$$

$$\frac{\partial w}{\partial t} + u\frac{\partial w}{\partial x} + v\frac{\partial w}{\partial y} + w\frac{\partial w}{\partial z} = -g -\frac{1}{\rho}\frac{\partial p}{\partial z} + \nu\nabla^2 w + \frac{\nu}{3}\frac{\partial}{\partial z}\left(\frac{\partial u}{\partial x} + \frac{\partial v}{\partial y} + \frac{\partial w}{\partial z}\right) \tag{4.33}$$

여기서 ρ는 밀도를 나타내고 $\nu = \mu/\rho$이고, u, v, w는 속도벡터의 x, y, z방향성분이다. 또한 ∇^2는 Laplace 수학기호로 $\frac{\partial^2}{\partial x^2} + \frac{\partial^2}{\partial y^2} + \frac{\partial^2}{\partial z^2}$를 나타낸다. 다시 한 번 강조하지만 압축성 유체에서는 밀도 ρ는 더 이상 상수가 아니며 앞으로 결정해야 할 미지수이다.

압축성 유체에 대하여 위의 식들을 해석하기에 앞서 방정식의 개수와 미지수의 개수를 따져보는 것이 필요하다. 우선 속도성분인 u, v, w가 미지수이며 압력강도 p도 미지수이다. 또한 압축성 유체에서는 밀도 ρ도 상수값이 아닌 우리가 구해야 될 미지의 값이므로 미지수의 개수는 모두 5개가 된다. 반면에 이들을 풀어내야 할 식의 수는 식(4.30)~(4.33)의 4개뿐이다. 그러므로 또 다른 식 1개가 더 필요하며 다행히 밀도 ρ에 관한 식으로는 다음과 같은 식이 있다.

$$p = \rho R T \tag{4.34}$$

이 식은 밀도와 압력의 관계를 나타내는 기체상태방정식으로 알려져 있으며 여기서 R은 기체상수, T는 온도를 나타낸다. 그러므로 위의 4개의 식과 위 식을 합하면 5개가 되어 방정식의 개수로는 일단 만족시킬 수 있다. 그러나 식(4.34)에서 밀도와 압력의 관계를 알려면 온도 T를 알아야 하는 문제가 있다. 따라서 온도를 산정하기 위한 별도의 노력이 필요한데 이렇게 온도에 대하여 중점적으로 다루는 학문분야가 열역학이다. 결론적으로 압축성 유체를 해석하기 위해서는 열역학의 지식이 필요하다. 기체는 압축성유체이기 때문에 기체를 주로 다루는 기상학이나 항공학, 기계공학 등의 분야에서는 열역학의 해석도 함께 이루어져야 함을 의미한다.

그러나 열역학은 유체역학만큼이나 복잡하고 해석하기 매우 어려운 학문 분야이다. 따라서 열을 해석하는 자체가 목적이 아니고 단순히 압력과 유동장을 구하여 유체의 거동만을 알기위한 문제에 있어서는 열역학을 통한 엄밀한 해석방법보다는 비압축성 유체로 가정하여 해를 구하는 간략한 방법이 흔히 사용되며 필요하다면 얻은 해를 보완하는 절차를 밟게 된다. 물론 기상학에서처럼 압축성인 기체가 주 연구 대상인 분야에서는 열역학과 함께 해석해야 정확한 해를 얻게 됨은 당연하다.

③ 비압축성, 점성유체에 대한 Navier-Stokes 방정식

(1) 지배방정식의 유도

만약 유체가 비압축성이라고 가정하면 stress와 strain의 관계인 식(4.22)~(4.27)을 식 (4.1)~(4.3)에 대입하여 지배방정식을 얻을 수 있으며, 최종적인 Navier-Stokes 방정식을 연속방정식과 나타내면 다음과 같이 간단한 형태로 된다.

$$\frac{\partial u}{\partial x} + \frac{\partial v}{\partial y} + \frac{\partial w}{\partial z} = 0 \qquad (4.35)$$

$$\frac{\partial u}{\partial t} + u\frac{\partial u}{\partial x} + v\frac{\partial u}{\partial y} + w\frac{\partial u}{\partial z} = -\frac{1}{\rho}\frac{\partial p}{\partial x} + \frac{\mu}{\rho}\nabla^2 u \qquad (4.36)$$

$$\frac{\partial v}{\partial t} + u\frac{\partial v}{\partial x} + v\frac{\partial v}{\partial y} + w\frac{\partial v}{\partial z} = -\frac{1}{\rho}\frac{\partial p}{\partial y} + \frac{\mu}{\rho}\nabla^2 v \qquad (4.37)$$

$$\frac{\partial w}{\partial t} + u\frac{\partial w}{\partial x} + v\frac{\partial w}{\partial y} + w\frac{\partial w}{\partial z} = -g - \frac{1}{\rho}\frac{\partial p}{\partial z} + \frac{\mu}{\rho}\nabla^2 w \qquad (4.38)$$

비압축성 유체는 밀도가 일정한 유체이다. 또한 위 식은 비압축성 유체의 연속방정식인 식(4.35)를 식(4.31)~(4.33)에 적용하면 맨 마지막 항들이 0이 되므로 위의 식들과 동일한 결과를 얻을 수도 있다.

이들을 해석하기 위한 방정식의 개수는 총 4개이고, 이제 밀도 ρ가 더 이상 미지수가 아니므로, 미지수의 개수도 u, v, w 및 p의 4개로 동일하다. 따라서 더 이상의 추가되는 방정식이 필요하지 않다. 즉, 압축성 유체에서처럼 열역학까지 해석하지 않아도 됨을 의미한다. 유체해석상 이것은 참으로 큰 장점이자 이점이다. 압축성 기체를 다루는 기상, 항공분야와는 달리 수리학, 하천공학, 해안/해양공학 등 주로 물을 다루는 분야에서는 유체를 비압축성으로 보아 위에 있는 4개의 식만을 해석하는 것으로도 충분하기 때문이다.

Navier-Stokes 방정식은 유체역학에서 매우 중요한 위치를 차지하고 있으며 꼭 기억해 두어야 하는 식이다. 그 주된 이유는 뉴턴의 제2법칙으로부터 유도되어 유체운동에 영향을 주는 일체의 요소들이 내포되어 있기 때문이다. 그러므로 다시 한 번 강조하는 의미에서 유도과정을 되돌아보고, 좀 더 구체적으로 이들 식들에 대하여 설명하는 것이 도움이 될 것이다. 운동량의 시간적 변화를 나타내는 식(4.36)~(4.38)의 좌변은 관성력을, 우변은 작용력을 뜻한다. 관성력의 첫째항은 지점가속도, 둘째부터 넷째항들은 이류가속도를 나타내고, 우변의 첫째항은 질량력항으로 여기서는 중력(g)만을 고려하였으며, 둘째항은 면력 중 연직력인 압력을, 셋째항은 접선력인 점성력을 나타낸다. 한편, 이들 식을 수학적으로 좀 더 자세히 살펴보면 우선 4개의 방정식을 연립으로 풀어야 하는 4원 연립방정식이고, 또한 편미분의 형태를 가지고 있으며 차수(order)는 점성항이 제일 높은 2차이므로 2차 편미분 방정식이다. 그리고 관성력항 중 이류가속도항들은 비선형(non linear)의 성질을 가지고 있다. 따라서 위의 Navier-Stokes 식은 4원 2차 비선형 편미분 연립 방정식이라고 부를 수 있다.

(2) 비압축성 유체의 가정과 동수역학

앞절에서 비압축성 유체에 대하여 Navier-Stokes 방정식을 표시하고 비압축성 유체가 압축성 유체에 비하여 해석하는데 얼마나 장점이 있는지에 대하여 간략히 설명하였다. 특히 유체역학을 다루는 분야 중 물에 관련된 분야가 매우 넓고 광범위하며 이들 대부분은 비압축성이라고 가정하고 해석한다. 이에 물의 경우 과연 비압축성 유체라고 가정하여도 타당한지에 대하여 알아본다.

유체역학의 해석대상으로서 크게 기체분야와 액체분야로 대별된다. 기체분야는 주로 지구의 대기를 다루는 기상학이나 화학공정을 다루는 분야에서 관심이 많다. 액체에 관심이 있는 분야는 주로 지구상의 물을 다루는 분야로서 하천공학, 수문학, 상/하수도공학, 해안/항만공학, 환경공학 등이 있으며 이들은 모두 수리학에 기초하고 있다. 일반적으로 기체는 압축성이 강한 성질을 가지고 있으며, 액체는 압축하기 힘든 경우가 대부분이다. 물론 커다란 압력을 가하면 다소의 차이는 있지만 어떠한 액체도 어느 정도 압축된다. 그러나 여기서 우리의 관심을 주로 지구상의 물을 다루는 수리학에 국한한다면 비압축성 유체로 가정할 수 있을지 의문이다. 과연 물은 비압축성 유체로 보아도 무방할까? 이러한 물음에 답하기 위하여 실제 물은 어느 정도 압축될 수 있는지 살펴보는 것이 필요하다.

지금 어떤 용기에 물을 넣고 p라는 압력강도로 누를 때의 부피를 ϑ_0라고 하고, 압력을 dp만큼 증가시켜 압축된 부피가 $d\vartheta$라면 dp가 증가할수록 부피는 줄어들 것이다. 이의 관계를 나타낸 것이 1장 6절의 식(1.20)이다. 이는 앞서 유체역학에서 자주 쓰는 기본적인 물리량에서 이미 설명한 바 있으며 이를 다시 쓰면 다음과 같다.

$$E_w = -\frac{dp}{(d\vartheta / \vartheta_0)} \tag{4.39}$$

여기서 p와 부피의 변화율과의 관계를 나타내는 비례상수 E_w는 체적탄성계수(bulk modules of elasticity)라고 한다. 실제로 상온에서 물의 E_w는 $1.90 \sim 2.04 \times 10^4\,\mathrm{kg/cm^2}$의 값을 나타내는데 이를 편의상 $2 \times 10^4\,\mathrm{kg/cm^2}$로 가정하고 부피가 1% 줄어들 때 필요한 압력을 계산하면 다음 식과 같이 된다.

$$dp = 2 \times 10^4 \cdot (0.01)\,\mathrm{kg/cm^2} \tag{4.40}$$
$$= 2{,}000\,\mathrm{t/m^2}$$

즉, 밀폐된 용기에 있는 물의 체적을 1% 압축하기 위해서는 평방미터당 2000톤, 다시 말하면 사방 1 m의 면적 위에 10톤짜리 트럭 200대를 쌓아 놓아야 할 정도의 큰 힘이 필요하다는 뜻이다. 이러한 결과로부터 수리학에 기초를 두고 있는 대부분의 경우(하천흐름, 상/하수도흐름, 해류/조류/파랑 등)에는 물을 비압축성 유체로 보아도 무방할 것이다. 물론 그럼에도 불구하고 해저 석유채굴 등 매우 깊은 곳에서의 지하수 유동이나 발전소에서 발생하는 수격작용(water hammer)해석에서는 물을 압축성 유체로 취급해야 하는 특수한 경우도 있다. 이러한 특수한 경우를 제외하면 지구상의 물을 다루는 학문에서는 비압축성 유체로 가정하여도 크게 틀리지 않을 것이다. 이렇게 물을 대상으로 유체를 해석하는 것을 동수역학이라 부르며 동수역학에서는 물을 비압축성으로 취급하여 해석한다.

 ## 4 비압축성, 비점성유체에 대한 Navier-Stokes 방정식(Euler 방정식)

비압축성 유체에 대한 Navier-Stokes 방정식은 압축성 유체에 대한 것보다 매우 간략해진 것은 확실히 맞다. 그러나 불행하게도 아직도 해석하기에는 많은 어려움이 남아있다. 그 원인 중 중요한 두 가지가 있는데, 이들에 대하여 간략하게 설명하면 다음과 같다.

첫째로 식의 차수가 2차(2nd order tensor)라는 데 있다. 식(4.36)~(4.38)의 우변 제일 마지막 항인 점성력을 나타내는 항이 2차로 되어있다. 실로 1차방정식 문제를 푸는 것과 2차방정식을 푸는 것은 비교하기 어려울 정도로 차이가 나며 해석하는데 차원을 달리하는 문제이다. 더구나 2차 편미분방정식의 해는 일반적으로 존재하지 않기 때문에 풀릴 수 있는 가능성은 극히 희박하다. 현재까지 알려진 바로는 Laplace 식($\nabla^2 \phi = 0$)처럼 아주 특별한 경우가 아니면 해가 존재하지 않는다. 그러므로 Navier- Stokes 식을 해석하는 데에서도 2차 편미분 형태로 표시되는 점성력항이 가장 큰 장애요인이 된다. 실제로 점성력항을 포함시킨 채 해석이 가능한 경우는 손에 꼽을 수 있을 정도의 극히 특수한 경우에 국한된다. 따라서 이러한 어려움을 해소하기 위하여 부득이 차선책으로 2차항을 생략하고 해석할 수밖에 없는 경우가 대부분이다. 이와 같이 점성항을 생략하기 위하여 도입하는 개념이 비점성($\mu = 0$) 유체의 가정이다. 이 가정에 의하여 2차 항인 점성항을 소거시킬 수 있으며 다음의 1차식으로 된다.

$$\frac{\partial u}{\partial t} + u\frac{\partial u}{\partial x} + v\frac{\partial u}{\partial y} + w\frac{\partial u}{\partial z} = -\frac{1}{\rho}\frac{\partial p}{\partial x} \tag{4.41}$$

$$\frac{\partial v}{\partial t} + u\frac{\partial v}{\partial x} + v\frac{\partial v}{\partial y} + w\frac{\partial v}{\partial z} = -\frac{1}{\rho}\frac{\partial p}{\partial y} \tag{4.42}$$

$$\frac{\partial w}{\partial t} + u\frac{\partial w}{\partial x} + v\frac{\partial w}{\partial y} + w\frac{\partial w}{\partial z} = -g - \frac{1}{\rho}\frac{\partial p}{\partial z} \tag{4.43}$$

이 식을 Euler 방정식이라 한다. 즉, Euler 식은 $\mu = 0$로 가정한 비점성 유체에 대한 Navier-Stokes 식을 말한다. 다시 한 번 강조하지만 Euler 식에는 비점성으로 가정했으므로 점성에 의한 효과가 없다. 이것은 매우 중요한 의미를 가지며 꼭 기억해 두어야 할 사항이다. 왜냐하면 유체운동에서 점성은 에너지가 손실되는 역할을 담당하기 때문이다. 그러므로 Euler 식으로 해석한 결과에는 이 부분이 포함되어 있지 않을 것이며, 이에 대한 좀 더 구체적인 설명은 뒤장에서 할 것이다.

둘째로 관성력 중 이류가속도항이 갖는 특별한 성질인데 비선형성에 있다. 수학적으로 선형방정식이란 방정식의 해가 f_1, f_2이고 α가 상수라고 할 때 $\alpha_1 f_1$, $\alpha_2 f_2$도 해이며, $\alpha_1 f_1 \pm \alpha_2 f_2$ 또한 해가 된다는, 즉 중첩할 수 있다는 뜻이다. 물리적으로는 여러 가지 현상이 혼재되어 있을 때 각 현상이 각자 독립적으로 존재하고 다른 현상에 영향 받지 않음을 뜻한다. 이런 의미로 미루어 볼 때 비선형 특성을 포함하고 있는 이류가속도항에 의하여 유체입자들끼리의 간섭에 의한 영향을 나타낼 것이다. 이류가속도항은 '1장의 4. 유체의 운동'에서 단순이동(translation), 수축-팽창(dilatation), 전단변형(shear deformation) 및 회전(rotation) 등 4가지 형태의 변형을 나타내며 이들이 비선형의 성질에 의하여 유체입자들 사이에 서로를 간섭하며 복잡하게 이동하게 되는 근본적인 원인이 된다. 그러나 유체역학 해석상에서 문제가 되는 것은 불행하게도 비선형 미분방정식의 해가 존재하는 경우도 극히 적다는 데 있다. 앞에서 설명한 2차 편미분방정식의 해를 얻기 힘든 것처럼 비선형 방정식의 해를 얻기도 어렵다는 뜻이다. 이는 아직도 진행 중인 연구의 중심이 되는 문제이며 나중에 설명할 비회전류로 가정하여 해석한다거나, 층류/난류의 개념을 도입해야 하는 근원적 원인을 제공하고 있다.

그러나 유체의 운동을 나타내고 있는 방정식들을 해석하는 것이 아무리 어렵다하여도 그 방법 외에는 유체운동을 해석하는 해결책이 없다면 그 길로 갈 수밖에는 없을 것이다. 그렇기 때문에 지난 200여 년 동안 끊임없이 수많은 관련 학자들이 이 문제를 풀기 위하여 노력해 왔으며, 그중 몇몇은 나름대로의 성과를 낸 것도 있다. 다음 장부터는 그동안 이들이 이루어낸 해석방법과 그 결과에 대하여 다룬다.

 ## 경계조건 boundary condition

미분방정식을 해석하려면 최종적으로 적분상수값을 결정하기 위해 적합한 경계조건 (boundary condition)이 필요하다. 앞에서 유도한 Navier-Stokes 식들도 예외는 아니다. 1차항을 위해서는 1개의, 2차항을 위해서는 2개의 경계조건이 필요한데 Navier-Stokes 식에는 u, v, w는 2차항으로, p에 관하여는 1차 항으로 구성되어 있다. 압력강도 p는 주로 자유수면에서는 대기압이 작용한다는 조건을 사용한다. 유속의 경우에는 2개의 경계조건이 필요한데 한 가지는 경계면을 뚫고 유체 입자는 이동할 수 없다는 것과 다른 하나는 경계면에 붙어있는 유체는 경계면과 함께 움직인다는 조건으로 만약 경계면이 움직이지 않는다면 속도는 0이여야 한다. 모두다 물리적으로 지극히 타당한 것으로서 이를 수학적으로는 다음과 같이 표현한다.

$$V_n = 0 \quad \text{and} \quad V_t = 0 \qquad (4.44)$$

여기서 V_n과 V_t는 각각 경계면에 연직방향과 접하는 방향의 속도이다. 위 식에 나타낸 조건은 경계면에서의 속도는 연직 및 접하는 속도성분 모두가 없다는 말이다. 이것을 non-slip 조건이라고 한다.

만약 비점성 유체로 가정할 경우에는 2차항인 점성항을 인위적으로 소거시켰으므로 경계조건도 1개만이 필요하게 된다. 따라서 위의 식에서 다음 식처럼 처음 것만 사용하게 되고 뒤의 것 $V_t = 0$는 사용하지 않게 된다. 이것은 접하는 방향의 유속이 반드시 0이 아니고 어떤 유한한 값을 가질 수도 있음을 의미한다. 물리적으로는 경계면에서 미끌어질수 있음을 열어 놓은 상태로서 이것을 slip 조건이라 부른다.

$$V_n = 0 \quad \text{and} \quad V_t \neq 0 \tag{4.45}$$

이러한 경계에서의 non-slip 조건이나 slip 조건은 미분방정식을 해석하는데 매우 중요한 의미를 내포하고 있으며, 물리적으로도 가볍게 넘어갈 사안이 아니다. 예로서, 속도가 없는 경계면을 유선으로 볼 수 있느냐의 개념적 의문부터 나중에 설명할 경계층 (boundary layer)의 형성에 이르기까지 이들 문제와 직접 관련이 있기 때문이다.

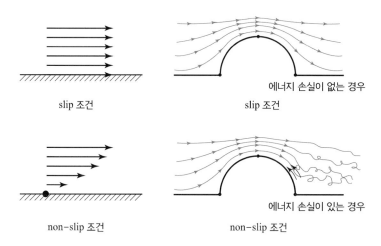

그림 4.2 Slip 조건과 non-slip 조건

4.1 2차원 유체요소에 작용하는 전단력을 상중하 세 부분([그림 4.1])으로 나누어 x방향의 단위면 적당 전단력(점성력) 식(4.8)을 유도한 것처럼 y방향의 전단력 식(4.9)를 유도하시오.

4.2 식(4.14)~(4.19)를 식(4.1)~(4.3)에 대입하여 압축성, 점성 유체에 대한 운동량방정식인 Navier-Stokes 방정식을 유도하고, 방정식의 개수와 미지수의 개수를 고려하여 추가적으로 필요한 지배방정식이 무엇인지 설명하시오.

4.3 식(4.22)~(4.27)를 식(4.1)~(4.3)에 대입하여 비압축성, 점성 유체에 대한 운동량방정식인 Navier-Stokes 방정식을 유도하고, 방정식의 개수와 미지수에 대해서 설명하시오.

4.4 뉴턴의 제2법칙인 $\sum F = ma$와 식(4.36)~(4.38)의 관계를 설명하시오.

05
Chapter

Navier-Stokes
방정식의 해석
-정수역학-

1. 정지상태에서의 Navier-Stokes 방정식의 해석
2. 정수역학
3. 유체의 상대정지운동

현재까지의 연구결과를 볼 때 Navier-Stokes 방정식의 일반해는 존재하지 않는다. 지난 200여년간 수많은 물리학자, 수학자, 유체역학자들이 실제 유체의 거동을 위한 일반해를 얻기 위하여 노력했지만 아직도 흔쾌히 만족할만한 답은 얻지 못하고 있으며, 이러한 아쉬움은 앞으로도 상당기간 이어질 것으로 예상된다. 그러나 그동안의 노력으로 몇몇의 특수한 흐름상황에 대해서는 그 해를 얻을 수 있었고, 적절한 가정을 도입하면 제한적이지만 해석이 가능한 경우도 있어 나름대로 괄목할만한 성과를 이룩한 것도 사실이다. 물론 이 결과들이 완벽하지는 않지만 현재 하천, 해양 등의 분야에서부터 항공, 우주 등의 분야에 이르기까지 유체역학이 필요한 관련 분야에 다양하고 광범위하게 이용되고 있다. 특히 20세기 초 비행기의 출현은 유체역학 연구에 기폭제가 되었으며 심도 있는 이론전개와 실물실험은 유체역학 발전에 지대한 영향을 미쳤다. 이 장에서는 이러한 Navier-Stokes 방정식의 가장 간단한 해석형태인 정지 상태에서의 역학관계에 대해 설명한다.

정지상태에서의 Navier-Stokes 방정식의 해석

앞장에서는 실제 유체가 갖고 있는 압축성이고 점성인 유체에 대한 지배방정식을 유도하였으며 이를 다시 쓰면 다음과 같다.

$$\frac{\partial \rho}{\partial t} + \frac{\partial (\rho u)}{\partial x} + \frac{\partial (\rho v)}{\partial y} + \frac{\partial (\rho w)}{\partial z} = 0 \tag{5.1}$$

$$\frac{\partial u}{\partial t} + u\frac{\partial u}{\partial x} + v\frac{\partial u}{\partial y} + w\frac{\partial u}{\partial z} \tag{5.2}$$

$$= -\frac{1}{\rho}\frac{\partial p}{\partial x} + \frac{\mu}{\rho}\nabla^2 u + \frac{\mu}{3}\frac{\partial}{\partial x}\left(\frac{\partial u}{\partial x} + \frac{\partial v}{\partial y} + \frac{\partial w}{\partial z}\right)$$

$$\frac{\partial v}{\partial t} + u\frac{\partial v}{\partial x} + v\frac{\partial v}{\partial y} + w\frac{\partial v}{\partial z} \tag{5.3}$$

$$= -\frac{1}{\rho}\frac{\partial p}{\partial y} + \frac{\mu}{\rho}\nabla^2 v + \frac{\mu}{3}\frac{\partial}{\partial y}\left(\frac{\partial u}{\partial x} + \frac{\partial v}{\partial y} + \frac{\partial w}{\partial z}\right)$$

$$\frac{\partial w}{\partial t} + u\frac{\partial w}{\partial x} + v\frac{\partial w}{\partial y} + w\frac{\partial w}{\partial z} \tag{5.4}$$

$$= -g -\frac{1}{\rho}\frac{\partial p}{\partial z} + \frac{\mu}{\rho}\nabla^2 w + \frac{\mu}{3}\frac{\partial}{\partial z}\left(\frac{\partial u}{\partial x} + \frac{\partial v}{\partial y} + \frac{\partial w}{\partial z}\right)$$

위의 식으로 표시된 Navier-Stokes 식의 해가 존재하는 가장 간단한 경우는 유체가 움직이지 않는 경우이다. 이러한 경우의 역학관계를 위의 지배방정식에 적용시켜 보자. 만약 유체가 정지해 있다면 $u = v = w = 0$이 되고 이를 위 식에 대입하면 다음과 같다.

$$\frac{\partial \rho}{\partial t} = 0 \tag{5.5}$$

$$0 = -\frac{1}{\rho}\frac{\partial p}{\partial x} \tag{5.6}$$

$$0 = -\frac{1}{\rho}\frac{\partial p}{\partial y} \tag{5.7}$$

$$0 = -g - \frac{1}{\rho}\frac{\partial p}{\partial z} \tag{5.8}$$

여기서 특별히 기억해야 할 사항은 위 식의 좌표계는 [그림 5.1]과 같이 z축을 중력방향과 나란하게 취한 형태이다. 연속방정식으로부터 얻은 식(5.5)에 의하면 밀도 ρ의 시간 변화율이 0이므로 정류(steady) 상태를 보이는데 이것은 유체가 움직이지 않는다는 조건이기 때문에 당연한 결과이다. 그렇다고 밀도가 거리(장소)에 무관하다는 뜻은 아니다. 또한 식(5.6)~(5.8)에서 관성력과 점성력은 존재하지 않고 다만 중력과 압력만이 남게 되는데 이 또한 유체의 거동이 정지 상태이므로 당연한 결과. x방향의 식 (5.6)을 적분한 해는 다음과 같다.

$$p = const \quad or \quad p \neq p(x) \tag{5.9}$$

식(5.9)는 p는 더 이상 x의 함수가 아니라는 것을 나타내며, x축을 따라 p는 일정해야 한다. y방향의 식(5.7)로부터도 동일한 결과를 얻는다.

$$p = const \quad or \quad p \neq p(y) \tag{5.10}$$

마찬가지로 y축을 따라 p는 일정해야 하므로 p는 x, y 평면상에서 변하지 않고 일정한 값을 가져야 한다. 이제 p는 더 이상 x, y의 함수가 아니므로 z만의 함수가 된다. 따라서 이제 식(5.8)의 편미분식은 다음과 같은 z에 관한 상미분식이 된다.

$$\frac{dp}{\rho} = -gdz \tag{5.11}$$

이 식을 z에 대하여 적분하면 원하는 p를 다음과 같은 식으로부터 얻을 수 있다.

$$\int \frac{dp}{\rho} = -g \int dz \tag{5.12}$$

이 식은 밀도 ρ의 성질에 따라 적분형태가 2가지로 나뉜다. 우선 유체가 비압축성이라고 하여 밀도 ρ가 일정한 상수값을 갖는다면 다음 식으로 된다.

$$p = -\rho g \int dz = -\rho g z + C \qquad (5.13)$$

여기서 C는 적분상수로서 경계조건에서 결정된다. 이 식에서 p는 z만의 함수이며 선형적(직선적)인 관계가 있음을 보이고 있다. 따라서 p는 x, y 평면에서는 일정한 값을 가져야하고 다만 중력방향과 나란한 z방향에 따라서는 선형적으로 변해야 한다.

한편 유체가 압축성이라면 밀도 ρ가 거리(장소)에 따라 일정하지 않으므로 식(5.12)에서 직접 적분할 수 없으며 p와 ρ의 관계식이 더 필요하게 된다. 따라서 기체상태방정식인 $p = \rho R T$를 이용하고 온도가 일정하다면 식(5.12)는 다음과 같이 된다.

$$\int \frac{dp}{p} = -\frac{g}{RT} \int dz \qquad (5.14)$$

이 식을 적분하면 아래와 같은 p와 z에 관한 식을 얻을 수 있다.

$$p = e^{-\frac{g}{RT}z} + C \qquad (5.15)$$

이 식은 p와 z가 반대수적(exponential)인 관계에 있음을 보이고 있다. 이러한 분포는 압축성 유체인 대기의 압력을 계산하는 데 중요하게 이용된다. 지상에서 고도가 높아질수록 압력은 반대수적으로 변함을 알 수 있다.

2 정수역학 靜水力學: hydrostatics

(1) 정수역학에서의 압력

정수역학(靜水力學: hydrostatics)이란 정지한 물에서 힘의 관계를 말한다. 따라서 정수역학에서는 정지된 물에서 힘들이 어떻게 작용하는지를 규명한다. 엄밀하게 말하자면 대상유체가 반드시 물일 필요는 없다. 물과 같은 비압축성 유체에 모두 적용할 수 있으며 여기서는 편의상 대상 유체가 물인 경우의 해석에 초점을 맞추도록 한다. 이미 앞절에서 해석한 바와 같이 비압축성으로 취급할 수 있는 유체에 대한 해는 식(5.13)으로서 경계조건으로부터 적분상수 C값만 결정하면 된다. 지금 이해를 쉽게 하기 위하

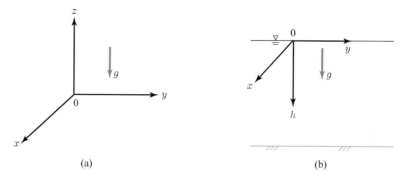

그림 5.1 z축이 중력 방향인 경우의 좌표계

여 [그림 5.1]의 (b)와 같이 좌표축을 수표면을 원점으로 취하고 z방향과 반대방향을 수심 h라고 하면 $h = -z$의 관계가 있으므로 식(5.13)은 다음과 같이 된다.

$$p = \rho g h + C \tag{5.16}$$

한편 그림처럼 수면을 원점으로 하고, 수면($h = 0$)에서 압력은 대기압이므로 이 경계조건으로부터 적분상수 C를 정할 수 있다.

$$p = \rho g h + p_{at} \tag{5.17}$$

여기서 h는 수면을 0으로 하는 수면 아래의 깊이인 수심을 말하고, p_{at}는 수면에 작용하는 압력, 즉 대기압력(atmospheric pressure) 또는 대기압이다. 이 식은 압력과 중력의 관계를 나타내며, 결국 p는 수심(h)방향으로만 선형적으로 변할 뿐 x, y방향으로는 변하지 않음을 알 수 있다.

한편 식(5.17)에 표시된 대기압 p_{at}는 지구상의 어느 곳에서도 공통적으로 유체에 작용하는 값이므로 유체문제를 해석할 때마다 구태여 매번 표시할 필요는 없을 것이다. 따라서 대기압은 존재하되 특별히 언급하지 않은 한 표기에서 생략하고 첫째항 $\rho g h$ 만을 압력 p로 나타내는 것이 일반적이다. 이것을 대기압과 구분하기 위해 계기압력 (gage pressure) 혹은 단순히 계기압이라 한다. 그러므로 식(5.17)의 좌변은 계기압력과 대기압력의 합이며 이를 절대압력(absolute pressure)이라 부른다.

$$p_{ab} = p_{gage} + p_{at} \quad \text{또는} \quad p_{ab} = p + p_{at} \tag{5.18}$$

여기서 p_{ab}는 절대압력을, p는 계기압 p_{gage}를 말하는데 앞으로 압력이라 함은 별도의 설명이 없는 한 계기압을 뜻한다. 즉,

$$p = \rho g h \quad \text{또는} \quad p = \gamma h \qquad\qquad (5.19)$$

여기서 γ는 ρg로 표시되는 유체의 단위중량이며, 물의 단위중량은 γ_w 또는 w로 표시하고 $1{,}000\,\text{kg/m}^3$ 또는 $1\,\text{t/m}^3$의 값을 갖는다. 위의 관계로부터 수심 5 m에서의 압력은 $5{,}000\,\text{kg/m}^2$ 또는 $5\,\text{t/m}^3$가 된다. 한편 해안/해양에서 사용하는 바닷물의 단위중량은 $1.025\sim1.030\,\text{t/m}^3$이므로 동일한 수심 5 m에서의 압력은 달라진다. 여기서 기억해야 할 것은 절대압력 p_{ab}가 0이라는 것은 진공상태를 뜻하므로 절대압력은 항상 0보다 커야 한다. 그러므로 식(5.18)에서 계기압 p는 음(−)의 값을 가질 수 있으나 적어도 $-p_{at}$ 보다는 커야 한다([그림 5.2]).

예제 5.1

다음 그림과 같이 높이 5 m의 해양 수중 건물을 건설할 예정이다. 건물 윗면이 해수면으로부터 100 m 되는 지점에 잠겨 있더라도 견딜 수 있도록 설계하기 위해서는 건물 윗면의 압력과 건물 측면을 따라 해저 바닥까지의 압력변화를 계산해야 한다. 해수의 비중이 1.02라고 가정하였을 때 건물의 상단 압력과 측면에서의 압력변화를 구하시오.

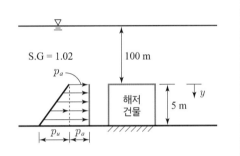

➕ 풀이

건물의 상단에서부터 바닥까지의 압력 변화는 다음과 같다.

$$p_s = p_a + p_u$$

해수의 단위중량은

$$S.G_{해수} = \frac{\gamma_s}{\gamma_w} = 1.02$$

$$\gamma_s = 1.02 \times \gamma_w = 1.02 \times 9{,}810\,\text{N/m}^3 = 10{,}000\,\text{N/m}^3 = 10\,\text{KN/m}^3$$

따라서 건물 상단에서의 압력은

$$p_a = \gamma_s h = 10{,}000 \times 100 = 10^6\,\text{N/m}^2 = 1\,\text{MN/m}^2 = 1\,\text{MPa}$$

건물 측면에서의 압력변화는 위치에 따라 다음과 같다.

$$p_u = \gamma_s y = 10{,}000\,\text{N/m}^3 \times y$$

따라서 건물 상단에서부터 해저까지의 압력변화는

$$p_s = p_a + p_u = 10^3\,\text{KN/m}^2 + 10y\,\text{KN/m}^2 = 10(y+100)\,\text{KN/m}^2$$

$$\therefore p_s = p_a + p_u = 10(y+100)\,\text{KPa}$$

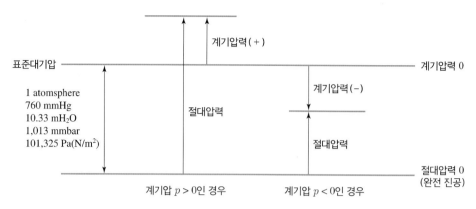

그림 5.2 **압력의 관계**

한편 대기압은 고기압이나 저기압 등의 기압배치 상태, 수표면의 높이, 계절 등 시간과 장소에 따라 변할 수 있으므로 표준이 되는 대기압을 정하여 사용하는 것이 편리할 때가 많다. 이렇게 표준이 되는 대기압을 아래와 같이 1,013 mmbar로 정하였으며 이는 10.33 mH$_2$O로서 물기둥 10.33 m가 또는 수은(Hg)주 76 cm가 누르는 압력과 같다.

$$\text{표준대기압}(p_{at}) = 1,013 \text{ mmbar} \qquad (5.20)$$
$$= 10.33 \text{ mH}_2\text{O} = 76 \text{ cmHg}$$

여기서 1 bar$=10^5$ N/m^{2}이며, 이들 압력의 관계를 표시한 것이 [그림 5.2]이다.

(2) 액주계(manometer)

물과 같은 비압축성 유체가 정지하고 있을 때의 압력은 x, y평면에서는 변하지 않으므로 수표면으로부터의 깊이(수심)만 알면 쉽게 산정할 수 있다. 그러므로 유체가 서로 통해만 있으면 어느 한 점의 압력을 알면 임의의 점에서 압력을 산정할 수 있으며, 이러한 원리를 이용하여 압력을 쉽게 측정할 수 있는 기기를 통틀어 액주계(manometer)라고 한다. 액주계에는 여러 종류가 있으나 여기서는 몇 가지 원리적인 것만 소개한다. 우선 [그림 5.3]의 (a)와 같이 어떤 유체가 들어있는 원형관 속의 압력을 측정하기 위하여 유리관을 세웠을 때 유체가 h만큼 올라갔다고 하면 관속 A의 압력은 액주계속 B의 압력과 같을 것이므로 다음의 관계가 있다.

$$p_A = p_B = \gamma h \qquad (5.21)$$

만약 관속의 압력이 매우 크면 h값이 클 것이므로 높이 올라갈 것이다. 이런 경우에는

(b)와 같이 액주계 속에 수은과 같은 무거운 유체를 넣어 측정하면 된다. 이때에도 동일 유체의 수평방향 지점들의 압력은 같으므로 $p_C = p_D$의 관계로부터 다음 식을 얻는다.

$$p_A = -\gamma_1 h_1 + \gamma_2 h_2 \tag{5.22}$$

여기서 γ_1은 h_1이 속한 액체의 단위중량이며 γ_2는 h_2가 속한 액체의 단위중량이다. 한편 (c)와 같이 두 개의 관속 압력의 차이를 알기 위한 것도 같은 방법으로 구할 수 있다. 즉, $p_E = p_F$의 관계를 이용하면 다음과 같다.

$$p_A - p_B = -\gamma_1 h_1 + \gamma_2 h_2 + \gamma_3 h_3 \tag{5.23}$$

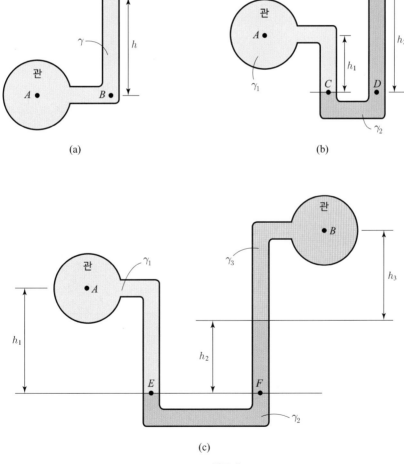

그림 5.3 액주계

다음 액주계의 1번과 3번에는 물이 담겨 있으며 2번에는 비중($S.G_2$)이 0.8인 액체가 담겨 있을 때 A점과 B점에서의 압력차이를 구하시오. 물의 단위중량은 9,810 N/m³이라고 가정한다.

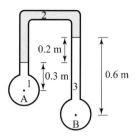

풀이

2번에 담겨 있는 액체의 단위중량은

$$\gamma_2 = S.G_2 \times \gamma_w = 0.8 \times 9{,}810 = 7{,}848 \text{ N/m}^3$$

따라서 A점과 B점에서의 압력차는

$$p_A - 9{,}810 \times 0.3 - 7{,}845 \times 0.2 + 9{,}810 \times 0.6 = p_B$$

$$\therefore p_A - p_B = -1{,}373 \text{ N/m}^2 = -1{,}373 \text{ Pa}$$

벤츄리관은 흐르는 물의 유속을 측정하기 위한 장치로써 다음 그림과 같이 U자관 액주계를 설치하여 사용하기도 한다. 액주계의 비중이 13이라고 했을 경우 A점과 B점에서의 압력 차이를 구하시오. 액주의 높이 차는 0.4 m이다.

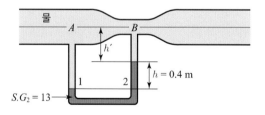

풀이

1번 지점과 2번 지점에서의 압력을 구하면

$$p_1 = p_A + \gamma_w(h + h') \qquad p_2 = p_B + \gamma_2 h + \gamma_w h'$$

따라서 $p_1 = p_2$이므로 A점과 B점에서의 압력차는

$$p_A - p_B = \gamma_2 h + \gamma_w h' - \gamma_w(h + h') = (\gamma_2 - \gamma_w)h$$

$$\therefore p_A - p_B = (S.G_2 - 1)\gamma_w h = (13 - 1) \times 9{,}810 \times 0.4 = 47{,}088 \text{ N/m}^2$$

(3) 압력강도(pressure), 압력(pressure force), 전압력(total pressure force)

압력은 면에 연직방향으로 작용하는 단위면적당의 힘으로 압축응력을 말하며 한 점에 작용하는 그 크기는 모든 방향에서 동일하다. [그림 5.4]와 같이 정지된 유체 속에 경사면을 갖는 삼각뿔 형태의 물체가 잠겨있을 때 작용하는 힘을 알아보자. 이 물체가 극히 작다면 중력은 무시할 수 있으며, 유속이 없으므로 전단력 또한 존재하지 않고 오직 각 면에 연직한 힘만이 작용할 것이다.

경사면의 면적을 ΔA라고 하면 y, z면에 투영된 면적은 $\Delta A \cos \alpha$가 되고 x, z 면 및 x, y 면에 투영된 면적은 각각 $\Delta A \cos \beta$, $\Delta A \cos \gamma$가 된다. 여기서 α, β, γ는 경사면과 x, y, z축이 이루는 각이다. 이때 유체는 정지상태이므로 x, y, z 각 방향의 힘의 합은 0이 될 것이다.

$$\sum F_x = p_x \frac{1}{2}(\Delta y \, \Delta z) - p \Delta A \cos \alpha = 0 \qquad (5.24)$$

$$\sum F_y = p_y \frac{1}{2}(\Delta z \, \Delta x) - p \Delta A \cos \beta = 0 \qquad (5.25)$$

$$\sum F_z = p_z \frac{1}{2}(\Delta x \, \Delta y) - p \Delta A \cos \gamma = 0 \qquad (5.26)$$

따라서 위의 관계로부터 Δx, Δy, Δz가 0에 접근할 때(한 점으로 모일 때) 각 방향에 작용하는 연직응력 p_x, p_y, p_z는 동일하며 이 값은 또한 기울어진 면에 작용하는 p와 도 같다.

$$p_x = p_y = p_z = p \qquad (5.27)$$

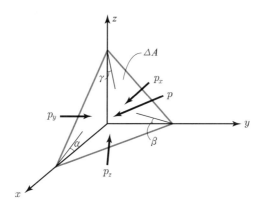

그림 5.4 정지유체 속에 잠겨 있는 삼각뿔 물체

이 식으로부터 한 점에 작용하는 압력은 방향에 관계없이 그 크기는 동일하며 p가 됨을 알 수 있다. 그렇다면 p에는 일정한 방향성을 부여할 수 없으며 따라서 크기만을 갖는 스칼라량이다. 이러한 p를 pressure라 부른다. 그러므로 Navier-Stokes 식들 속에 들어 있는 p와 그들의 해에 있는 모든 p, 또한 앞에서 구한 액주계에서의 p는 모두 스칼라량이다.

한편 Navier-Stokes 식을 유도할 때 압력은 면의 연직방향으로 작용하는 연직면력(normal surface force)이라고 하였다. 그러므로 면이 결정되면 p는 면에 연직방향으로 작용해야 한다. 즉, p가 작용할 면을 만나면 그때서야 방향을 정할 수 있게 되고, 이렇게 방향성을 부여할 수 있을 때에야 비로소 벡터량이 되며 이것을 pressure force라 한다. 대상유체를 물로 생각하면 식(5.19)에서 p는 일정 수심을 갖는 경우 어느 곳에서나 $p = \gamma h$의 동일한 값을 가지지만 방향성은 정할 수 없다. 예로서, 수면 밑 2 m 지점에 위치한 한 점에서의 p는 $2\, t/m^2$의 스칼라량이지만 방향은 아직 정해진 것이 없다. 그러나 수심 2 m 지점에 p가 작용할 수 있는 어떤 면을 만나면 면에 연직한 작용방향을 정할 수 있게 되고, 이렇게 크기와 방향을 갖게 될 때 비로소 pressure force가 된다. 그러므로 pressure와 pressure force는 엄밀한 의미에서 다른 개념이다. 그러므로 이를 구별하여 pressure는 압력강도, pressure force는 압력이라 하는 것이 좀 더 정확한 표현이다. 그러나 현재 대부분 국내에서는 이를 혼용하여 사용하고 있으며 여기서는 앞으로 가급적 위의 개념에 맞도록 표현할 것이다.

또한 면 전체에 작용하는 압력(pressure force)의 합을 전압력(total pressure force)이라 하고 힘의 차원을 갖는다. 전압력은 압력분포를 적분하면 얻을 수 있다. 예로서 [그림 5.5]의 (a)~(c)와 같이 물속에 잠겨있는 물체에 작용하는 압력분포는 물체 표면에 있는 각 지점에서의 수심으로부터 압력강도 p를 계산할 수 있고, 여기에 면에 수직한 방향을 정해주면 쉽게 얻을 수 있다. 이 압력분포를 모두 합치면(면적에 대하여 적분하면) 물체 면에 작용하는 전체의 힘, 전압력이 된다. 참고로 바닥면에 작용하는 연직방향의 전압력은 그 유체의 무게와 같음을 알 수 있다.

(4) 면에 작용하는 전압력과 부력

유체 속에 잠겨있는 물체에 작용하는 힘에 대하여 좀 더 살펴보자. [그림 5.5]에서와 같이 유체가 면에 주는 힘 또는 면이 유체로부터 받는 힘은 우선, 면 위에 있는 각 지점의 수심으로부터 압력강도의 크기를 계산한 후 면에 연직한 방향을 각 지점에 그려 압력분포를 얻게 되고, 이 압력분포를 적분하면 면에 작용하는 힘, 즉 전압력을 얻게 된다. [그림 5.5]의 (a)는 수심이 h이고 폭이 B일 경우 바닥면에서 압력강도 p는 γh이므로 이 면에 작용하는 전압력은 쐐기형태인 압력분포도의 부피와 같다.

$$F = \frac{1}{2}h(\gamma h)B = \frac{1}{2}\gamma h^2 B = \gamma h_c A \qquad (5.28)$$

여기서 h_c는 수면으로부터 도심까지의 수직거리 $\frac{1}{2}h$이다. 이 식으로부터 평판에 작용하는 전압력은 평판의 도심에 작용하는 압력(γh_c)에 판의 면적(A)을 곱한 것과 같다는 것을 알 수 있다. 또한 삼각형의 무게중심으로부터 힘의 작용점은 수면에서부터 수심 $\frac{2}{3}h$ 지점이 될 것이다.

전압력이 작용하는 점인 압력중심은 기초역학에서 모멘트 평형원리를 적용하여 구할 수 있다. 압력의 중심은 직접 적분하여 구할 수 있으나 직사각형이나 삼각형, 원형의 간단한 형태의 판에 대해서는 면적의 2차 모멘트를 이용하여 직접 적분하지 않고 구할 수 있다. 원점으로부터 압력중심까지의 거리 y_p는 판의 면적(A), 원점에서 도심까지의 거리(y_c), 중심축에 대한 2차 모멘트(I_c)를 알면 다음 식을 이용하여 구할 수 있다.

$$y_p = y_c + \frac{I_c}{y_c A} \qquad (5.29)$$

여기서 y_c는 도심으로부터 평판의 연장선이 만나는 점까지의 거리이며 [그림 5.5]의 (b)와 같이 판이 기울어진 경우 수면으로부터 평판의 도심까지의 수직거리인 h_c와는 구별된다. 몇 가지 기본적인 형태의 판에 대한 면적, 도심위치, 2차 모멘트는 [표 5.1]과 같다.

표 5.1 도심을 지나는 축에 대한 2차 모멘트

도 형	면적 A	도심위치 y_c	2차 모멘트 I_c
	Bh	$\dfrac{h}{2}$	$\dfrac{Bh^3}{12}$
	$\dfrac{1}{2}Bh$	$\dfrac{h}{3}$	$\dfrac{Bh^3}{36}$
	$\dfrac{\pi}{4}D^2$	$\dfrac{D}{2}$	$\dfrac{\pi D^4}{64}$

2. 정수역학

Chapter 05 / Navier-Stokes 방정식의 해석 -정수역학-

위의 식들을 이용하면 [그림 5.5]의 (b) 경우도 비교적 어렵지 않게 구할 수 있으나, (c)의 경우는 그렇지 않다. 이러한 어려움을 수월하게 해결할 수 있는 방법으로는 벡터의 성질을 이용하면 좋다. 즉, 힘은 벡터량이므로 수평방향성분 F_x와 수직방향성분 F_y로 나눌 수 있으며, [그림 5.6]처럼 수평방향의 힘(F_x)은 수직한 방향으로 투영된 면적에 작용하는 힘이 되고 수직방향의 힘(F_y)은 면 위에 있는 유체무게와 같다는 것을 알 수 있다. 이렇게 힘을 분리하여 해석함으로써 복잡한 단면 또는 곡면에 작용하는 힘을 편리하게 구할 수 있다.

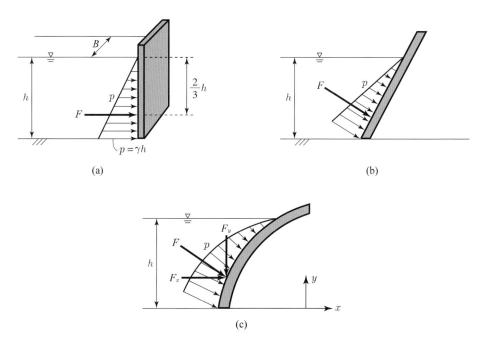

(a)   (b)

(c)

그림 5.5 평면과 곡면에 작용하는 전압력

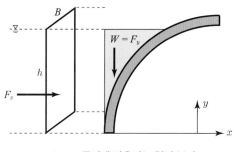

그림 5.6 곡면에 작용하는 힘의 분리

예제 5.4

다음과 같은 수문 형태의 구조물이 있다고 가정했을 때 수위가 상승함에 따라 A면에 가해지는 물의 압력과 B면 위에 있는 물의 무게가 변할 것이다. 이 수문이 열리기 시작하는 시점의 수심(y)을 계산하시오.

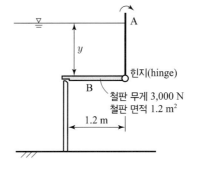

➕ **풀이**

수심이 y일 때 물이 수문 A면에 가하는 압력을 구하면

$$F_1 = \gamma_w y \times \frac{y}{2} \times 1 = \frac{\gamma_w y^2}{2}$$

또한 철판의 무게(W_s)는 3,000 N이고 수문 B면 위에 있는 유체의 무게(W)는

$$W = \gamma_w y \times A_2 = 1.2 \gamma_w y$$

따라서 힌지에서의 모멘트의 합은 0이므로

$$\sum M_o = \frac{\gamma_w y^2}{2} \times \frac{y}{3} - 1.2 \gamma_w y \times 0.6 - 3,000 \times 0.6 = 0$$

$$y^3 - 4.32y - 1.1004 = 0$$

$$\therefore y = 0.256 \text{ m}$$

예제 5.5

그림과 같이 물이 가득 차 있는 조건에서 곡면 형태의 수문 AB에 작용하는 힘을 계산하시오. 수문의 폭은 1 m이고 물의 단위중량은 9,810 N/m³이라고 가정한다.

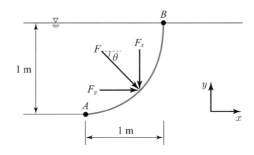

(계속)

곡면 수문에 작용하는 수평방향의 힘(F_x)은 수직한 방향으로 투영된 면적에 작용하는 힘이 되므로

$$F_x = \gamma_w \times \frac{1}{2}h \times B \times h = 9,810 \times \frac{1}{2} \times 1 \times 1 \times 1 = 4,905 \text{ N}$$

수직방향의 힘(F_y)은 곡면 위에 있는 유체무게와 같으므로

$$F_y = \gamma_w \times \frac{\pi r^2}{4} \times B = 9,810 \times \frac{\pi}{4} \times 1 = 7,705 \text{ N}$$

따라서 곡면 형태의 수문 AB에 작용하는 힘(F)와 작용방향(θ)은

$$\therefore F = \sqrt{F_x^2 + F_y^2} = \sqrt{4,905^2 + 7,705^2} = 9,134 \text{ N}$$

$$\therefore \theta = \tan^{-1}\left(\frac{F_y}{F_x}\right) = \tan^{-1}\left(\frac{7,705}{4,905}\right) = 57.5°$$

이렇게 힘을 수평방향과 수직한 방향으로 나누어 해석하는 방법을 유체 속에 완전히 잠겨있는 물체에 대하여 적용시켜 보자. 지금 [그림 5.7]과 같이 유체 속에 잠겨있고 정지해 있는 타원형의 물체에 대하여 작용하는 힘을 살펴보면, 우선 수평방향의 힘은 연직방향으로 투영된 면적에 작용하는 힘과 같으므로 AB 면을 중심으로 왼쪽과 오른쪽 면으로 나누어 생각하면 작용하는 힘의 크기는 동일하고 방향이 반대이므로 두 힘은 서로 상쇄된다. 만약 이 힘이 0이 아니라면 수평방향으로 움직일 것이므로 이 결과는 당연하다.

반면에 수직방향으로는 CD 면을 중심으로 윗면과 아랫면으로 나눌 수 있다. 윗면에 작용하는 힘(F_{y2})은 CAD 면 위에 있는 유체의 무게($W_2 = \vartheta_{CADFE} \times \gamma_w$)이며 방향

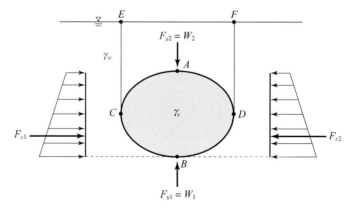

그림 5.7 유체에 잠겨 있는 물체에 작용하는 힘

은 아래이고, 아랫면의 힘(F_{y1})은 CBD 위에 있는 유체의 무게($W_1 = (\vartheta_{CADFE} + \vartheta_{CBDAC}) \times \gamma_w$)와 같고 방향은 위로 향하게 될 것이다. 두 힘을 합치면 물체가 차지하고 있는 부피만큼의 유체무게($F_B = W_1 - W_2 = \vartheta_{CBDAC} \times \gamma_w$)가 위로 향하게 된다. 이처럼 물체가 뜨는 윗방향의 힘을 부력(buoyancy force)이라고 한다. 이러한 부력에 의하여 물속에서 물체의 무게는 그 부피에 해당하는 물의 무게만큼 가벼워지며 배가 뜨는 원리(아르키메데스 원리)이다.

예제 5.6

지름 3 m, 높이 2 m의 물체가 그림처럼 지름 5 m의 원통안 물속에 떠 있다. 물체를 담그기 전 수심이 3 m라고 했을 때 수면이 상승하는 높이 y_1과 초기 수면 높이를 기준으로 얼마만큼 아래에 물체 밑면이 위치(y_2)하는지 계산하시오.

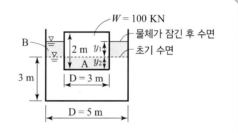

➕ 풀이

초기 수면을 기준으로 물체가 잠기게 되는 부피 A와 물체가 담기고 난 후 수면이 상승함으로써 증가한 부피 B가 동일해야 하므로

$$\pi \times 1.5^2 \times y_2 = \pi \times (2.5^2 - 1.5^2) \times y_1$$

$$y_2 = 1.78 y_1$$

따라서 부력은 물체의 무게와 같아야 하므로

$$F_B = W$$

$$\gamma_w \vartheta_{sub} = 9,810 \times \pi \times 1.5^2 \times (y_1 + y_2) = 100 \text{ KN}$$

$$y_1 + 1.78 y_1 = 1.442$$

$$\therefore y_1 = 0.519 \text{ m}, \ y_2 = 0.924 \text{ m}$$

---

(5) 부체의 안정

배는 부력에 의하여 뜬다. 길이가 매우 긴 배에 높은 파도가 치면, 배의 앞뒤부분은 파도의 높은 쪽이, 중간부분은 파도의 낮은 쪽이 지나는 경우 각 지점의 부력의 크기가 다르게 되어 배에 작용하는 힘의 불균형을 초래할 수 있다. 또한 배의 무게중심이 높아

배가 전복되는 경우도 종종 일어난다. 떠 있는 물체가 전복되지 않고 안정을 유지하는 조건에 대하여 살펴본다. [그림 5.8]과 같이 어떤 물체의 무게 중심점을 G, 부력의 중심점을 B라고 할 때 (a)와 같이 B가 G보다 위에 있으면 기울어지더라도 금방 복원될 것이나 (b)처럼 반대의 경우에는 조금만 기울어져도 전도될 것이다. 이러한 부력에 의한 안정성 평가는 선박은 물론, 해안/해양에서 케이슨이나 바지선 등 무동력선에서 중요하다.

[그림 5.9]의 (a)는 B가 G보다 아래에 있는 경우이며 이때 떠 있는 물체가 작은 각도로 기울여졌을 경우 그 각도에서 물체가 떠 있게 될 새로운 흘수선(waterline)이 정해지고 부력중심의 위치가 B'으로 변경된다. B' 상향으로 그려진 수직선을 메타센터(metacenter)라고 하며 점 M에서 대칭선과 교차한다. (b) 경우처럼 만일 점 M이 G보다 위에 있다면 복원 모멘트가 존재하여 안정하다. 즉 메타센터높이 $\overline{MG}$가 양이 되는 경우이다. 반대로 (c)처럼 M이 G보다 아래에 있다면($\overline{MG} < 0$) 물체는 불안정하여 전복될 것이다. 이처럼 배의 안정조건은 다음 식으로 판별한다.

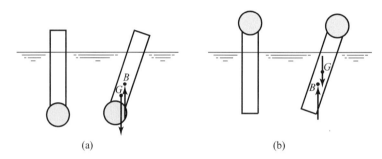

(a)   (b)

그림 5.8 무게중심과 부력중심의 상대적 위치에 따른 부력에 의한 안정성

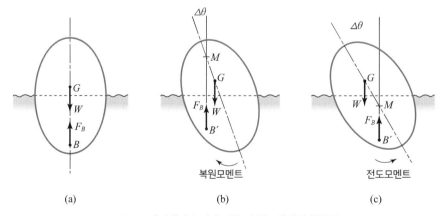

(a)   (b)   (c)

그림 5.9 메터센터 높이에 따른 떠 있는 물체의 안정성

$$\overline{MG} = \frac{I}{\vartheta_{sub}} - \overline{GB} > 0 \qquad (5.30)$$

여기서 ϑ_{sub}는 물체가 잠겨있는 부분의 부피이고 I는 부체의 수평면에 대한 단면 2차 모멘트, $\overline{GB}$는 무게중심과 부력중심점 사이의 거리이다.

③ 유체의 상대정지운동

앞에서 우리는 유체에 작용하는 힘을 크게 관성력, 중력, 압력, 점성력으로 나누어 지배방정식인 Navier-Stokes 식을 유도하였다. 또한 점성력항은 2차 편미분 형태를 나타내어 Navier-Stokes 방정식을 해석하는데 가장 큰 어려움을 준다고 이미 설명하였다. 앞절에서 유체의 정지상태에 대한 것도 점성력이 존재하지 않아 해석할 수 있었다. 유체가 정지해있다면 관성력은 물론 점성력도 존재하지 않아 결국 중력과 압력만을 가지고 해석한 것이 정수역학의 결과이다. 그렇다면 유체가 정지해 있을 때에만 점성력이 존재하지 않을 것인가? 반드시 그렇지는 않다. 다음과 같은 특별한 경우에는 유체가 움직이더라도 점성력은 존재하지 않는다. 예를 들면, 물탱크 차량 속의 물이나 엘리베이터 내의 어항 속 물은 움직이지만 점성력은 존재하지 않는다. 유체입자 사이에 속도 차이가 없기 때문이며 이때 점성력은 $\tau = \mu \frac{du}{dy}$에서 $\frac{du}{dy}$가 0이므로 없다. 이렇게 유체가 움직이지만 상대속도가 같아 입자 사이에 점성력이 존재하지 않고 마치 정지한 것처럼 보이는 운동을 상대정지운동(relative equilibrium)이라 한다. 우선 [그림 5.10]처럼 물탱크차가 출발하여 수평방향으로 가속도 a_x로 움직였을 때 탱크 속의 물은 기울고 가속도가 일정하면 기울기도 일정할 것이다. 이런 경우 x, z방향만을 고려하여 Navier-Stokes 식을 해석하면 다음과 같다.

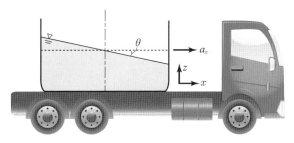

그림 5.10 a_x의 가속도로 움직이는 물탱크차

$$a_x = -\frac{1}{\rho}\frac{\partial p}{\partial x}, \quad 0 = -g - \frac{1}{\rho}\frac{\partial p}{\partial z} \tag{5.31}$$

이 식은 앞 절 정수역학에서의 경우와 마찬가지 방법으로 해석할 수 있으며 그 결과는 다음과 같다.

$$p = -\rho a_x x - \rho g z = -\rho a_x x + \rho g h \tag{5.32}$$

이때 수면의 경사(dz/dx) 또는 기울기(θ)는 수면에서는 압력강도 p가 대기압으로 일정하므로 전미분의 식 $dp = \frac{\partial p}{\partial x}dx + \frac{\partial p}{\partial z}dz = 0$으로부터 쉽게 산정할 수 있다.

$$\frac{dz}{dx} = -\frac{a_x}{g}, \quad \theta = \tan^{-1}\frac{a_x}{g} \tag{5.33}$$

한편 엘리베이터에서의 압력변화는 z방향의 가속도를 a_z라고 할 때 지배방정식은 다음 식과 같이 되며 이들 식을 해석하면 식(5.35)의 결과를 얻는다.

$$0 = -\frac{1}{\rho}\frac{\partial p}{\partial x}, \quad a_z = -g - \frac{1}{\rho}\frac{\partial p}{\partial z} \tag{5.34}$$

$$p = \rho(g + a_z)h \tag{5.35}$$

만약 식(5.35)로부터 자유낙하($a_z = -g$)의 경우에는 압력은 0이 될 것인데 이는 물방울이 떨어질 때의 압력이며, 반대로 $a_z = g$라면 압력은 2배로 커진다. 이에 따르면 엘리베이터를 타고 움직일 때 우리 몸속의 혈액에도 압력변화가 일어날 것이다. 우주로켓 발사 시 우주인이 받을 수 있는 최대압력은 $9g$ 정도로 알려져 있는데, 그 이상의 발사 속도는 우주인의 혈관이 견디기 힘들 것이다.

자동차의 가속출발이나 엘리베이터와 같은 선형적인 운동뿐만 아니라 회전운동에서도 점성력이 존재하지 않는 경우가 있다. 회전운동에서는 각속도(angular velocity)가 동일한 경우가 이에 해당한다. [그림 5.11]과 같이 원통에 물을 넣고 회전을 시키면, 원통 속의 물은 중심부는 낮아지고 벽쪽으로는 올라간다. 이때 통속의 유체입자들이 갖는 각속도는 동일하며 이런 경우 점성력은 존재하지 않으며 Navier-Stokes 식을 풀 수 있다. 회전운동의 해석을 위해서는 지배방정식을 원통좌표계로 변형해서 해를 구해야 하나 여기서는 그 과정은 생략한다. 다만 최종적인 결과로부터 수면의 식은 다음과 같은 포물선 형태이며 그때의 압력은 식(5.37)이 된다.

$$z = \frac{\omega^2}{2g}r^2 \tag{5.36}$$

$$p = \frac{1}{2}\rho\omega^2 r^2 - \rho g z \qquad\qquad (5.37)$$

여기서 ω는 원통이 회전하는 각속도(rad/s)이
며 r은 원통중심으로부터의 거리이다. 각속도
는 흔히 rpm(round per minute)으로 나타낸다.
또한 정수면을 기준으로 올라가는 부피와 내려
가는 부피가 같아야 하는 관계로부터 벽면의
높이와 중앙 저점의 높이를 계산할 수 있으며,
계산결과 정수면을 기준으로 벽쪽 고점의 높이
만큼 중앙의 저점이 내려가야 한다.

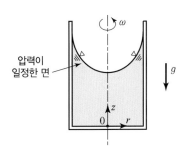

그림 5.11 일정한 각속도로 회전하는 원통

예제 5.7

비중이 1.3인 액체가 연직축에 대하여 220 rpm으로 회전하고 있
다. 연직축으로부터 1 m 거리에 있는 A점에서의 압력이 70 KPa
이다. A점보다 2 m 높고, 축에서 1.5 m 떨어진 B점에서의 압력
을 구하시오. 단, 대기압은 고려하지 않는다.

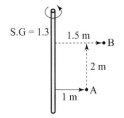

➕ 풀이

액체의 비중이 1.3이므로 단위중량은 $\gamma = 1.3 \times 9,810 = 12,753 \ \mathrm{N/m^3}$이다.
또한 회전속도는 220 rpm이므로

$$\omega = 220 \ \mathrm{rpm} = (220 \times 2\pi)/60 = 23.04 \ \mathrm{rad/s}$$

식(5.37)을 이용하면

$$p_A = \frac{1}{2}\rho\omega^2 r_A^2 - \rho g y_A \qquad\qquad p_B = \frac{1}{2}\rho\omega^2 r_B^2 - \rho g y_B$$

따라서 A점과 B점에서의 압력차는

$$p_A - p_B = \frac{1}{2}\rho\omega^2(r_A^2 - r_B^2) - \rho g(y_A - y_B)$$

$$\therefore p_B = p_A - \frac{1}{2}\frac{\gamma}{g}\omega^2(r_A^2 - r_B^2) + \gamma(y_A - y_B)$$

$$= 70,000 - \frac{1}{2}\frac{12,753}{9.81}23.04^2(1^2 - 1.5^2) + 12,753(0 - 2)$$

$$= 475,803 \ \mathrm{N/m^2} = 475.803 \ \mathrm{KN/m^2}$$

5.1 그림처럼 담수 용량이 다른 두 경우의 저수지가 있을 경우 각각의 댐에 미치는 압력분포와 전압력을 구하시오. 단 댐의 폭은 30 m이고 수심은 5 m로 동일하다고 가정하시오.

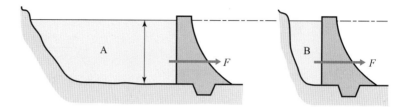

5.2 다음 그림은 유압잭(hydraulic jack), 유압프레스의 작동원리를 그림으로 표현한 것이다. 1번 지점과 2번 지점의 압력은 동일하고, 각각의 단면적이 A_1, A_2일 때 물체의 무게 W 보다 더 작은 힘 F로 물체를 들어 올리고자 할 경우 A_1과 A_2의 면적비 조건을 제시하시오.

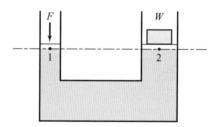

5.3 다음 그림의 시스템 오른쪽 끝은 대기압(p_{at} =101 KPa)으로 개방되어 있다. 만약 L =1.2 m 라면 용기 A의 공기압력은 얼마인가? 반대로, 만약 A점에서의 압력이 135 KPa라면 길이 L 은 얼마인지 계산하시오.

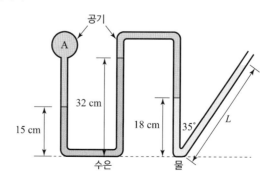

5.4   예제 5.2에서 B점의 압력이 50 KPa일 때 절대압력(계기압+표준대기압)의 수주 높이를 구하시오.

5.5   직사각형의 수문이 다음 그림과 같이 설치되어 있다. A점은 수문의 힌지(hinge)이고 수문 폭은 1.5 H이다. 수문이 열리지 않도록 하기 위해 B점에 가해져야 할 힘을 계산하시오. 단 수문의 무게는 무시한다.

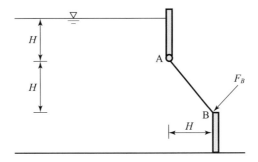

5.6   테인터게이트 수문 ABC는 O점을 중심으로 회전함으로써 수위가 조절된다. 그리고 같은 상태에서 수문에 가해지는 물의 전압력을 구하시오.

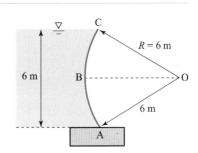

5.7   7 m/s²으로 가속되고 있는 자동차 속의 사각 물잔에 커피가 담겨져 있다. 물잔의 길이는 6 cm, 폭은 5 cm, 그리고 높이는 10 cm이고 정지상태에서 커피가 7 cm까지 담겨 있다. 커피의 밀도는 1,010 kg/m³이다. 식 (5.32)를 이용하여 압력분포식을 유도하고, 커피가 넘칠 것인지를 판별하시오.

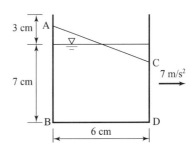

5.8   연습문제 5.7에서 구한 압력분포식을 이용하여 B점에서의 압력을 구하고, AB에 미치는 전압력을 구하시오.

5.9 [그림 5.11]의 원통좌표계를 이용하여 회전운동의 해석을 위한 지배방정식의 해를 구하는 과정을 $a_z = a_\theta = 0$, $a_r = -r\omega^2$와 $\dfrac{\partial p}{\partial \theta} = -\rho a_\theta$, $\dfrac{\partial p}{\partial z} = -\gamma\left(1 + \dfrac{a_z}{g}\right)$, $\dfrac{\partial p}{\partial r} = -\rho a_r$를 이용하여 유도하고 식(5.36)과 식(5.37)의 수면식과 압력식을 나타내시오.

5.10 두 개의 다른 유체가 층을 이뤄 저수조에 담겨 있다. 그림과 같이 정육면체의 물체가 띄워져 있을 때 물체가 잠기는 깊이 D를 구하시오. 여기서 정육면체 물체의 밀도는 $\rho_c = 1.35\rho$이다.

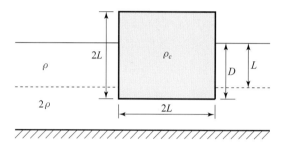

06
Chapter

포텐셜 흐름의 해석

1. 비회전 흐름과 회전 흐름
2. 속도포텐셜함수와 흐름함수
3. 포텐셜 흐름의 해석
4. D'Alembert의 paradox

앞에서 점성항을 포함하여 다음과 같은 Navier-Stokes 방정식을 해석하는 것은 거의 불가능하다고 하였다. 물론 점성항을 포함시켜도 해가 구해지는 경우가 대여섯개 남짓 알려져 있으나 이들은 5장에서 다룬 유체가 정지해 있는 상태처럼 그야말로 특별한 경우에 국한된 것으로써 일반적인 해나 범용적으로 사용할 수 있는 해와는 거리가 먼 것들이다.

$$\frac{\partial u}{\partial x} + \frac{\partial v}{\partial y} + \frac{\partial w}{\partial z} = 0$$

$$\frac{\partial u}{\partial t} + u\frac{\partial u}{\partial x} + v\frac{\partial u}{\partial y} + w\frac{\partial u}{\partial z} = -\frac{1}{\rho}\frac{\partial p}{\partial x} + \frac{\mu}{\rho}\nabla^2 u$$

$$\frac{\partial v}{\partial t} + u\frac{\partial v}{\partial x} + v\frac{\partial v}{\partial y} + w\frac{\partial v}{\partial z} = -\frac{1}{\rho}\frac{\partial p}{\partial y} + \frac{\mu}{\rho}\nabla^2 v$$

$$\frac{\partial w}{\partial t} + u\frac{\partial w}{\partial x} + v\frac{\partial w}{\partial y} + w\frac{\partial w}{\partial z} = -g -\frac{1}{\rho}\frac{\partial p}{\partial z} + \frac{\mu}{\rho}\nabla^2 w$$

이렇게 해석을 어렵게 하는 주된 원인은 점성을 포함하고 있는 항이 2차 미분항이기 때문이다. 따라서 부득이 점성항을 소거시키기 위하여 비점성 가정을 사용한 Euler 식과 비압축성 가정하의 연속방정식을 지배방정식으로 취하고 이들을 해석한다.

그러나 이 식들도 완전한 해석은 아직 이르며, 또 다른 가정을 필요로 한다. 그중 가장 많이 사용하는 가정이 비회전류에 대한 가정이며, 이 가정을 하나 더 추가하면 위의 식들을 이론적으로 해석하는데 매우 수월해 진다. 이 장에서 다룰 포텐셜 흐름에 의한 해석이란 수학적으로 비회전을 나타내는 식 $\nabla \times V = 0$이라면 속도를 표현할 수 있는 포텐셜 ϕ가 존재한다는 수학정리를 이용하여 해석하는 방법으로써, 여기서 ϕ가 존재하는 흐름을 포텐셜 흐름이라 한다. 그러나 실제 흐름이 회전류인데 해석의 편의상 비회전이라고 가정한다면 회전류가 갖는 특성 및 효과는 없어지게 되는 것은 당연하다. 이 장에서는 회전/비회전류의 특성과, 비회전류의 가정 하에 위의 식들을 어떻게 해석하고, 해석한 결과가 갖는 한계성은 무엇인지 등에 관하여 설명한다.

 비회전 흐름 irrotational flow **과 회전 흐름** rotational flow

회전 흐름과 비회전 흐름의 차이점에 대하여는 이미 '1장의 4. 유체의 운동'편에서 간략히 설명하였다. 유체입자가 흐름에 의하여 변형이 일어날 때 입자의 대각선 방향이 변하지 않으면 비회전류, 변하면 회전류라고 구분하였다.

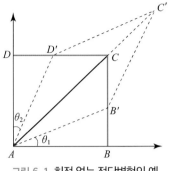

그림 6.1 회전 없는 전단변형의 예

즉, [그림 6.1]에서 유체입자 $ABCD$가 이동하면서 $AB'C'D'$로 변형되었다면 대각선 AC와 AC'방향이 일치하느냐의 여부로 구분한다. 이를 물리적으로는 변형되는 각 θ_1과 θ_2가 같은지의 여부로, 수학적으로는 $\dfrac{\partial v}{\partial x} - \dfrac{\partial u}{\partial y}$의 값이 0인지 아닌지가 판단의 기준이 된다. 3차원 공간상에서의 회전 조건은 $\nabla \times V$로 나타내며 이를 와도(渦度: vorticity)라고 하고 다음과 같이 정의한다.

$$\omega = \nabla \times V \qquad (6.1)$$

$$= \begin{vmatrix} i & j & k \\ \dfrac{\partial}{\partial x} & \dfrac{\partial}{\partial y} & \dfrac{\partial}{\partial z} \\ u & v & w \end{vmatrix}$$

$$= \left(\dfrac{\partial w}{\partial y} - \dfrac{\partial v}{\partial z} \right) i + \left(\dfrac{\partial u}{\partial z} - \dfrac{\partial w}{\partial x} \right) j + \left(\dfrac{\partial v}{\partial x} - \dfrac{\partial u}{\partial y} \right) k$$

여기서 ω는 와도를 나타내며 방향성이 있는 벡터량임을 알 수 있다. 그러므로 와도가 0인 흐름을 비회전류라고 한다.

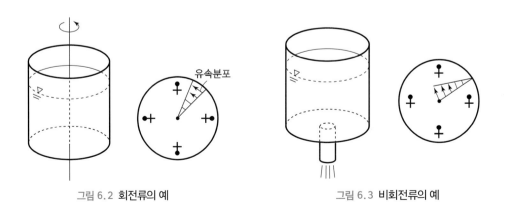

그림 6.2 회전류의 예 　　　　　　　　　　　　　그림 6.3 비회전류의 예

이것을 좀 더 알기 쉽게 설명한 것이 [그림 6.2]와 [그림 6.3]이다. [그림 6.2]는 유체를 통에 넣고 회전시키는 경우이고 [그림 6.3]은 통에서 아래로 빠지는 씽크의 경우이다. [그림 6.2]의 경우 유속분포는 그림처럼 중앙에서 벽 쪽으로 갈수록 증가하고 [그림 6.3]에서는 반대로 된다. 두 흐름에 대하여 성냥개비를 띄우면 [그림 6.2]는 대각선의 방향이 한 바퀴마다 360° 회전하는 반면 [그림 6.3]은 변하지 않음을 보여준다. 따라서 전자는 회전류이고 후자는 비회전류이다.

예제 6.1

다음과 같은 (a) $u = 3y$, $v = 0$, (b) $u = 3x$, $v = 2y$의 속도를 갖는 흐름이 회전류인지 비회전류인지 판별하시오.

➕ 풀이

회전류, 비회전류의 판별은 $\dfrac{\partial v}{\partial x} - \dfrac{\partial u}{\partial y}$의 값이 0인지 아닌지를 계산해야 하므로

(a) $\dfrac{\partial v}{\partial x} - \dfrac{\partial u}{\partial y} = \dfrac{\partial (0)}{\partial x} - \dfrac{\partial (3y)}{\partial y} = 0 - 3 \neq 0$

(b) $\dfrac{\partial v}{\partial x} - \dfrac{\partial u}{\partial y} = \dfrac{\partial (2y)}{\partial x} - \dfrac{\partial (3x)}{\partial y} = 0 - 0 = 0$

따라서 (a)의 경우는 회전류이며, (b)는 비회전류이다.

---

② 속도포텐셜함수와 흐름함수

(1) 속도포텐셜함수(velocity potential function)

포텐셜 흐름은 순전히 수학적인 개념으로부터 출발한다. 따라서 여기서는 사용된 수학 정리(theorem)를 간략히 설명하고 그에 따른 물리적인 의미를 부여하도록 한다. [그림 6.4]에서 임의의 면 S가 있을 때 면 경계를 표시하는 선의 위치벡터를 r이라 하고 이곳에서의 속도를 V라 하자. 두 벡터의 내적 $V \cdot dr$은 면 S를 떠나지 않고 경계선을 따라 순환되는 양을 나타낸다. 이것을 폐합된 경계선을 따라 적분하면 순환되는 양의 총합이 될 것이며 이를 순환(circulation)이라 한다.

$$\varGamma = \oint_C V \cdot dr \qquad (6.2)$$

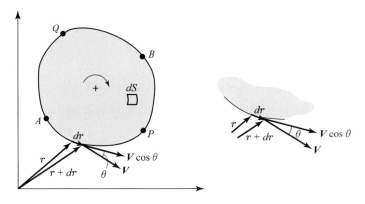

그림 6.4 폐합된 경계선을 따른 순환

여기서 Γ는 순환을 나타내고 C는 폐곡선을 따라 적분함을 뜻하며 통상 시계방향을 (+)로 잡는다. 한편 벡터장(vector field)에서 벡터의 미분/적분에서 널리 쓰이는 Stokes 정리로 잘 알려진 선적분과 면적분의 관계식은 다음과 같다.

$$\Gamma = \oint_C V \cdot dr = \iint_S \omega \cdot \hat{n}\, dS \tag{6.3}$$

여기서 $\hat{n}$은 미소면적 dS에서 연직방향의 단위벡터이다. 만약 회전을 나타내는 와도 ω가 0이라면 순환 또는 선적분한 값은 0이 된다. 결국 물리적으로 비회전인 흐름에서는 Γ가 0이 되어 순환되는 양이 없다는 말이다. 이를 수학적으로 나타내면 dr은 폐곡선의 미소길이 $dx\,i + dy\,j + dz\,k$이므로 속도벡터 V를 $ui + vj + wk$라고 할 때 이들의 내적은 다음과 같이 된다.

$$\oint_C V \cdot dr = \oint_C u\,dx + v\,dy + w\,dz = 0 \tag{6.4}$$

[그림 6.4]처럼 시계방향을 (+)로 취하여 $AQBPA$를 따라 위의 식을 적분하면, $\oint_{AQBPA} = 0$이므로 적분구간을 두 부분(AQB와 BPA)으로 나누고 적분하는 방향을 고려하면 다음과 같이 됨을 알 수 있다.

$$\int_{AQB} + \int_{BPA} = 0 \quad 또는 \quad \int_{AQB} = -\int_{BPA} = \int_{APB} \tag{6.5}$$

이 식은 경로 AQB를 따라 선적분한 값과 APB를 따라 선적분한 값이 동일함을 보여준다. 즉, $\nabla \times V = 0$인 벡터장에서는 A지점에서 B지점까지 적분한 식(6.5)의 값은 경로와는 상관없이 일정한 값을 갖는다는 말이다. 이처럼 A에서 B까지 적분한 일정한 상수값을 $\phi(x,y,z)$라 하면 다음 식으로 표시할 수 있다.

$$\phi(x,y,z) = \int_A^B \boldsymbol{V} \cdot dr = \int_A^B udx + vdy + wdz \qquad (6.6)$$

이때 ϕ와 u,v,w의 관계는 위 식을 미분하면 얻을 수 있으며 다음과 같은 관계를 얻는다.

$$u = \frac{\partial \phi}{\partial x}, \quad v = \frac{\partial \phi}{\partial y}, \quad w = \frac{\partial \phi}{\partial z} \qquad (6.7)$$

여기서 ϕ를 포텐셜이라 하며 식(6.7)로부터 ϕ를 알면 속도를 알 수 있으므로 특별히 속도포텐셜(velocity potential)이라 부른다. 이를 벡터표기로 나타내면 속도벡터 $\boldsymbol{V} = \nabla\phi$가 된다.

이러한 수학적인 결과는 유체해석에서 매우 중요한 의미를 갖는다. 만약 유체의 흐름이 비회전류라면 $\nabla \times \boldsymbol{V} = 0$가 되어 속도포텐셜함수 ϕ가 존재하고, 이 함수만 구할 수 있다면 원하는 속도를 결정할 수 있기 때문이다. 이렇게 속도포텐셜이 존재하는 비회전 흐름을 포텐셜 흐름(potential flow)이라 한다. 또한 ϕ가 일정한 값을 갖는 점들을 이은 선을 등포텐셜선(equi-potential line)이라 하고, 이 선들이 모여 이루는 면을 등포텐셜면(equi-potential surface)이라 한다.

이러한 속도포텐셜함수의 성질을 이용하면 지배방정식을 해석하는 데 큰 장점이 있다. 우선 3개의 미지수 u,v,w를 한 개의 미지수 ϕ로 치환할 수 있기 때문이다. 따라서 u,v,w,p의 4개의 미지수가 ϕ, p의 2개로 줄어든다. 물론 비회전 흐름에서나 가능하고, 방정식의 차수(order)가 높아진다는 단점은 있으나 무엇보다도 큰 장점은 4개의 지배방정식 중 첫 번째인 연속방정식에 식(6.7)을 대입하면 다음과 같은 Laplace 식을 얻게 된다는 것이다.

$$\nabla^2\phi = 0 \qquad (6.8)$$

위와 같은 Laplace 식으로 표현된 연속방정식 하나만 풀어도 속도를 얻게 되며, 따라서 나머지 3개의 운동방정식을 연계하여 직접 풀 필요가 없어졌다는데 주목할 필요가 있다. 이것은 실로 크나큰 장점이다. 더구나 Laplace 식은 선형방정식이며 해가 존재하는 매우 드문 경우의 편미분방정식이다. 이에 대한 구체적인 내용은 뒤에서 설명한다.

비압축성 유체에 대한 연속방정식으로부터 $\nabla^2 \phi = 0$을 유도하시오.

➕ 풀이

비압축성 유체에 대한 연속방정식은 다음과 같다.

$$\frac{\partial u}{\partial x} + \frac{\partial v}{\partial y} + \frac{\partial w}{\partial z} = 0$$

$u = \dfrac{\partial \phi}{\partial x}$, $v = \dfrac{\partial \phi}{\partial y}$, $w = \dfrac{\partial \phi}{\partial z}$ 이므로 식을 다시 정리하면 다음과 같다.

$$\frac{\partial}{\partial x}\left(\frac{\partial \phi}{\partial x}\right) + \frac{\partial}{\partial y}\left(\frac{\partial \phi}{\partial y}\right) + \frac{\partial}{\partial z}\left(\frac{\partial \phi}{\partial z}\right) = 0$$

$$\frac{\partial^2 \phi}{\partial x^2} + \frac{\partial^2 \phi}{\partial y^2} + \frac{\partial^2 \phi}{\partial z^2} = 0$$

$$\therefore \nabla^2 \phi = 0$$

$u = 4x$, $v = 4y$의 속도를 갖는 흐름이 회전류인지 비회전류인지 판별하고, 비회전류인 경우 속도포텐셜함수를 구하시오.

➕ 풀이

회전류, 비회전류의 판별은 $\dfrac{\partial v}{\partial x} - \dfrac{\partial u}{\partial y}$의 값이 0인지 아닌지를 계산해야 하므로

$$\frac{\partial v}{\partial x} - \frac{\partial u}{\partial y} = \frac{\partial(4y)}{\partial x} - \frac{\partial(4x)}{\partial y} = 0 - 0 = 0$$

따라서 비회전 흐름이며, 속도포텐셜함수를 구하면 다음과 같다.

$$d\phi = udx + vdy = (4x)dx + (4y)dy$$

$$\phi = 2(x^2 + y^2) + C'$$

그렇다면 위에서 설명한대로 ϕ를 연속방정식에 대입하여 얻은 Laplace 식만을 해석한다면 나머지 3개의 식인 운동량방정식은 어떻게 되는가? 원래 해석하고자 목적했던 미지수는 4개로 u, v, w, p였다. Laplace 방정식에서 ϕ에 의하여 얻을 수 있는 것은 u, v, w의 3개이며, p는 아직 풀어야할 미지수로 남아있다. 따라서 3개의 운동량방정식으로부터 p를 결정하게 되는데 그때 이용하는 식이 베르누이 식이다. 즉, Laplace 식에

의하여 속도성분 u, v, w를 결정하고, p는 베르누이 식에 의하여 결정한다. 베르누이 식은 나머지 3개의 운동량방정식을 비회전류에 대하여 적분해서 얻은 식으로써 자세한 유도과정과 설명은 '7장 베르누이 식'에서 다룬다.

(2) 흐름함수(stream function)

속도포텐셜 ϕ와 짝을 이루는 것이 흐름함수(stream function) ψ이다. 흐름함수는 유선의 식으로부터 출발하는데 유선(stream line)이란 유체입자가 갖는 속도벡터의 접선을 이은 선을 말한다. 즉, 움직이는 개개의 유체입자는 각각의 속도를 가지므로 [그림 6.5]와 같이 속도벡터로 표시되는 벡터장을 이루고 있다. 유선은 속도벡터의 접선을 이었기 때문에 유선에 직각방향의 속도 성분은 존재하지 않으므로 유선을 가로질러 유체는 이동할 수 없다. 또한 한 점에서의 속도벡터는 하나만 존재하므로 유선은 서로 교차할 수도 없다. 그리고 수많은 유선다발로 둘러싸인 형태는 마치 관속의 흐름형태와 같다고 하여 유관(stream tube)이라 부른다. 유선과 대응되는 것으로는 유적선(path line)이 있는데 유적선은 어느 특정한 유체입자가 움직이는 궤적을 그린 선을 말한다. 유적선은 유체 속의 오염물질이 어느 곳으로 이동하는지를 알려고 할 때 주로 이용된다. 유선과 유적선의 근본적인 차이는 유선은 시각 t의 개념인 반면 유적선은 시간 Δt의 개념으로 이해하면 된다.

[그림 6.6]과 같이 유선상의 점 P에서의 속도를 $V = ui + vj + wk$라고 하면 Δt 시간동안 움직인 거리 Δx, Δy, Δz는 각각 $\Delta x = u\Delta t$, $\Delta y = v\Delta t$, $\Delta z = w\Delta t$가 되고 이들 관계로부터 다음과 같은 유선의 식을 얻는다.

$$\frac{dx}{u} = \frac{dy}{v} = \frac{dz}{w} \tag{6.9}$$

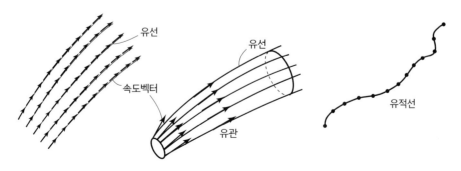

그림 6.5 유선, 유관, 유적선

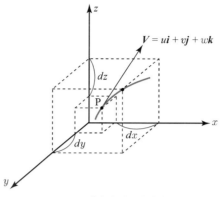

그림 6.6 유선상의 점 P에서의 속도

이 식의 첫 번째항과 두 번째항의 관계로부터 다음의 관계를 얻는다.

$$- v dx + u dy = 0 \qquad\qquad (6.10)$$

이 미분방정식을 풀면 xy평면에서 유선을 나타낼 수 있을 것이다. 마찬가지로 두 번째와 세 번째 항으로부터 그리고 첫 번째와 세 번째 항으로부터도 위와 같은 식을 얻을 수 있을 것이므로 yz평면 및 xz평면에서도 유선을 그릴 수 있다. 그러나 식(6.10)을 동시에 풀 수는 없으므로 유선은 3차원 공간의 개념이 아니라 2차원 평면의 개념에 기초한다. 반면 속도포텐셜함수 ϕ는 그러한 개념상 제약은 없다.

한편 유선을 어떤 함수의 형태로 표시하기 위해 식(6.10)의 형태를 속도포텐셜처럼 함수 $\psi(x, y)$를 도입하고 $\psi = C$의 선을 유선이라고 한다면 다음과 같은 전미분 형태를 이용하면 쉽게 표시할 수 있다.

$$d\psi = \frac{\partial \psi}{dx} dx + \frac{\partial \psi}{dy} dy = 0 \qquad\qquad (6.11)$$

만약 유선의 식(6.10)과 $\psi = C$인 식(6.11)이 동일하다면 u, v와 ψ의 관계는 다음과 같이 된다.

$$u = \frac{\partial \psi}{\partial y}, \quad v = - \frac{\partial \psi}{\partial x} \qquad\qquad (6.12)$$

이들로부터 위의 식을 만족시키는 ψ에서 $\psi = C$를 그린 선이 곧 유선이 됨을 알 수 있으며, 따라서 C값를 변화시키면 그에 따른 유선들을 구할 수 있다. 이렇게 유선의 식에 기초하여 도입된 2차원 평면함수 ψ를 흐름함수(stream function)라고 하며 ψ와 u, v는 식(6.12)의 관계를 갖고 있어야 한다.

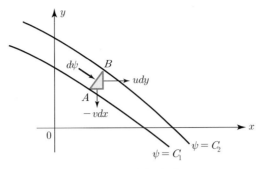

그림 6.7 유선의 흐름함수

C의 값에 따른 두 유선의 흐름함수값 ψ_A와 ψ_B의 물리적 의미를 알기 위하여 [그림 6.7]에서 A점에서 B까지 적분을 하면 y방향의 유속은 (-)가 되므로 다음과 같이 된다.

$$\int_A^B d\psi = -\int_A^B v dx + \int_A^B u dy \qquad (6.13)$$

$$\psi_B - \psi_A = Q \qquad (6.14)$$

앞의 결과로 부터 흐름함수 ψ값의 차이는 A와 B를 각각 지나는 두 유선 사이를 통과하는 유량과 같음을 알 수 있다. 예로서 ψ_A가 10이고 ψ_B가 30이라면 두 유선 사이를 통과하는 유량은 20이다.

(3) 속도포텐셜함수 ϕ와 흐름함수 ψ의 관계

우리가 이렇게 흐름함수나 속도포텐셜함수를 도입하는 이유는 앞서 유도한 Navier-Stokes 식으로 대표되는 지배방정식을 푸는데 많은 이점이 있기 때문이다. 이를 위하여 흐름함수와 속도포텐셜함수의 공통점과 차이점 등 그들이 지닌 특성을 좀 더 알아보는 것이 필요하다. 첫째로, 속도포텐셜함수 ϕ나 흐름함수 ψ는 각각의 속도성분을 다음처럼 미분값으로 나타내었다.

$$u = \frac{\partial \phi}{\partial x}, v = \frac{\partial \phi}{\partial y}, w = \frac{\partial \phi}{\partial z} \qquad (6.15)$$

$$u = \frac{\partial \psi}{\partial y}, \quad v = -\frac{\partial \psi}{\partial x} \qquad (6.16)$$

앞에서 언급한 바와 같이 이들은 모두 u, v, w를 ϕ나 ψ로 표시함으로써 미지수의 개수를 줄일 수 있는 장점이 있으나 방정식의 차수를 높이는 단점도 있음을 보여준다. 둘째

흐름함수가 $\psi = 2xy$인 x방향과 y방향 유속성분을 각각 구하고, 비압축성 유체에 대한 미분형태의 연속방정식을 만족하는지 설명하시오. 연속성을 만족할 경우 유선의 방정식을 구하고 간단히 스케치하시오.

➕ 풀이

x방향과 y방향 유속성분은 식(6.16)에 의해 다음과 같이 계산할 수 있다.

$$u = \frac{\partial(2xy)}{\partial y} = 2x, \quad v = -\frac{\partial(2xy)}{\partial x} = -2y$$

비압축성 유체에 대한 미분형태의 연속방정식에 이를 대입하면

$$\frac{\partial u}{\partial x} + \frac{\partial v}{\partial y} = \frac{\partial}{\partial x}(2x) + \frac{\partial}{\partial y}(-2y) = 2 - 2 = 0$$

흐름함수 $\psi = 2xy$는 연속방정식을 만족한다.

따라서 x방향과 y방향 유속성분을 식(6.9)의 유선 정의에 대입하면

$$\frac{dx}{u} = \frac{dy}{v} \qquad \frac{dx}{x} = -\frac{dy}{y}$$

이 식을 적분하면 다음의 유선 방정식을 구할 수 있다.

$$\int \frac{1}{x}dx = -\int \frac{1}{y}dy$$
$$\ln x = -\ln y + C'$$
$$\ln xy = C'$$
$$\therefore xy = C$$

여기서 C는 상수이며 여러 가지 값을 가질 수 있고 유선은 그림에서와 같이 쌍곡선 형태를 나타낸다.

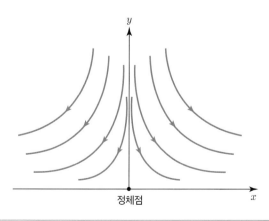

정체점

로, 식(6.15)와 식(6.16)을 비압축성 유체에 대한 연속방정식에 대입하면 각각 아래와 같다.

$$\nabla^2\phi = 0 \tag{6.17}$$

$$\frac{\partial}{\partial x}\left(\frac{\partial \psi}{\partial y}\right) + \frac{\partial}{\partial y}\left(-\frac{\partial \psi}{\partial x}\right) = 0 \tag{6.18}$$

이로부터 ϕ는 Laplace 방정식으로 변환되는 반면, ψ는 연속방정식을 자동적으로 만족시킴을 알 수 있다. 특히 ψ는 식(6.18)에서 비압축성 유체의 연속방정식을 항상 만족시키므로 압축성 유체에서는 ψ를 사용할 수 없다. 다음으로, 식(6.15)와 (6.16)을 비회전류의 조건 $\frac{\partial v}{\partial x} - \frac{\partial u}{\partial y} = 0$에 대입하면 각각 다음 식을 얻는다.

$$\frac{\partial}{\partial x}\left(\frac{\partial \phi}{\partial y}\right) - \frac{\partial}{\partial y}\left(\frac{\partial \phi}{\partial x}\right) = 0 \tag{6.19}$$

$$\nabla^2\psi = 0 \tag{6.20}$$

이것은 앞에서와 반대로 ϕ는 비회전 조건을 항상 만족시키므로 회전류에서는 ϕ가 존재할 수가 없는 반면에, ψ는 Laplace 식을 이룬다. 수학적으로는 Laplace 식으로 표현되는 ϕ 또는 ψ을 풀어 해를 얻는다면 양쪽 모두 원하는 속도를 쉽게 구할 수 있다. 이처럼 ϕ와 ψ는 한 짝을 이루게 되는데, 이러한 관계로부터 이들의 해석은 복소평면에서 이루어지게 되는 것이 일반적이다. 그러나 그에 앞서 회전하는 흐름에서는 이 방법은 성립되지 않음을 기억해야 한다.

(4) 유선망(flow net)

속도포텐셜함수 ϕ와 흐름함수 ψ의 수학적인 정의로부터 등포텐셜선과 유선의 관계를 이끌어 낼 수 있었다. 앞에서 설명한 바와 같이 등포텐셜선은 수학적으로 $\phi = const$이므로 $d\phi = 0$이고, 유선은 $\psi = const$이므로 $d\psi = 0$를 만족시켜야 한다. 따라서 이것을 다시 쓰면 다음 식과 같다.

$$d\phi = u\,dx + v\,dy = 0 \tag{6.21}$$

$$d\psi = -v\,dx + u\,dy = 0 \tag{6.22}$$

여기서 두 선의 기울기 $\frac{dy}{dx}$는 각각 $\frac{u}{v}$와 $-\frac{v}{u}$이다. 따라서 각각의 기울기를 곱하면 -1이 되므로 두 선은 [그림 6.8]과 같이 서로 직교해야 한다. 이러한 직교하는 성질을

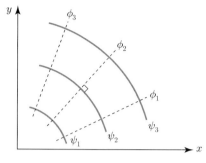

그림 6.8 등포텐셜선과 유선

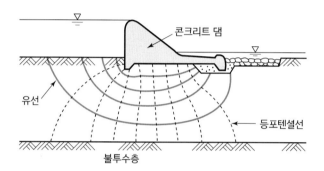

그림 6.9 유선망도

이용하여 그린 것이 [그림 6.9]와 같은 유선망도(flow net)이다. 이러한 유선망을 이용하여 흐름을 해석하는 방법을 유선망 해석법이라 하며, 이와 같은 유선망에 의한 해석은 흐름이 매우 느리고 비회전 흐름이라고 생각되는 지하수 흐름이나 제방 속 흐름에 주로 이용된다.

 ### 포텐셜 흐름의 해석

만약 밀도가 일정한 비압축성 유체에서 비회전성이 강하다면 포텐셜 흐름으로 해석해도 무방할 것이며, 이러한 포텐셜 흐름에서는 속도포텐셜함수 ϕ가 존재하므로 연속방정식에서 유도된 Laplace 식을 풀면 속도장을 알 수 있게 된다. 그리고 마지막 남은 미지수인 압력을 산정할 수 있다면 우리는 해석목적을 달성하게 된다. 문제는 이들을 어떻게 푸느냐에 달려있다. 다행히 Laplace 식은 경계조건을 갖는 편미분방정식인 경계치문제(boundary value problem)에 속하며, 단순한 경계조건에서는 몇 가지 엄밀해가 존재한다는 것이 알려져 있다. 따라서 포텐셜 흐름의 해석방법은 우선 연속방정식으로부터 유도되는 Laplace 식을 지배방정식으로 놓고 일반해를 구한 다음, 적절한 경계조건을 사용하여 특수해를 결정짓는 순서로 진행되는 것이 일반적이다. 때로는 운동량방정식에 기초한 경계조건을 사용하기도 하지만 점성항의 존재는 여전히 해석하는데 걸림돌이 되고 있다. 한 가지 방법은 점성항을 배제시키기 위하여 비점성이라고 가정하면 비회전 흐름 가정과 더불어 3개의 운동량방정식으로부터 베르누이 식을 얻게 되고, 여기서 나머지 미지수인 p를 결정할 수 있다. 그러므로 포텐셜 흐름에서의 해석은 4개의 지배방정식을 모두 연립하여 풀지 않고 1개의 연속방정식과 3개의 운동량방정식을 분리시켜 해석함으로써 상대적으로 매우 용이하게 풀 수 있다는 이점을 제공하고 있다.

이외에도 그동안 유체역학을 연구하는 수많은 학자들이 포텐셜 흐름 해석방법에 매력을 느끼는 또 다른 중요한 이유가 있다. 그것은 앞장에서 간략히 언급하였지만 $\nabla^2\phi=0$로 표시되는 Laplace 식이 선형(linear)방정식이라는 것이다. 선형방정식이란 수학적으로 그 방정식을 만족시키는 해들이 알려져 있을 때, 이들에 상수를 곱한 것도 해가 되며, 이들 해를 더하거나 뺀 것들도 해가 된다는 것이다. 즉 $\nabla^2\phi=0$를 만족하는 해를 ϕ_1,ϕ_2라 할 때 $c\phi$, $\alpha\phi_1\pm\beta\phi_2$도 해가 된다는 의미이다. 이러한 선형적 성질은 실제 흐름문제를 해결하는데도 많은 도움을 주고 있다. 예를 들어, [그림 6.10]에서처럼 (a)의 가로방향의 흐름과 (b)의 세로방향의 흐름을 합한다면 (c)와 같은 사선방향의 흐름이 될 것이므로 (a)의 흐름과 (b)의 흐름 각각의 ϕ를 안다면 (c)흐름의 ϕ는 이들을 합한 것이 되기 때문이다. 이러한 포텐셜 흐름에 대한 해석방법은 때로는 고차원의 수학 또는 물리학의 지식을 필요로 한다. 주로 19세기 말까지 근대 유체역학에서 이에 대한 많은 연구가 있었으며 실제 문제들을 해석하려는 시도들이 있어 왔다. 그러나 여기서는 구체적인 해석과정에 대한 설명은 생략하고 다만 선형성(linearity)을 이용하여 복잡한 형상의 유체흐름을 해석한 사례들을 중심으로 설명한다.

우선 [그림 6.10]의 (a)처럼 x방향으로 일정한 속도의 크기 c로 흐르는 흐름의 ϕ와 ψ는 식(6.23)이고, (b)와 같이 y방향으로 흐르는 경우는 식(6.24)이다.

$$\phi=cx,\ \psi=cy \tag{6.23}$$
$$\phi=cy,\ \psi=-cx \tag{6.24}$$

그러므로 (c)와 같이 $\theta=45°$의 사선으로 흐르는 경우는 이 둘을 단순히 합한 것과 같다.

$$\phi=c(x+y),\ \psi=c(y-x) \tag{6.25}$$

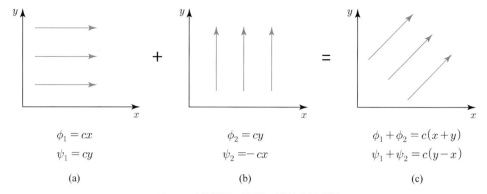

$$\phi_1 = cx \qquad\qquad \phi_2 = cy \qquad\qquad \phi_1 + \phi_2 = c(x+y)$$
$$\psi_1 = cy \qquad\qquad \psi_2 = -cx \qquad\qquad \psi_1 + \psi_2 = c(y-x)$$

(a)   (b)   (c)

그림 6.10 선형성을 이용한 포텐셜 흐름 해석

좀 더 일반적인 경우, 즉, θ의 경사각을 갖는 흐름은 위의 것을 응용하여 다음과 같이 표현할 수 있다.

$$\phi = c(x\cos\theta + y\sin\theta)\,,\ \ \psi = c(y\cos\theta - x\sin\theta) \qquad (6.26)$$

다음으로 [그림 6.11]의 (a)처럼 한 점에서 사방으로 퍼져가는 형상의 흐름을 source라고 하고, (b)와 같이 그 반대의 경우를 sink라고 한다. 이 경우 ϕ와 ψ는 다음 식으로 주어진다.

$$\phi = c\ln R\,,\ \ \ \psi = c\theta \qquad (6.27)$$

여기서 $c>0$이면 source, $c<0$이면 sink이다. 또한 [그림 6.11]의 (c)와 같이 원운동을 하는 흐름을 vortex라고 하며 이 흐름의 값은 다음 형태를 갖는다.

$$\phi = c\theta\,,\ \ \ \psi = -c\ln R \qquad (6.28)$$

한편, [그림 6.11]의 (d)와 같이 source와 sink가 같은 점에 있는 것을 doublet이라 하고 이때의 ϕ와 ψ는 다음과 같다.

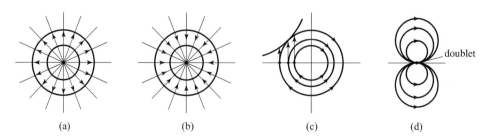

(a)   (b)   (c)   (d)

그림 6.11 흐름 패턴 (a) source, (b) sink, (c) vortex, (d) doublet

$$\phi = U\frac{R^2}{r}\cos\theta \ , \ \ \psi = -\ U\frac{R^2}{r}\sin\theta \qquad (6.29)$$

[그림 6.12]에 나타낸 실제 흐름은 이들을 조합함으로써 나타낼 수 있다. [그림 6.12]의 경우는 순환이 없는 흐름 조합이며, (a)의 흐름과 같은 경우는 앞에서 설명한 일방향 흐름과 source의 흐름을 합하면 나타낼 수 있으며, (b)와 같은 원통형 흐름은 일방향 흐름과 doublet의 조합으로 표시된다. Rankine body(또는 Rankine oval)라고 알려진 (c)와 같은 흐름은 source와 sink 및 일방향 흐름의 합으로 나타낼 수 있으며 실제로 이를 이용한 예로서는 저항을 줄이는데 유리한 [그림 6.13]과 같은 대형선박의 하부 모양을 들 수 있다.

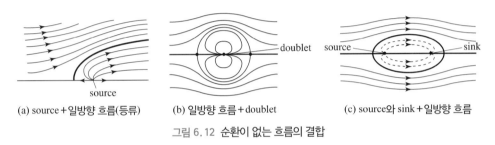

(a) source + 일방향 흐름(등류)   (b) 일방향 흐름 + doublet   (c) source와 sink + 일방향 흐름

그림 6.12 순환이 없는 흐름의 결합

그림 6.13 대형선박

3. 포텐셜 흐름의 해석
Chapter 06 / 포텐셜 흐름의 해석

(a) 나선형 와류

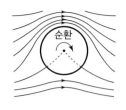
(b) 원기둥을 지나는 흐름

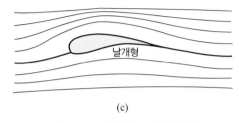
(c)

그림 6.14 순환이 있는 흐름의 결합

이외에도 수많은 형태의 흐름에 대하여 ϕ와 ψ를 해석해 놓은 결과들이 있으며, 이들을 이용하여 야구공 주변의 흐름해석으로 공이 뜨거나(rise) 가라앉는(drop) 등 공의 변화를 설명하기도 한다. 그중 몇 가지를 [그림 6.14]에 나타내었다. 더 많은 해석 예들은 hydrodynamics(동수역학)라는 이름의 책들에서 만날 수 있다.

 ## D'Alembert의 paradox

유체역학에서 포텐셜함수와 흐름함수를 이용한 해석은 흐름이 비회전이고, 비압축성인 유체 및 점성이 없는 유체에 대하여 오랫동안 지속되어 왔다. 더구나 Laplace 식이 갖는 비교적 해석하기 용이하고 선형적인 성질에 따른 여러 가지 장점으로 인하여 많은 유체역학자들이 선호해 왔다. 그럼에도 불구하고 이 방법에 의한 수많은 해석결과가 있지만 그중 특별히 기억해야 할 한 가지는 d'Alembert의 해석결과이다. 그는 [그림 6.15]와 같이 원기둥 주위를 지나는 흐름에 대하여 해를 구하였다. 원주 주위를 지나는 흐름은 그림과 같이 일방향으로 균일하게 이동하는 유동(uniform flow)과 doublet이라는 source와 sink가 아주 가까이 붙어있을 때의 흐름의 합으로 나타낼 수 있음은 이미 설명하였다. 따라서 원주 주위 흐름을 나타내는 속도포텐셜함수 ϕ와 흐름함수 ψ도 이러한 선형성을 이용하여 균일흐름과 doublet의 것을 합함으로써 구해진다. 원통좌표계를 사용하여 나타낸 이들의 결과는 다음과 같다.

$$\phi(y, \theta) = U_\infty \left(r + \frac{R^2}{r}\right)\cos\theta \qquad (6.30)$$

$$\psi(r, \theta) = U_\infty \left(r - \frac{R^2}{r}\right)\sin\theta \qquad (6.31)$$

여기서 U_∞는 원주의 영향을 받지 않는 먼 곳에서의 유입속도의 크기를 말한다. 이들로부터 원주 주위 각 지점에서의 속도를 구할 수 있으며 다음과 같이 된다.

$$v_\theta = \frac{1}{r}\frac{\partial \phi}{\partial \theta} = -\frac{\partial \psi}{\partial r} = -U_\infty \left(1 + \frac{R^2}{r^2}\right)\sin\theta \qquad (6.32)$$

$$v_r = \frac{\partial \phi}{\partial r} = \frac{1}{r}\frac{\partial \psi}{\partial \theta} = U_\infty \left(1 - \frac{R^2}{r^2}\right)\cos\theta \qquad (6.33)$$

여기서 v_θ와 v_r은 [그림 6.15]에서 표시한 바와 같다. 지금 식(6.33)에서 원주표면 $(r = R)$에서의 유속 v_r은 0이 되므로 원주표면과 직각방향의 유속은 없음을 보이고 있으며, 이는 원주표면을 통과하는 유속은 없으므로 당연한 결과이다. 다만 v_θ만이 남는데 식(6.32)로부터 원통표면에서의 속도 v_θ는 다음과 같다.

$$v_\theta = -2U_\infty \sin\theta \qquad (6.34)$$

위 식은 $\theta = 0, \pi$에서는 정체점(stagnation point)으로 0이 되고 $\pm\frac{1}{2}\pi$에서 최대값을 갖는다. 이렇게 산정된 속도 v_θ, v_r을 베르누이 식에 대입하면 원주표면에서의 압력을 구할 수 있다. 이 압력분포를 원주 전체의 표면에 대하여 적분하면 결국 원주가 유체로부터 받는 힘 F가 된다. 식(6.35)는 원주표면이 받는 압력분포 식이며, 식(6.36)은 이들을 적분한 원주가 받는 총 힘(total force)이다.

$$p - p_\infty = \frac{1}{2}\rho U_\infty (1 - 4\sin^2\theta) \qquad (6.35)$$

$$F = 4\int_0^{\pi/4} p\cos\theta\, R\, d\theta = 0 \qquad (6.36)$$

놀랍게도 최종적인 식(6.36)의 값이 0을 보이고 있다. 흐르는 유체 속에 원형기둥이 서 있을 때 그 기둥이 받는 힘이 없다는 것을 보여주는 것으로, 이것은 [그림 6.16]과 같이 실제 현상과 명백히 모순되는 결과이다. 이 모순을 D'Alembert의 paradox라 일컫는다. 그렇다면 왜 이러한 비현실적인 결과가 도출되었을까? 이 모순된 결과는 우리가 사용한 방법, 즉 포텐셜로 가정한 흐름해석의 한계성을 압축적으로 보여주고 있다. 이에 따라 포텐셜 해석이 아닌 유체역학의 또 다른 해석방향을 모색하는 계기를 제공하였다. 이렇게 모순이 도출된 이유는 이 책 뒤에서 설명할 것이다.

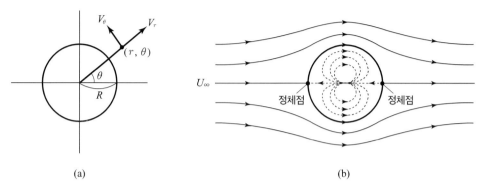

(a)   (b)

그림 6.15 원기둥 주위를 지나는 흐름

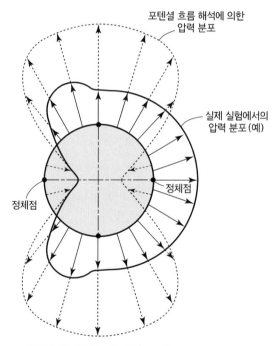

그림 6.16 D'Alembert 의 paradox

6.1 다음과 같이 주어지는 2차원 유속장에 대한 속도포텐셜이 존재한다면 속도포텐셜함수를 구하고 이를 그림으로 나타내시오.

$$u = x^2 + 2x - 4y, \quad v = -2xy - 2y$$

6.2 주어진 흐름함수가 $\psi = 3x - 2y$라면 이는 포텐셜 흐름인지 아닌지, Laplace 식을 만족하는지를 판별하시오.

6.3 흐름함수가 $\psi = x^2 - y^2$일 때 점(1, 2)에서의 유속 크기를 구하고 유속 방향이 x축과 이루는 각을 계산하시오.

6.4 속도포텐셜함수가 $\phi = y + 2x^2 - 2y^2$일 때 x, y방향의 속도 성분을 구하시오.

6.5 x축과 θ의 각으로 기울어 $u = U(i\cos\theta + j\sin\theta)$의 속도로 일방향으로 흐르는 유체가 있다. 이 경우의 속도포텐셜함수와 흐름함수를 구하시오. 여기서 U는 상수값으로 가정하시오.

6.6 다음 그림은 U_∞의 속도로 흐르는 일방향 흐름과 $-Q$의 강도로 발생하는 sink 흐름이 결합된 경우이다. 이 경우에 대해 속도포텐셜함수와 흐름함수를 각각 구하고 개략적인 그림으로 나타내시오.

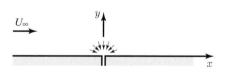

6.7 다음과 같이 반구 형태의 지붕에 바람이 U_∞의 속도로 부는 경우 A점에서의 속도를 계산하시오.

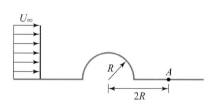

07
Chapter

베르누이 식
Bernoulli equation

1. Euler 방정식
2. 베르누이 식의 유도
3. 베르누이 식의 의미
4. 베르누이 식의 한계
5. 베르누이 식의 보정

지금까지 Navier-Stokes 방정식을 해석하기 위한 여러 가지 시도들에 대하여 설명하였다. Navier-Stokes 방정식은 유체의 운동을 가장 근원적으로 표시한 식이기 때문에 도출되는 해는 유체운동에 대하여 필요한 모든 것을 포함하고 있을 것이다. 그러나 이론적으로 이 식을 100% 만족시키는 해를 구하는 것은 현재로서는 불가능해 보인다. 만약 Navier-Stokes 식의 일반해를 얻을 수만 있다면 구름의 이동에서부터 지하수의 흐름까지 자연계에서 발생하고 소멸하는 온갖 종류의 유체운동을 속속들이 규명할 수 있을 것이다. 그러나 현재의 지식 역량으로는 꿈에서나 가능한 일로 여겨지고 있다. 그럼에도 불구하고 Navier-Stokes 방정식의 일반해를 구하려는 노력은 계속되어 왔으며 앞으로도 계속될 것이다. 현 시점에서 베르누이 식은 200여 년 동안의 유체역학 역사에서 이루어진 여러 시도들 가운데 가장 일반해에 가깝게 이론적인 과정을 통해 유도된 식이다. 그러므로 지금까지 가장 보편적으로 사용되어 왔으며, 앞으로도 이 식을 능가할 만한 획기적인 발전이 없는 한 계속하여 사용될 것이다. 물론 베르누이 식도 몇몇의 중요한 가정 하에 도출된 것이라 완전한 것은 아니지만, 미분형태의 Navier-Stokes 방정식을 직접 적분하여 얻어진 결과물이라는 데서 불완전함에도 충분한 가치를 지닌다.

이 장에서는 베르누이 식의 유도과정에서 도입된 조건들은 무엇이며, 그들 조건을 사용하는데 따른 결과의 한계성은 무엇이고, 이를 어떻게 보완할 것인가 등등 베르누이 식에 대한 전반적인 것에 대하여 설명한다.

① Euler 방정식

베르누이 식에서 사용한 조건과 유도과정을 구체적으로 살펴보면 다음과 같다. 베르누이 식은 비압축성 유체에 대한 연속방정식과 Navier-Stokes의 운동방정식에 뿌리를 두고 있지만, 여기서도 비점성유체로 가정하는 것으로부터 출발한다. 비점성 유체에 대한 식들은 이미 '4장의 4. 비압축성, 비점성유체에 대한 Navier-Stokes 방정식'에서 설명하였다. 편의상 해석해야 할 지배방정식들을 다시 쓰면 다음과 같다.

$$\frac{\partial u}{\partial x} + \frac{\partial v}{\partial y} + \frac{\partial w}{\partial z} = 0 \tag{7.1}$$

$$\frac{\partial u}{\partial t} + u\frac{\partial u}{\partial x} + v\frac{\partial u}{\partial y} + w\frac{\partial u}{\partial z} = -\frac{1}{\rho}\frac{\partial p}{\partial x} \tag{7.2}$$

$$\frac{\partial v}{\partial t} + u\frac{\partial v}{\partial x} + v\frac{\partial v}{\partial y} + w\frac{\partial v}{\partial z} = -\frac{1}{\rho}\frac{\partial p}{\partial y} \tag{7.3}$$

$$\frac{\partial w}{\partial t} + u\frac{\partial w}{\partial x} + v\frac{\partial w}{\partial y} + w\frac{\partial w}{\partial z} = -g - \frac{1}{\rho}\frac{\partial p}{\partial z} \tag{7.4}$$

이 식들은 $\rho = const$라는 비압축성조건과 $\mu = 0$의 비점성 유체라는 가정 하에 쓰여진 것이며, 이렇게 비압축성, 비점성 유체를 흔히 이상유체(ideal fluid)라 부른다. 위의 식들은 Euler의 운동방정식으로 더 잘 알려져 있으며, 결국 비압축성, 비점성 유체에 대한 Navier-Stokes 식을 말한다. Euler는 당시 베르누이 집안과 함께 동문수학하던 관계였으며 그 후 수학적인 재능이 뛰어나 유체역학뿐만 아니라 수학, 물리학 등 많은 분야에 걸쳐 괄목할 만한 업적을 남겼다.

Euler 식에서와 같이 비점성 유체라는 가정을 도입함으로써 점성항들을 소거시킨 주된 이유는 이들 미분항의 차수(order)가 2차로서 이들 항을 유지시키고서는 수학적으로 해를 구할 수 있는 방법이 없기 때문이다. 그러므로 Euler 식으로부터 얻은 해에는 점성(μ)의 효과 또는 역할이 배제되어 있음을 꼭 기억해야 한다. 유체운동에서 점성은 $\tau = \mu\dfrac{du}{dy}$의 관계를 이루므로 유체변형에 따라 발생하는 전단력 또는 점성력의 역할을 하게 된다. 점성에 의한 전단력은 물체가 진행하는 방향과 반대방향으로 작용하는데 이는 마치 고체운동에서의 마찰력과 같으며, 에너지 측면에서는 유체가 이동하면서 발생하는 에너지 손실과 같다. 따라서 비점성 유체에 대한 식인 Euler 식을 해석한 결과에는 이들의 영향이 포함되어 있지 않음은 당연하다.

Euler 식을 적분하여 해를 얻는 방법에는 두 가지가 있다. 첫째로는 동일한 유선상에서 위의 식들을 적분하는 방법과 둘째로는 흐름이 비회전류라는 조건하에 적분하는 방법이 있는데 두 가지 모두 얻어지는 해의 최종적인 형태는 같다.

② 베르누이 식의 유도

(1) 동일유선 상에서 Euler 식의 적분

우선 [그림 7.1]과 같이 유관 속의 흐름을 생각하자. 유관이란 유선다발로 둘러싸인 관의 형태를 말하는데, 유선을 가로질러 유체입자는 통과할 수 없으므로 유선다발이 마치 관과 같은 성질을 가지고 있기에 붙여진 이름이다. 그림에서 흐름 속 유체덩어리 표

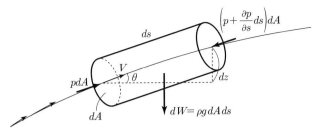

그림 7.1 비점성 유체의 유선을 따르는 유동

면에 작용하는 점성력(전단력) 혹은 마찰력은 무시할 수 있을 정도로 작다고 가정하고 작용력으로는 압력과 중력밖에 없다고 하자. 비점성 유체로 보고 유선의 방향($+s$)을 따라 이 유체에 작용하는 힘을 뉴턴의 제2법칙으로 1차원으로 표현하면, 유체의 질량은 $\rho dAds$가 되고, s선을 따라 가속도는 $a_s = \dfrac{\partial V}{\partial t} + V\dfrac{\partial V}{\partial s}$ 이므로 다음과 같이 된다.

$$ma_s = (\rho dAds)\left(\frac{\partial V}{\partial t} + V\frac{\partial V}{\partial s}\right) \tag{7.5}$$
$$= pdA - \left(p + \frac{\partial p}{\partial s}ds\right)dA - (\rho dAds)\,g\sin\theta$$

이 식을 유체의 질량으로 나누고 $dz = ds\sin\theta$를 대입하여 정리하면 다음 식을 얻는다.

$$\frac{\partial V}{\partial t} + V\frac{\partial V}{\partial s} + \frac{1}{\rho}\frac{\partial p}{\partial s} + g\frac{\partial z}{\partial s} = 0 \tag{7.6}$$

만약 흐름이 정상류(steady flow)라고 가정하여 시간의 항을 생략하면 다음과 같다.

$$V\frac{\partial V}{\partial s} + \frac{1}{\rho}\frac{\partial p}{\partial s} + g\frac{\partial z}{\partial s} = 0 \tag{7.7}$$

여기서 p, z, V는 단순히 유선 s만의 함수이므로 편미분 형태의 항들은 아래의 상미분 형태로 바뀌어 진다.

$$VdV + \frac{dp}{\rho} + gdz = 0 \tag{7.8}$$

이 식을 비압축성 유체($\rho = const$)에 대하여 적분하면 다음의 식을 얻는다.

$$\frac{1}{2}V^2 + \frac{p}{\rho} + gz = const \tag{7.9}$$

이 식을 중력가속도 g로 나누면 다음과 같은 최종적인 베르누이 식을 얻을 수 있다.

$$z + \frac{p}{\gamma} + \frac{V^2}{2g} = C \tag{7.10}$$

(2) 비회전류 조건에서 Euler 식의 적분

앞절에서처럼 동일한 유선상에서 Euler 식을 적분하여 베르누이 식을 얻을 수 있지만 비회전 흐름이라는 조건에서도 같은 형태의 식을 유도할 수 있다. 비회전류에 대한 내용은 '6장의 1. 비회전 흐름(irrotational flow)과 회전 흐름(rotational flow)'에서 이미 자세히 설명하였다. 이해를 돕기 위하여 다음과 같은 가장 간단한 x, z방향만 고려한 2차원 Euler 식을 생각한다.

$$\frac{\partial u}{\partial t} + u\frac{\partial u}{\partial x} + w\frac{\partial u}{\partial z} = -\frac{1}{\rho}\frac{\partial p}{\partial x} \tag{7.11}$$

$$\frac{\partial w}{\partial t} + u\frac{\partial w}{\partial x} + w\frac{\partial w}{\partial z} = -g - \frac{1}{\rho}\frac{\partial p}{\partial z} \tag{7.12}$$

이들 식의 이류류가속도 항에서 전단변형과 회전변형으로 분리하기 위하여 다음과 같은 항, $w\dfrac{\partial w}{\partial x}, u\dfrac{\partial u}{\partial z}$을 각각 더하고 뺀다.

$$\frac{\partial u}{\partial t} + u\frac{\partial u}{\partial x} + w\frac{\partial u}{\partial z} + w\frac{\partial w}{\partial x} - w\frac{\partial w}{\partial x} = -\frac{1}{\rho}\frac{\partial p}{\partial x} \tag{7.13}$$

$$\frac{\partial w}{\partial t} + u\frac{\partial w}{\partial x} + w\frac{\partial w}{\partial z} + u\frac{\partial u}{\partial z} - u\frac{\partial u}{\partial z} = -g - \frac{1}{\rho}\frac{\partial p}{\partial z} \tag{7.14}$$

이들로부터 다음과 같이 회전변형을 분리시켜 서로 묶을 수 있다.

$$\frac{\partial u}{\partial t} + \frac{\partial}{\partial x}\left[\frac{1}{2}(u^2 + w^2)\right] + w\left(\frac{\partial u}{\partial z} - \frac{\partial w}{\partial x}\right) = -\frac{1}{\rho}\frac{\partial p}{\partial x} \tag{7.15}$$

$$\frac{\partial u}{\partial t} + \frac{\partial}{\partial z}\left[\frac{1}{2}(u^2 + w^2)\right] + u\left(\frac{\partial w}{\partial x} - \frac{\partial u}{\partial z}\right) = -g - \frac{1}{\rho}\frac{\partial p}{\partial z} \tag{7.16}$$

여기서 비회전 흐름이라면 좌변의 마지막항의 회전을 나타내는 항들은 0이 되고, 또한 정상류 흐름이라면 첫 번째 항도 소거되어 다음과 같은 간단한 형태로 된다.

$$\frac{\partial}{\partial x}\left[\frac{1}{2}(u^2 + w^2) + \frac{p}{\rho} + gz\right] = 0 \tag{7.15}$$

$$\frac{\partial}{\partial z}\left[\frac{1}{2}(u^2+w^2)+\frac{p}{\rho}+gz\right]=0 \qquad (7.16)$$

참고로 여기서 $\frac{\partial}{\partial x}(gz)=0$이다. 또한 u^2+w^2는 속도의 크기 V^2이다. 이 식으로부터 [ ]속은 x와 z의 함수가 아닌 상수이어야 하므로 다음과 같은 식을 얻게 된다.

$$z+\frac{p}{\gamma}+\frac{V^2}{2g}=C \qquad (7.17)$$

분명히 식(7.17)은 앞절에서 유도한 식(7.10)과 같은 형태의 베르누이 식이다. 따라서 사용한 가정, 즉 동일유선 상이라는 것과 비회전류라는 가정에 따라 유도하는 방법은 달랐지만 똑같은 형태의 결과를 얻었다.

위에서처럼 베르누이 식을 편의상 평면 2차원에 대하여 유도하였지만 공간상 3차원에 대하여도 유도할 수 있으며, 부정류(unsteady)에 대하여도 가능하다. 이렇게 좀 더 일반적인 경우에서 베르누이 식을 유도하기 위해서는 스칼라식보다는 벡터의 성질을 이용하면 매우 편리하다. 물론 벡터 대신 스칼라식으로도 유도할 수 있으나 식들이 너무 복잡하며 진부하다. 따라서 여기서는 벡터를 사용하여 표현한다. 그렇지만 여기서 사용되는 조건들(비압축성, 비점성, 비회전)은 동일하다. 우선 3차원 공간상에서 Euler 식은 다음과 같은 벡터식으로 나타낼 수 있다.

$$\frac{\partial V}{\partial t}+(V\cdot\nabla)V=\nabla G-\frac{1}{\rho}\nabla p \qquad (7.18)$$

여기서 V는 속도벡터이며 $G=-gz$이고 ∇G, ∇p는 gradient이다. 한편 이류가속도 항을 표시하는 좌변의 두 번째 항은 벡터의 연산으로부터 다음의 관계가 있다.

$$(V\cdot\nabla)V=\nabla\left(\frac{1}{2}V\cdot V\right)-V\times(\nabla\times V) \qquad (7.19)$$
$$=\nabla\left(\frac{1}{2}V\cdot V\right)-V\times\omega$$

여기서 ω는 회전을 나타내는 vorticity이다. 압력을 표시하는 우변 두 번째 항은 다음과 같다.

$$\frac{1}{\rho}\nabla p=\nabla\left(\int\frac{dp}{\rho}\right) \qquad (7.20)$$

Euler의 식(7.18)에 이들 관계를 대입하고 정리하면 다음 식이 된다.

$$\frac{\partial \boldsymbol{V}}{\partial t} + \nabla \left(\frac{1}{2} \boldsymbol{V} \cdot \boldsymbol{V} + \int \frac{dp}{\rho} + gz \right) = \boldsymbol{V} \times \omega \qquad (7.21)$$

여기서 비회전류라면 우변항은 0이 된다. 한편 비회전류에서는 속도벡터 $\boldsymbol{V}$와 속도포텐셜함수 ϕ와의 관계 $\boldsymbol{V} = \nabla \phi$를 이용하면 다음과 같은 비정상 흐름에서의 식이 된다.

$$\nabla \left(\frac{\partial \phi}{\partial t} + \frac{1}{2} \nabla \phi \cdot \nabla \phi + \int \frac{dp}{\rho} + gz \right) = 0 \qquad (7.22)$$

이 식을 dx, dy, dz에 대하여 적분하면 비정상 흐름에서의 베르누이 식을 얻는다.

$$\frac{\partial \phi}{\partial t} + \frac{1}{2} \nabla \phi \cdot \nabla \phi + \int \frac{dp}{\rho} + gz = F(t) \qquad (7.23)$$

여기서 $F(t)$를 베르누이 상수(Bernoulli constant)라고 한다. 이 식에 정상 흐름 조건과 비압축성 조건을 부여하면 앞절에서 유도했던 식(7.17)과 동일한 베르누이 식을 얻는다. 이처럼 베르누이 식은 여러 가지 방법으로 유도할 수 있다. 다만 어느 방법이 좀 더 이해하기 쉬운지에 달려있을 뿐 결과식의 형태나 그 의미는 다르지 않다.

 ## 3 베르누이 식의 의미

베르누이 식은 크게 두 가지의 가정, 즉 동일한 유선상이라는 가정 또는 비회전 흐름 이라는 가정 하에 유도할 수 있었다. 그러나 유도과정에서 공통적인 것은 힘을 나타내는 Euler 식을, 유선의 길이(s) 또는 dx, dy, dz의 길이(거리)에 대하여 적분해서 나온 형태이다. 그러므로 힘에 길이를 곱한 것은 물리적으로 일 또는 에너지를 의미하므로 베르누이 식은 일 또는 에너지를 나타내는 식이다. 참고로 일 또는 에너지는 스칼라량 이므로 베르누이 식도 방향에 무관한 1개로 유도됨을 알 수 있다.

지금 여기서 유도된 베르누이의 식(7.10) 또는 식(7.17)은 길이의 차원을 갖는다. 그러나 이들이 비록 길이의 차원으로 표현된 식이더라도 궁극적으로는 에너지를 의미 해야 한다. 즉, 이 식에 무게를 곱하면 에너지가 되므로 이들 식은 유체가 갖는 단위 무게당의 에너지로 해석할 수 있다. 특별히 대상 유체를 물이라 할 때 다음과 같이 표현한다.

$$z + \frac{p}{\gamma_w} + \frac{V^2}{2g} = H_t \qquad (7.24)$$

여기서 γ_w는 물의 단위중량이며 압력강도 p는 통상 계기압력을 뜻하고 H_t는 에너지의 총합이다.

식(7.24)는 에너지를 나타내는 식으로써, 첫째항은 위치에너지를, 둘째항은 압력에너지를, 셋째항은 운동에너지를 나타내며 우변은 이들 에너지의 총합이고 이들 에너지의 합은 항상 일정함을 보여준다. 따라서 세 에너지의 합은 비점성, 비회전 흐름에서 항상 동일해야 한다. 한편 이 식은 길이의 차원을 가지고 있고 물을 대상유체로 보아 수두 (水頭: head)라고 불리며, 차례로 위치수두(potential head), 압력수두(pressure head), 속도수두(velocity head) 및 총수두(total head)라 한다. 한편 압력의 관점에서 베르누이 식은 위 식에 단위중량을 곱하여 다음의 압력항으로도 표시할 수 있다.

$$\rho g z + p + \frac{\rho V^2}{2} = P_t \qquad (7.25)$$

이 식은 앞에서부터 차례로 위치압력(potential pressure), 정압력(static pressure), 동압력 (dynamic pressure) 및 총압력(total pressure)이라 부르며, 정압력과 동압력을 합한 것을 정체압력(stagnation pressure)이라 한다. 피토관(Pitot tube)으로 유속을 측정하는 원리를 제공해준다.

이제 베르누이 식에 의하여 그 유체가 갖는 에너지는 위치에너지, 압력에너지, 운동에너지로 구성되어 있고, 이들을 모두 합친 것이 그 유체가 갖는 총에너지가 되며 총에너지는 항상 일정함을 알게 되었다. 모든 물체는 에너지가 큰데서 작은 곳으로 이동하므로, 유체도 총에너지가 큰 곳에서 작은 곳으로 흐르게 된다. 이와 같이 각 지점의 에너지를 알기 쉽게 표시하기 위하여 총수두를 연결한 선을 에너지선(Energy Line, E.L.)이라 하고 위치수두와 압력수두를 합한 선을 동수경사선(Hydraulic Grade Line, H.G.L.)이라 한다. [그림 7.2]는 1과 2사이의 에너지 손실이 없다고 가정(1과 2의 에너지의 총합이 동일)할 경우 관로와 자유수면이 있는 경우의 에너지선과 동수경사선을 나타낸 것이다. 에너지선은 동수경사선에 속도수두를 합한 것이므로, 에너지선과 동수경사선을 비교하면 속도수두 $\frac{V^2}{2g}$는 항상 양(+)의 값을 갖기 때문에 에너지선은 항상 동수경경사선 위에 있어야 한다. 반면에 동수경사선은 위치수두에 압력수두를 합한 것인데, 압력은 부압력(−압력)이 존재하므로 이때 압력수두는 (−)값을 가지게 되며 따라서 동수경사선은 위치수두보다 아래에 있게 된다. 물론 압력이 양압력(+)이라면 위치수두보다 위에 있게 된다. 즉, 동수경사선이 유체가 있는 위치보다 높으면 그 구간의 압력

3. 베르누이 식의 의미

Chapter 07 / 베르누이 식

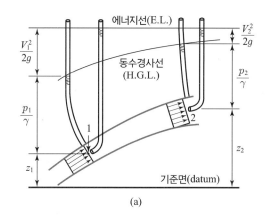

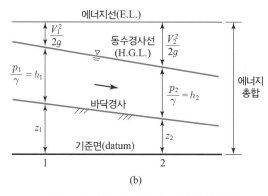

그림 7.2 이상유체의 동수경사선과 에너지선

은 양압력을, 낮은 구간이 있다면 그 구간은 부압력을 갖는다. 참고로 대기압을 나타내는 자유수면은 계기압력이 0이므로 압력수두도 0이 되어 자유수면과 동수경사선은 일치한다.

유체 속에는 미량이나마 공기가 포함되어 있다. 압력이 클수록 공기가 많이 녹아들게 되고 압력이 낮을수록 적게 된다. 사이다 병의 뚜껑을 따면 높은 압력에서 녹아있던 공기가 압력저하에 의하여 밖으로 나오는 현상을 볼 수 있다. 만약 어느 구간이 압력이 낮아 부압력에 이르게 되면 유체 속에 녹아져 있는 공기가 밖으로 나오게 되고, 시간이 지남에 따라 관속에 공기가 차게 되어 결국에는 유체가 흐르지 않게 된다. 기름을 넣기 위해 사용하는 사이펀 형태의 자바라에서 흔히 볼 수 있는 현상이다. 또한 속도수두가 커지는 만큼 압력은 작아져야 하므로 고속으로 회전하는 터빈이나 모터에서는 압력저하가 특히 심하게 나타나는데, 이때 발생하는 공기방울에 의하여 물과 불연속이 생겨 터빈이나 모터 속의 날개가 부러지는 등 매우 위험한 결과(공동현상, cavitation)를 가져올 수 있다. 따라서 이들을 가급적 낮은 곳으로 위치시켜 낮은 압력이 생기지 않도록 설계해야 한다. 발전소의 발전실이나 아파트의 펌프실을 지하에 위치시키는 이유이다. 이외에도 비행기날개 윗면과 아랫면의 속도 차이에 의하여 발생하는 압력 차이로 비행기가 뜨는 원리도 이들의 관계로부터 설명할 수 있다.

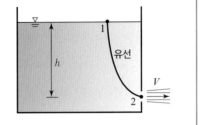

예제 7.1

베르누이 식을 이용하여 물탱크 하부의 대기와 개방된 작은 구멍(오리피스, orifice)으로 유출되는 유체의 속도 값을 계산하는 공식(Torricelli의 정리)을 유도하시오.

➕ 풀이

에너지 손실은 없다고 가정하고 수조의 수면을 1, 오리피스의 출구를 2라고 할 때 점 1과 2의 유선에 대해 베르누이 식을 적용하면 다음과 같다.

$$z_1 + \frac{p_1}{\gamma} + \frac{V_1^2}{2g} = z_2 + \frac{p_2}{\gamma} + \frac{V_2^2}{2g}$$

수면에서의 유속은 0이고, 수면과 오리피스 출구는 모두 같은 대기압 상태이므로 $p_1 = p_2 = p_{at}$ 이다.

$$z_1 - z_2 = \frac{V_2^2}{2g}$$

따라서 $h = z_1 - z_2$ 이므로 오리피스 출구에서의 속도는

$$\therefore V_2 = \sqrt{2gh}$$

예제 7.2

다음과 같은 벤츄리 유량계(Venturi meter)는 단면적의 변화에 따른 압력 차이를 이용하여 유량을 측정하는 장치이다. 그림과 같이 확대 지점과 축소 지점을 연결하여 압력강하를 액주계로 측정하면 유량을 구할 수 있다. 1과 2지점의 기준면 위치가 동일하다고 가정했을 경우 연속방정식과 베르누이 식을 이용하여 유량 계산식을 유도하시오.

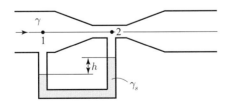

(계속)

➕ 풀이

에너지 손실은 없다고 가정하고 1지점과 2지점의 유량은 다음과 같이 계산할 수 있다.

$$Q = A_1 V_1 = A_2 V_2$$

V_1의 유속을 V_2로 나타내면 다음과 같다.

$$\therefore V_1 = \frac{A_2}{A_1} V_2$$

또한 1지점과 2지점의 위치수두는 동일하므로 베르누이 식을 적용하면 다음과 같다.

$$\frac{p_1}{\gamma} + \frac{V_1^2}{2g} = \frac{p_2}{\gamma} + \frac{V_2^2}{2g}$$

위에서 유도한 V_1의 유속식을 베르누이 식에 대입하면

$$\frac{p_1 - p_2}{\gamma} = \frac{V_2^2}{2g} \left(1 - \left(\frac{A_2}{A_1} \right)^2 \right)$$

압력수두의 차이는 액주계의 높이 차이를 이용하여 다음과 같이 구할 수 있다.

$$p_1 + \gamma h = p_2 + \gamma_s h$$

$$\therefore \frac{p_1 - p_2}{\gamma} = h \left(\frac{\gamma_s}{\gamma} - 1 \right)$$

V_2를 다시 정리하면

$$V_2 = \frac{\sqrt{2gh(\gamma_s/\gamma - 1)}}{\sqrt{1 - (A_2/A_1)^2}}$$

따라서 단면 1과 2의 면적과 액주계의 높이 차이를 알면 다음 식으로 유량을 계산할 수 있다.

$$\therefore Q = A_2 V_2 = A_2 \frac{\sqrt{2gh(\gamma_s/\gamma - 1)}}{\sqrt{1 - (A_2/A_1)^2}}$$

예제 7.3

다음과 같이 흐르는 유체 속에 직각으로 굽은 관(피토관, Pitot tube)을 설치하면 정상 상태에서 압력이 평형을 이루어 관 내부 유체는 정지하게 되고 관 입구의 점 2에서의 유속은 0이 된다. 이러한 피토관을 이용할 경우 흐르는 유체의 속도를 구하는 식을 유도하시오. 단, 1과 2지점의 기준면 위치가 동일하다고 가정하시오.

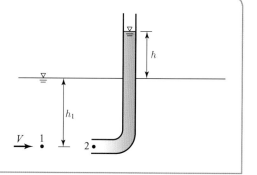

에너지 손실은 없다고 가정하고 점 1과 2의 유선에 대해 베르누이 식을 적용하면 다음과 같다.

$$z_1 + \frac{p_1}{\gamma} + \frac{V_1^2}{2g} = z_2 + \frac{p_2}{\gamma} + \frac{V_2^2}{2g}$$

점 2에서의 유속은 0이고, 점 1과 2의 위치수두는 동일하며, $p_1 = \gamma h_1$, $p_2 = \gamma(h + h_1)$이므로 식을 다시 정리하면 다음과 같다.

$$h_1 + \frac{V_1^2}{2g} = (h + h_1) + 0$$

따라서 흐르는 유체의 속도는 다음과 같다.

$$\therefore V_1 = \sqrt{2gh}$$

예제 7.4

그림과 같이 사이펀에서 물이 유출되고 있다. 베르누이 식이 적용 가능할 경우 사이펀 튜브에서 나가는 유속을 구하고, 튜브의 직경이 3 cm일 경우 빠져나가는 유량을 계산하시오. 수면에서 사이펀 출구까지의 손실수두는 무시하시오.

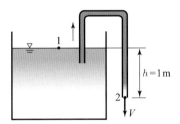

⊕ 풀이

점 1과 2에 대해 베르누이 식을 적용하면 다음과 같다.

$$z_1 + \frac{p_1}{\gamma_w} + \frac{V_1^2}{2g} = z_2 + \frac{p_2}{\gamma_w} + \frac{V_2^2}{2g}$$

점 1에서의 유속은 0이고, 수면과 사이펀 튜브 출구는 모두 같은 대기압 상태이므로 $p_1 = p_2 = p_{at}$이다. 따라서 식을 다시 정리하면 다음과 같다.

$$z_1 - z_2 = \frac{V_2^2}{2g}$$

$$\therefore V_2 = \sqrt{2gh} = \sqrt{2 \times 9.81 \times 1} = 4.43 \text{ m/s}$$

따라서 사이펀 튜브를 빠져 나가는 유량은

$$\therefore Q = A_2 V_2 = \frac{\pi}{4} \times 0.03^2 \times 4.43 = 0.00313 \text{ m}^3/\text{s}$$

4 베르누이 식의 한계

우리는 앞절에서 Navier-Stokes 방정식으로부터 매우 유용한 베르누이 식을 유도하였다. 그러나 유도하는 과정에서 몇 가지 중요한 가정을 도입하였다. 우선 비점성 유체라고 가정하여 Navier-Stokes 방정식에서 점성항들을 소거한 Euler 식을 적분하였다. 그러므로 베르누이 식에는 원천적으로 점성항이 갖는 특성을 포함하지 못하는 한계성이 있다. 이 문제는 유체역학에서 매우 중요한 부분이며 이 문제를 해결하려는 수많은 연구와 시도들이 있어 왔다. 어찌 보면 20세기 초부터의 유체역학 발전과정은 이 문제의 해결에 매달려 있었다 하여도 과언이 아니며 이에 대한 설명은 다음 장으로 미룬다. 또 다른 한계로는 적분과정에서도 두 가지의 조건이 사용되었는데, 하나는 동일유선 상에서 이루어졌으며, 다른 하나는 비회전 흐름이라는 것이었다. 그러므로 이러한 가정이나 조건에 어긋나면 유도한 베르누이 식은 더 이상 타당하지 않을 것이다. 즉, 흐름이 비회전이라면 전 흐름 영역에서 성립할 것이고, 유선이 같다면 비회전일 필요는 없어 회전류에서도 성립할 것이다. 이 두 가지의 경우를 벗어난 상태인 회전류면서 유선도 다르다면 당연히 베르누이 식으로 해석하는 것은 타당하지 않을 것이다.

이를 실제로 입증시키기 위하여 '6장의 1. 비회전 흐름(irrotational flow)과 회전 흐름(rotational flow)'에서 예로 들은 회전류와 비회전류에 대하여 적용시켜 본다. [그림 7.3]의 (a)는 물을 넣은 원통을 강제로 회전시키면 얻어지는 회전류의 대표적인 경우이고, [그림 7.3]의 (b)는 물을 넣은 원통에서 밑의 밸브를 통하여 물이 나가는 씽크의 경우로서 대표적인 비회전 흐름이었다. 이들 두 가지 경우의 흐름에 아래와 같은 베르누이 식을 적용시켜 보자.

$$z + \frac{p}{w} + \frac{V^2}{2g} = H_t \qquad (7.26)$$

지금 (a)와 같이 회전류는 원통의 가장자리에서, (b)의 비회전류에서는 원통의 중심부에서 유속이 가장 빠르고, 수위는 두 경우 모두 가장자리에서 높으며 유선은 동심원을 그릴 것이다. 지금 (a)와 (b)에서 동일유선 상에 있는 두 점 1과 2에서의 위치, 압력강도, 속도의 관계는 다음과 같다.

$$z_1 = z_2 \,,\ p_1 = p_2 \,,\ V_1 = V_2 \qquad (7.27)$$

따라서 유선이 같은 곳에서는 회전류, 비회전류와 상관없이 베르누이 식(7.26)은 성립한다. 다음은 유선이 다른 경우에 적용시켜 보자. (a)의 회전류에서 두 점 1과 2′을 취하면 다음의 관계가 있다.

$$z_1 > z_{2'}, \quad p_1 = p_{2'}, \quad V_1 > V_{2'} \tag{7.28}$$

이들 관계는 1지점의 에너지의 총합이 2′지점의 에너지의 총합보다 항상 크기 때문에 베르누이 식이 성립될 수 없다. 한편 (b)의 비회전류에서의 관계는 다음과 같다.

$$z_1 > z_{2'}, \quad p_1 = p_{2'}, \quad V_1 < V_{2'} \tag{7.29}$$

이들 관계는 회전류와 다르게 베르누이 식을 만족시킬 수 있다. 이러한 예로부터 예상한 바와 같이 비회전류에서는 유선에 상관없이 전 영역에 걸쳐 베르누이 식이 성립하나 회전류에서는 오로지 동일한 유선상에서만 성립 가능함을 입증할 수 있다.

　이러한 베르누이 식의 한계 때문에 이 식을 사용하는데 주의를 기울일 필요가 있다. 회전의 성질이 강한 와류의 흐름이나 두 흐름이 만나 서로 간섭하는 경우 또는 경계면에서의 흐름이 대표적인 경우이다. 따라서 이러한 회전의 성격이 강한 흐름에서는 원칙적으로 베르누이 식을 사용해서는 안 된다. 부득이 사용할 수밖에 없을 경우에는 보수적인 접근이 필요하며 상대적으로 안전율을 크게 취해야 한다. 해안/해양 분야에서 흔히 사용하는 포텐셜 이론은 바닥경계면 또는 수심이 낮은 곳에서는 회전성이 강하여 속도포텐셜 함수가 존재하지 않으므로 사용에 신중해야 한다. 반면에 바닥의 영향을 적게 받는 깊은 수심에서는 충분히 사용 가능하다. 이러한 이유로 심해파의 해석에는 포텐셜 흐름해석 방법에 기초한 식이 잘 맞으나 천해파 해석에는 곤란하며, 이러한 곳에서는 바닥 경계면의 영향을 고려한 식을 적용해야 좋은 결과를 기대할 수 있다.

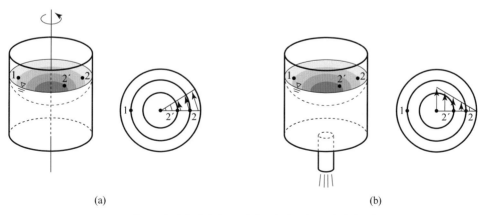

(a) (b)

그림 7.3 베르누이 식의 타당성 (a) 회전류인 경우와 (b) 비회전류인 경우

4. 베르누이 식의 한계
Chapter 07 / 베르누이 식

베르누이 식의 보정

베르누이 식을 유도과정에서부터 계속 강조해 왔던 것은 이 식이 결코 완벽하지 않다는 것이었다. 비점성 가정이나 비회전 가정 등에서 초래되는 한계성도 있으며 실제 적용하는 데에서도 합리적이지 않는 실용성 문제도 있다. 그러므로 베르누이 식을 제대로 사용하기 위해서는 이러한 불완전한 결과식을 실제 문제에 적용할 수 있도록 보정해 나가는 작업이 필요하게 된다. 다음은 베르누이 식의 한계성이나 비현실성을 보정해나가는 것에 대한 설명이다.

(1) 에너지 보정계수

베르누이 식은 유체가 이동할 때 유체가 위치한 곳에서의 위치에너지, 압력에너지 및 운동에너지의 합은 일정하다는 의미이다. 이러한 원칙적인 의미를 해석하는 데에는 별문제가 없다. 그러나 이러한 이론상의 의미를 실제 문제에 적용시킬 때는 그렇지 않다. 예를 들어 유체가 1지점에서 2지점으로 이동한다고 할 때 지점 1, 2라고 하는 것은 엄밀한 의미에서 어느 특정한 점(point)의 개념이며 이처럼 점의 개념을 가지고 이 식을 사용한다면 곧 한계에 부딪히게 된다. 단면 A_1을 통과하여 들어온 유체는 단면 A_2를 통하여 나가는 [그림 7.4]와 같은 흐름을 생각해 보자. 그런데 단면 A_1에는 수많은 점 (points)들로 구성되어 있고 각 점마다 위치, 압력 및 속도를 정의할 수 있으며, [그림 7.4]의 (a)와 같이 단면내의 지점에 따라 서로 상이한 값을 가질 것이다. 이것은 또한 단면 A_2도 마찬가지일 것이다. 그렇다면 두 단면 사이에 베르누이 식을 적용시킨다면 몇 개의 식을 풀어야 할까? 이론상으로는 식의 숫자는 단면을 이루는 점의 개수 만큼일 것이므로 이는 실제로 불가능하다. 따라서 실제로 적용 가능한 방법으로는 단면을 대표할 수 있는 위치, 압력 및 속도를 정하여 A_1단면과 A_2단면에 대하여 베르누이 식을 적용하는 것이 효과적일 것이다. 즉, 각 단면에서 대표할 수 있는 위치로는 단면의 중심점으로 잡고, 압력과 속도는 단면의 평균값을 취하는 것이 제일 무난하고 보편적일 것이다. 다행히 압력은 선형적으로 변하여 중심점의 압력과 전단면에 걸친 평균압력이 크게 차이가 나지 않지만 속도는 그림과 같이 그렇지 않다. 더구나 속도수두는 속도의 제곱의 형태를 가지므로 단면의 속도분포에 훨씬 민감할 것이다. 그러므로 압력은 중심점에서의 것을 대표압력으로 하여 에너지를 산정한다 하더라도, 운동에너지는 실제의 속도분포가 갖는 에너지와 평균유속이 갖는 에너지 사이에 큰 차이를 나타낼 것이다. 그러므로 이 차이를 보정시켜 주는 것이 필요하다.

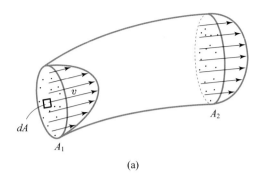

(a)

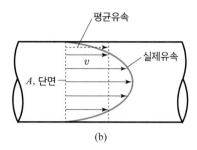

(b)

그림 7.4 실제 유속분포와 단면 평균유속

이들의 차이를 규명하기 위하여 미소단면 dA에서의 유속을 v라고 할 때 dA를 통과하는 미소유량 dQ는 vdA이므로 전단면 A를 통과하는 유량 Q는 다음식이 된다.

$$Q = \int_A vdA \qquad (7.30)$$

또한 단면 평균유속 V는 Q/A이므로 다음과 같이 표시된다.

$$V = \frac{1}{A}\int_A vdA \qquad (7.31)$$

단면 dA를 통하여 흐르는 유체의 운동에너지는 $\frac{1}{2}(\rho vdA)v^2$이므로 이것을 전체 단면에 걸쳐 적분하면 실제로 흐르는 흐름이 갖는 운동에너지(KE_r)가 될 것이다. 즉,

$$KE_r = \frac{1}{2}\int_A \rho v^3 dA \qquad (7.32)$$

한편 평균유속으로 흐른다고 가정하였을 때의 운동에너지(KE_m)는 다음 식이 된다.

$$KE_m = \frac{1}{2}\rho V^3 A \qquad (7.33)$$

KE_r과 KE_m은 각각 실제흐름에서의 운동에너지와 평균유속으로 흐른다고 가정할 때의 운동에너지로써 이들의 비를 에너지 보정계수(energy correction factor) α라고 하며 다음 식과 같다.

$$\alpha = \frac{1}{A}\int_A \left(\frac{v}{V}\right)^3 dA \qquad (7.34)$$

에너지 보정계수 α의 값이 1이면 실제유속과 평균유속이 같은 경우이고, 큰 하천흐름에서는 대개 1.1 내외의 값을 보이나 포물선 속도 분포에서는 2.0의 값을 갖는다. 이러한 에너지 보정계수 α를 사용하여 베르누이 식을 보정하면 다음과 같다.

$$z_1 + \frac{p_1}{\gamma} + \alpha_1 \frac{V_1^2}{2g} = z_2 + \frac{p_2}{\gamma} + \alpha_2 \frac{V_2^2}{2g} \qquad (7.35)$$

이제 이 식의 1과 2는 지점(point)이 아니라, 1과 2 단면(cross section)을 뜻하며 α_1, α_2는 각 단면에서의 에너지 보정계수이고, 유속 V_1과 V_2도 어느 특정한 지점에서의 유속이 아니라 단면을 대표하는 평균유속을 의미한다.

예제 7.5

Prandtl은 관속에서 난류흐름 속도분포를 다음과 같은 1/7제곱 법칙(seventh-root-law)으로 제시하였다. y는 관벽으로부터의 거리이고, R은 관의 반지름일 경우 에너지 보정계수를 계산하시오.

$$\frac{v}{v_{\max}} = \left(\frac{y}{R}\right)^{1/7} \quad (0 \le y \le R)$$

➕ 풀이

평균속도 V는 연속방정식에 의해 다음과 같다.

$$AV = \pi R^2 V = 2\pi \int_0^R (R-y)v\,dy$$

$$\pi R^2 V = 2\pi v_{\max} \int_0^R (R-y)\left(\frac{y}{R}\right)^{1/7} dy = \pi R^2 v_{\max} \frac{98}{120}$$

$$\therefore V = \frac{98}{120} v_{\max}$$

(계속)

따라서 관 중앙에서의 최대유속 $v_{\max}$를 평균속도 V로 나타내어 Prandtl 식에 대입하면 다음과 같다.

$$\frac{v}{V} = \frac{120}{98}\left(\frac{y}{R}\right)^{1/7}$$

이를 식(7.34)에 대입하면 다음과 같이 에너지 보정계수를 계산할 수 있다.

$$\alpha = \frac{1}{A}\int_A \left(\frac{v}{V}\right)^3 dA = \frac{1}{\pi R^2}\int_0^R 2\pi(R-y)\left(\frac{120}{98}\left(\frac{y}{R}\right)^{1/7}\right)^3 dy$$

$$= 2\left(\frac{120}{98}\right)^3 \frac{1}{R^2}\int_0^R (R-y)\left(\frac{y}{R}\right)^{3/7} dy = 1.06$$

(2) 점성에 의한 에너지 손실량의 보정

베르누이 식을 유도할 때 비점성 유체로 가정했으므로 그 해에는 당연히 점성 μ의 효과 또는 역할이 배제되어 있다고 강조하였다. 유체운동에서 점성은 유체의 정의에서 설명했듯이 유체변형에 따라 발생하는 점성력 또는 전단력의 역할을 담당하고 있으며, 점성에 의한 전단력은 물체가 진행하는 방향과 반대방향으로 작용하게 되어 결과적으로는 진행을 방해하는 힘으로 작용하게 된다. 즉, 점성계수가 큰 물엿 같은 유체의 경우는 진행하는 방향과 반대방향으로 작용하는 점성에 의한 전단력이 크기 때문에 진행시키기 힘든 것이다. 이처럼 점성력은 힘의 관점에서 볼 때 마치 고체에서의 마찰력과 같은 역할을 하며, 베르누이 식이 나타내는 에너지의 관점에서는 결국 에너지 손실의 역할을 담당한다. 그러므로 점성을 무시하고 유도된 베르누이 식에는 에너지 손실이라는 점성의 속성은 존재하지 않는다. 에너지 손실은 유체운동에서 매우 중요한 역할을 하기 때문에 이에 대한 보정은 반드시 필요하다. 예를 들면, 500 m 높이에서 떨어지는 물방울의 경우 만약 공기저항에 의한 에너지 손실이 없다면 속도는 약 100 m/s의 매우 큰 값을 갖게 되는데 이러한 속도에 살아남을 지구상 생물은 아마 없을 것이다. 그러므로 어떻게 정확하게 에너지 손실량을 산정하느냐 하는 것은 유체역학에서 매우 중요한 사안이다. 이러한 점성에 의한 에너지 손실 h_f(friction head loss)를 보정한 베르누이 식은 다음과 같다.

$$z_1 + \frac{p_1}{\gamma} + \alpha_1 \frac{V_1^2}{2g} = z_2 + \frac{p_2}{\gamma} + \alpha_2 \frac{V_2^2}{2g} + h_f \qquad (7.36)$$

여기서 h_f는 비록 길이의 차원으로 나타냈지만 점성에 의한 에너지 손실을 뜻한다. 분명히 말하지만 h_f로 보정해야 하는 이유는 비점성($\mu = 0$)으로 가정했기 때문이다. 그렇다면 μ가 거의 0에 가까운 경우, 즉 점성계수가 매우 작은 유체에 대해서는 보정할 필요가 없지 않을까? 하는 의문에 대해서는 한편으로는 맞고 다른 한편으로는 그렇지 않다. 그 이유는 점성력 τ는 다음 식처럼 점성계수와 속도경사의 함수이기 때문이다.

$$\tau = \mu \frac{du}{dy} \tag{7.37}$$

이에 따르면 점성계수가 매우 작으면 일반적으로 점성력을 무시할 수 있지만, 아무리 μ값이 작다 하여도 무시할 수 없을 때가 있다. 즉, 위 식에서 속도경사 du/dy가 크다면 μ값이 작더라도 점성력을 생략할 수 없으며 이러한 경우는 경계면에서 주로 발생하게 되는데 이때에는 작은 점성계수를 갖는 유체일지라도 에너지 손실에 대한 보정이 필요하다. 이에 대한 자세한 설명은 '9장 경계층 이론'에서 다룬다.

(3) 점성 이외의 에너지 손실량의 보정

에너지 손실은 꼭 점성에 의해서만 발생하는 것은 아니다. 관수로에서 관의 휘어짐, 단면의 확대나 축소, 밸브의 간섭 등이, 하천흐름에서는 폭포나 단차 또는 도수(跳水: hydraulic jump) 및 만곡 등 점성과는 상관없이 에너지 손실이 발생한다. 이렇게 점성과는 무관하게 발생되는 에너지 손실을 통틀어 부차적 손실(minor losses)이라 하고 h_m으로 표시한다. 일반적으로 h_m은 속도수두에 비례한다고 본다. 이러한 손실은 주로 짧은 구간에서 발생하며 이를 산정하는 것은 극히 몇 가지 예외를 제외하고는 이론적인 접근이 불가능하며, 주로 실험적 방법에 의존하고 있다. 그 주된 이유는 h_m은 주로 급변류에서 발생하는데 이 경우 압력분포가 정수압분포를 이루지 않아 해석을 어렵게 만들기 때문이다. 또한 베르누이 식은 비회전 흐름이라고 가정해서 유도되었지만 실제로 완전한 비회전 흐름은 생각하기 힘들다. 전체적인 흐름은 비회전류라고 볼 수 있는 흐름이라도 국부적으로는 흐름끼리 서로 간섭도 하고, 와류도 발생할 것이기 때문에 이들에 의한 보완도 필요할 것이다. 이렇게 점성 이외의 모든 손실은 h_m에 포함시키고 여기에 점성에 의한 에너지 손실 h_f를 합쳐 에너지 총손실 h_L이라고 한다.

$$h_L = h_f + h_m \tag{7.38}$$

앞에서도 예를 들었지만 유체역학에서 에너지 손실량을 어떻게 정확하게 산정하고 제어하느냐는 매우 중요한 일이다. 아마 가장 중요한 작업이라고 해도 지나치지 않을 것이다. 항공기나 우주선에서는 가급적 에너지 손실을 줄이기 위하여 노력하는 반면에, 하천에서는 바닥을 거칠게 하여 h_f를 증가시키거나 중간 중간에 연못이나 도수를 만들어 h_m을 크게 하는 방법으로 빠른 유속을 제어한다. 지금도 유체학자들은 이 에너지 손실량을 어떻게 정확히 산정하고 제어할 수 있을 것인가에 답하기 위하여 노력하고 있다.

(4) 인위적인 에너지 공급 및 이용에 대한 보정

자연은 끊임없이 에너지가 평형을 이루려는 방향으로 움직인다. 에너지가 동일하지 않을 때에는 평형을 만들기 위해 에너지가 큰 곳에서 작은 곳으로 이동하게 된다. 물이 상류에서 하류로 흐르고, 바람이 고기압에서 저기압으로 부는 이유이다. 바닷물이 태양 에너지를 받아 구름을 형성하고, 구름은 낮과 밤, 적도 및 극지방의 에너지 불균형에 의하여 이동하게 되고, 비를 형성하여 바다로 돌아가는 순환 자체가 에너지 평형의 과정이다. 그러나 에너지가 작은 유체에 인위적으로 에너지를 공급하여 에너지를 높여주면 이동하는 방향을 바꿀 수도 있다. 이렇게 인위적으로 에너지를 공급하는 방법에는 여러 가지가 있으나, 예전에는 주로 농업 관개용수 또는 염전에서 사용되었던 수차 또는 풍차가 대표적이었다. 현재는 펌프를 통하여 전기에너지를 유체에 공급하는 방법이 주로 사용된다. 또한 에너지를 공급할 수도 있지만 유체가 가지고 있는 에너지를 인위적으로 이용할 수도 있다. 에너지를 이용하는 일반적인 방법으로는 물레방아, 터빈이 있다. 터빈은 물의 에너지를 전기에너지로 변환시키는 기기이다. 이렇게 인위적으로 에너지를 공급하거나 에너지를 뺏을 경우의 베르누이 식은 다음과 같다.

$$z_1 + \frac{p_1}{\gamma} + \alpha_1 \frac{V_1^2}{2g} + h_p = z_2 + \frac{p_2}{\gamma} + \alpha_2 \frac{V_2^2}{2g} + h_L + h_T \quad (7.39)$$

여기서 h_p는 펌프에 의하여 공급되는 에너지량을 길이로 나타낸 것이고, h_T는 터빈에 의하여 얻어지는 에너지를 나타낸 것이다. 이처럼 펌프나 터빈의 용량을 결정하는 것은 h_p나 h_T에 달려있다. 이들 펌프나 터빈의 용량 P는 유량과 h_p 또는 h_T에 의하여 결정되는데 다음 식으로 표시된다.

$$P = \gamma_w QH \quad\quad\quad (7.40)$$

여기서 γ_w는 물의 단위중량, Q는 유량, H는 h_p나 h_T이다. 용량에는 주로 일률의 단위인 와트(Watt)나 마력(HP)이 사용되는데 1와트는 $1\,\mathrm{N \cdot m/s}$이고, 우리나라에서 통상적으로 1마력은 다음의 값으로 사용된다.

$$1 \text{ HP} = 75 \text{ kg}_f \text{ m/s} \tag{7.41}$$

이처럼 에너지를 공급하거나 이용할 때 h_p나 h_T를 알면 펌프나 터빈의 필요한 용량을 산정할 수 있다.

예제 7.6

다음과 같은 수력발전소에서 35 m³/s의 물이 터빈을 통과하여 2.5 m/s의 속도로 대기로 방출되고 있다. 수압관과 터빈에서의 에너지 손실은 22 m이고 에너지 보정계수를 1.05라고 가정했을 경우 터빈에 의한 동력을 계산하시오.

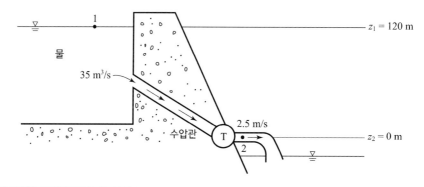

➕ 풀이

저수지 표면(점 1)에서의 유속은 0이고 점 1과 점 2에서의 압력은 대기압으로 같다. 따라서 점 1과 2에 대해 베르누이 식을 적용하며 다음과 같다.

$$z_1 + \frac{p_1}{\gamma} + \alpha_1 \frac{V_1^2}{2g} = z_2 + \frac{p_2}{\gamma} + \alpha_2 \frac{V_2^2}{2g} + h_f + h_T$$

$$120 + \frac{p_{at}}{\gamma_w} + 0 = 0 + \frac{p_{at}}{\gamma_w} + 1.05 \frac{2.5^2}{2 \times 9.81} + 22 + h_T$$

$$\therefore h_T = 97.7 \text{ m}$$

즉, 이 터빈은 댐에서 이용가능한 낙차 120 m 중 97.7 m(81.4%)가 총동력으로 변환되므로

$$\therefore P = \gamma_w Q h_T = 9,810 \times 35 \times 97.7 = 33.55 \times 10^6 \text{ N} \cdot \text{m/s} = 33.55 \text{ MW}$$

7.1 식(7.10)의 베르누이 식을 유도하는데 필요한 가정을 모두 나열하고 각 항의 물리적인 의미를 설명하시오.

7.2 물의 깊이가 3 m인 개수로를 1 m/s의 속도로 흐르다가 그림과 같이 경사면 수로를 지나 수심이 1.5 m로 흐르고 있다. 1과 2지점의 높이 차이가 5 m인 경우 2지점에서의 유속을 계산하시오. 마찰이 없는 유동으로 가정하시오.

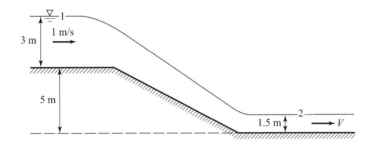

7.3 관속을 흐르는 유체의 속도분포가 다음과 같을 때 평균속도와 에너지 보정계수를 계산하시오. y는 관벽으로부터의 거리이고, R은 관의 반지름이다.

$$\frac{v}{v_{\max}} = \left(\frac{y}{R}\right)^{1/n} \quad (0 \le y \le R)$$

7.4 그림과 같은 터빈에서 유량이 0.5 m³/s일 때 터빈이 얻는 동력은 50 KW이다. 만일 터빈을 없애면 유량은 얼마로 되는지 계산하시오.

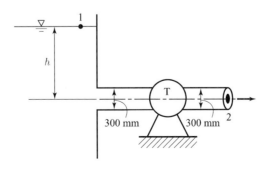

7.5 그림과 같이 지름이 15 cm인 사이펀 관을 이용하여 물을 유출시키고 있다. 사이펀의 마찰손실은 없다고 가정했을 때 유출되는 유량과 A점에서의 압력수두를 계산하시오.

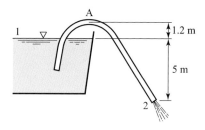

7.6 벤츄리 관을 흐르는 액체의 A에서 C까지의 유량이 20 l/s라고 했을 때 A와 C에서의 압력수두를 구하시오. 단, A에서 B사이의 마찰손실은 없다고 가정하고 B에서 C구간의 손실은 $V_B^2/2g$이다.

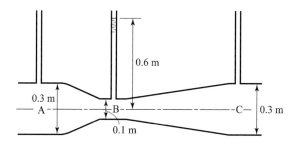

7.7 다음 그림과 같이 지하수 물탱크에서 펌프를 이용하여 물을 15 m 위로 1분에 15 m³만큼 양수하려고 한다. 관의 지름이 120 mm일 경우 펌프에 필요한 동력을 계산하시오. 단, 관 끝은 대기에 열려 있고 관내의 손실은 무시한다.

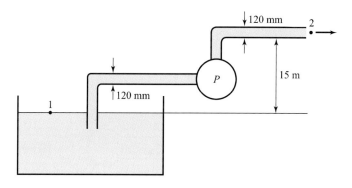

08

Chapter

점성유체의 해석과
에너지 손실량 h_f의 산정

1. Navier-Stokes 방정식의 엄밀해
2. 층류에서의 h_f의 산정
3. 난류에서의 h_f의 산정
4. 마찰손실계수 f의 결정

베르누이 식이 현재로서는 Navier-Stokes 방정식을 가장 이론적으로 일반해에 가깝게 유도한 것이라고 할 수 있다. 그러나 이 식도 몇몇의 가정이나 조건이 있어야 해석이 가능하였다. 그중 가장 중요한 것이 유체가 비점성이어야 한다는 가정이다. 물론 점성항이 2차 편미분항이기 때문에 이 항을 포함시킨 상태에서는 해석의 결과를 기대하기 어려워 부득이 생략할 수밖에 없었다. 그렇다고 이 항이 다른 항들에 비하여 결코 중요하지 않다는 것은 아니다. 오히려 유체운동에 있어 점성은 매우 중요하다.

점성을 빼놓고서는 '유체란 무엇인가?'라는 유체의 정의부터 흔들리게 되고 면에 작용하는 힘을 나타낼 수단도 없다. 특히 점성은 유체의 운동이 자연적으로 소멸되는데 최종적인 역할을 한다. 물이 담긴 그릇을 흔들면 물이 움직이게 되고, 이 운동은 시간이 지나면서 큰 규모에서 소규모 운동으로 바뀌고, 작은 운동은 더 작은 운동으로 바뀌면서 마침내는 유체의 운동이 사라진다. 이러한 현상은 물이 갖은 운동에너지가 점성에 의하여 열에너지로 바뀌기 때문에 나타나는 것으로, 점성이 없다면 최종적으로 에너지 소모도 발생하지 않게 된다. 따라서 점성항을 소거시킨 채 얻어진 베르누이 식에는 당연히 점성항이 가지고 있는 역할이나 특성은 포함되어 있지 않다. 그러므로 베르누이 식에는 점성에 의해 에너지가 소멸되는 효과는 없을 것이며 이에 대한 보정이 반드시 필요하다고 앞장에서 언급하였다.

그렇다면 만약 점성항을 포함한 Navier-Stokes 방정식을 해석하는 방법이 있다면 그 결과식에는 점성의 역할, 즉 에너지 소모량을 포함하고 있을 것이다. 물론 Navier-Stokes 식의 일반해는 기대할 수 없겠지만 특별한 경우에라도 해를 얻을 수만 있다면 에너지 손실에 대한 단서를 찾을 수 있을 것이다. 이것이 Navier-Stokes 식의 해가 존재하는 흐름이 비록 몇몇의 경우로 제한되지만 우리가 관심을 갖게 되는 주된 이유이다. 그러므로 이 장에서는 점성항을 포함시킨 상태에서 해가 존재하는, 즉 점성유체에 대하여 Navier-Stokes 식이 해석되는 몇 가지 경우에 대하여 설명한다. 특히 에너지 손실량 h_f를 산정할 수 있는 흐름이나 단서를 제공해 줄 수 있는 경우를 중심으로 살펴보는 한편, 여기서 나온 결과를 분석, 평가하여 에너지가 소모되는 특성에 대해서도 알아본다.

 Navier-Stokes 방정식의 엄밀해 exact solution

점성항을 포함하고 있는 유체 운동에 대한 식인 Navier-Stokes 식이 풀리는 경우는 극히 드물며 지금까지 알려진 것은 대여섯 가지에 불과하다. 그중 가장 관심이 높은 흐름은 에너지 손실량 h_f를 산정하는데 단서를 제공해 줄 수 있는 흐름일 것이다. 따라서 여기서는 이러한 흐름을 중심으로 설명한다.

(1) 무한 평판 위에서의 부정류 흐름

무한히 넓은 평판 위에 유체도 무한하게 존재하는 x, y의 2차원 평면이 있다고 가정한다. 평판의 길이방향을 x방향으로 취할 때 x가 무한하므로 $\partial u/\partial x = 0$이다. 따라서 연속방정식 $\partial u/\partial x + \partial v/\partial y = 0$에서 다음 식을 얻는다.

$$\frac{\partial v}{\partial y} = 0 \tag{8.1}$$

이 식은 y방향으로 v가 일정함을 뜻한다. 한편 평판의 경계면에서는 $v = 0$이므로 이 식으로부터 전 영역에 걸쳐 모든 v는 0이 된다. 또한 평판 위의 유체는 무한하므로 평판 근처의 p는 동일한 값으로 보아도 무방하다. 따라서 이를 적용하면 Navier-Stokes 식은 다음과 같다.

$$\frac{\partial u}{\partial t} = \nu \frac{\partial^2 u}{\partial y^2} \tag{8.2}$$

이 식의 형태는 경계조건에 따라 해가 결정되는 식(boundary value problem)으로써 파동의 전파나 온도가 전달되는 현상 등에 널리 사용되는 잘 알려진 식이다. 바닥판이 시간 $t > 0$에서 갑자기 U의 속도로 움직인다면 경계조건을 다음과 같이 나타낼 수 있다.

$$u = 0 \quad (t \le 0) \tag{8.3}$$
$$u(0, t) = U, \ u(\infty, t) = 0 \quad (t > 0) \tag{8.4}$$

이 경계조건을 사용하여 지배방정식인 식(8.2)를 풀면 다음 식이 된다.

$$u = U\left(1 - \frac{1}{\sqrt{\pi/2}} \int_0^{y/\sqrt{2\nu t}} e^{-\eta^2} d\eta\right) \tag{8.5}$$

여기서 우변 괄호 속 두 번째 항은 error function으로 잘 알려져 있다. 이 결과를 표시한 그림이 [그림 8.1]이며, 평판이 움직이면 그 영향이 지수적으로 변함을 알 수 있다. 한편 밑의 평판이 진동하는 경우에도 해를 갖는데 이때 경계조건은 다음과 같다.

$$u(0, t) = U\cos(kt), \ u(\infty, t) = 0 \tag{8.6}$$

마찬가지 방법으로 이 경계조건에 대하여 식(8.2)을 풀면 다음과 같은 해를 얻는다.

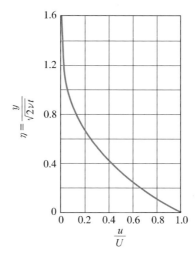

그림 8.1 $t > 0$에서 U의 속도로 움직인 무한 평판 근처의 속도분포

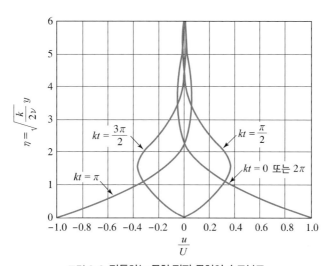

그림 8.2 진동하는 무한 평판 근처의 속도분포

$$u(y,\, t) = U\exp\left[-\left(\frac{k}{2\nu}\right)^{1/2} y\right] \cos\left[kt - \left(\frac{k}{2\nu}\right)^{1/2} y\right] \qquad (8.7)$$

이것을 나타낸 것이 [그림 8.2]이다. 그림과 같이 평판의 cosine 진동파형이 위쪽방향으로 전파되면서 점성에 의하여 감소(damped harmonic oscillation)되는 것을 보이고 있다. 반대의 경우, 즉 평판 위의 물이 $u = U\cos(kt)$로 움직이고 평판은 고정되어 있을 때도 해를 구할 수 있는데, 이러한 경우는 수심이 매우 깊은 바다에서 조석과 같은 일정주기의 파동이 진행할 때, 바닥경계면에서 어떻게 거동하는가를 규명하는데 유용하게 활용된다.

(2) 평행한 판 사이의 흐름(Couette Flow)

[그림 8.3]과 같이 두 평행한 판 사이에 어느 한 방향으로 흐르는 정류(steady)상태의 유체에 대하여 Navier-Stokes 식을 해석해보자. 유체의 두께 h는 중력을 무시할 만큼 매우 작다고 하고 폭 방향을 z방향 좌표축으로 취한다. 이러한 흐름에서의 조건은 다음과 같다.

$$u = u(y) , \ v = w = 0 , \ \frac{\partial}{\partial z} = 0 \tag{8.8}$$

이것을 지배방정식에 대입하면 연속방정식과 z방향의 운동량방정식은 자동적으로 만족되며 x, y방향의 운동량방정식은 각각 다음과 같이 간단히 된다.

$$0 = -\frac{\partial p}{\partial x} + \mu \frac{\partial^2 u}{\partial y^2} \tag{8.9}$$

$$0 = -\frac{\partial p}{\partial y} \tag{8.10}$$

식(8.8)과 식(8.10)에서 p는 y, z의 함수가 아니므로 x만의 함수 $p = p(x)$가 된다. u 또한 y만의 함수이므로 식(8.9)는 편미분 형태에서 상미분 형태로 바뀌어 다음과 같이 된다.

$$\frac{dp}{dx} = \mu \frac{d^2 u}{dy^2} \tag{8.11}$$

지금 우변의 u는 y만의 함수이므로 $\frac{dp}{dx}$는 y의 함수이거나 상수이어야 하는데, 좌변의 p는 x만의 함수이므로 상수값을 가져야 한다. 따라서 위의 식을 적분하면 속도 u를 구할 수 있고 다음으로 표시된다.

$$u = \frac{1}{\mu} \frac{dp}{dx} \frac{y^2}{2} + C_1 y + C_2 \tag{8.12}$$

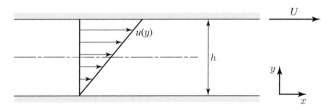

그림 8.3 평행한 판 사이의 속도 분포(위 판이 U로 움직이는 경우)

여기서 적분상수값 C_1, C_2는 경계조건에서 결정하면 된다. 우선 두 평판 중 아래의 것은 고정되어 있고 위의 것은 속도 U로 움직인다면 경계조건은 다음과 같다.

$$u = 0 \ \ at \ y = 0, \ \ u = U \ \ at \ y = h \qquad (8.13)$$

이 조건을 대입하면 다음의 적분상수 C_1, C_2를 얻게 된다.

$$C_1 = \frac{U}{h} - \frac{1}{2\mu}\frac{dp}{dx}h, \quad C_2 = 0 \qquad (8.14)$$

식(8.12)에 이들 값을 대입하고 정리하면 다음과 같은 최종적인 속도분포식 u를 얻게 된다.

$$u = U\frac{y}{h} - \frac{h^2}{2\mu}\frac{dp}{dx}\frac{y}{h}\left(1 - \frac{y}{h}\right) \qquad (8.15)$$

$$\frac{u}{U} = \frac{y}{h} + \alpha\frac{y}{h}\left(1 - \frac{y}{h}\right) \qquad (8.16)$$

여기서 우변 첫째항은 위의 판이 U의 속도로 움직임에 따라 점성에 의하여 생기는 흐름 성분이고, $\alpha = \frac{h^2}{2\mu U}\left(-\frac{dp}{dx}\right)$로 표시되는 두 번째 항은 압력경사 때문에 생기는 흐름성분이다. 만약 [그림 8.4]처럼 $\alpha = 0$의 경우는 압력경사는 없고 단지 U에 따른 점성의 효과에 의한 것이며 이때의 속도분포는 직선을 이루게 된다. 이는 '1장의 1. 유체란 무엇인가?'에서 유체를 정의할 때의 흐름과 같다. $\alpha > 0$이라면 압력은 진행방향으로 갈수록 감소하게 되어 판의 속도 U를 도와주는 방향으로 작용하는 경우이고, $\alpha < 0$에서 압력은 진행방향으로 가면서 증가하여 U의 방향을 방해하게 한다. 한편 $\alpha < -1$에서는 역류가 일어나게 되는데 역방향의 압력경사가 점성력을 이길 때 역류가 발생됨을 보여준

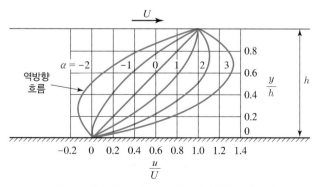

그림 8.4 α값에 따른 Couette 흐름의 속도분포의 변화

다. 이러한 현상은 추후 설명하게 될 경계층에서 흐름이 분리되는 박리(剝離: separation)가 발생하는 근본 원인이 된다. 이와 같이 평행한 두 평판 사이의 흐름에 대하여 Navier-Stokes 식의 해를 얻을 수 있었고, 그 결과식인 식(8.15) 또는 식(8.16)의 속도분포를 구할 수 있었다. 이러한 평행한 판 사이의 흐름을 특별히 Couette Flow라 한다.

한편 Couette 흐름에서 전단응력 τ_{yx}는 정의에 의하여 간단히 다음과 같이 된다.

$$\tau_{yx} = \mu \frac{du}{dy} = \mu \frac{U}{h} + \frac{\mu U \alpha}{h} \left(1 - \frac{2y}{h} \right) \tag{8.17}$$

$\alpha = 0$이라면 전단면에서 일정하고, 중심점 $y = h/2$에서는 α와 상관없다. 바닥면 ($y = 0$)에서는 $\alpha > -1$일 때 (+)값을, $\alpha < -1$일 때 (−)값을 갖는다. $\alpha = -1$에서는 바닥면에서 속도경사는 없으므로 전단응력도 0이 된다.

(3) 고정된 두 평판 사이의 흐름(Poiseulle Flow)

앞절에서는 바닥면 위에서의 흐름인 Couette 흐름에 대하여 해석하였다. 이제는 [그림 8.5]처럼 위쪽도 아래와 같이 고정된 평판으로 되어 있고 그 속을 유체가 흐르는 경우이다. 이때 좌표축을 그림과 같이 중심점을 원점으로 취하면 경계조건은 다음과 같다.

$$u = 0 \quad at \quad y = \pm \frac{h}{2} \tag{8.18}$$

이 경계조건으로부터 식(8.12)의 적분상수 C_1, C_2는 다음의 값을 얻는다.

$$C_1 = 0, \quad C_2 = -\frac{h^2}{8\mu} \frac{dp}{dx} \tag{8.19}$$

이때의 유속은 다음 식으로 된다.

$$u = -\frac{h^2}{8\mu} \frac{dp}{dx} \left[1 - 4 \left(\frac{y}{h} \right)^2 \right] \tag{8.20}$$

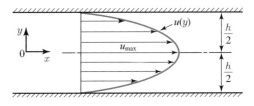

그림 8.5 고정된 두 평판 사이의 흐름

유속분포는 포물선의 형태를 보이며 최대유속은 $u_{\max} = -\dfrac{h^2}{8\mu}\dfrac{dp}{dx}$ 로써 중심부에서 생기고, 평균유속 u_{av}의 1.5배이다. 이것을 평판의 Poiseulle Flow라고 부른다. 결국 Poiseulle 흐름은 압력경사에 의하여 생기는 흐름으로 포물선 형태의 유속분포를 이룬다. 이 형태는 나중에 설명할 층류에서의 유속분포로 알려져 있으며, 이 유속분포로부터 얻은 관벽에서의 전단응력은 다음 식과 같이 된다.

$$(\tau_{yx})_{h/2} = -\mu\left(\frac{du}{dy}\right)_{h/2} = -\frac{h}{2}\left(\frac{dp}{dx}\right) \tag{8.21}$$

참고로 벽면마찰계수를 관벽에서의 마찰력과 유체부피당 운동에너지의 비로 정의하면 다음과 같이 Reynolds 수로 간단히 표시됨을 알 수 있다.

$$C_f = \frac{(\tau_{yx})_{h/2}}{\rho(V^2/2)} = \frac{12}{Re} \tag{8.22}$$

여기서 $Re = Vh/\nu$이고 이 식은 층류($Re < 2{,}300$)에서 실험값과 매우 잘 일치하는 것으로 알려져 있다.

(4) 관속에서의 흐름(Hagen-Poiseulle Flow)

앞절에서와 같이 두 평판 사이의 흐름해석을 파이프와 같은 관속에서의 흐름에 대하여도 할 수 있다. 그러나 이때에는 직각좌표계가 아니라 원통좌표계를 사용해야 하며, Navier-Stokes 식도 원통좌표계로 변환된 것을 사용해야 한다. 좌표계의 변환과정은 매우 복잡하고 지루한 작업이다. 따라서 여기서는 해석과정보다는 나온 결과를 위주로 설명한다.

[그림 8.6]과 같이 관속의 중심을 좌표원점으로 잡고, 흐름방향을 x축으로, y, z축 대신 r, θ로 취하고 x, r, θ의 각방향 유속성분을 u, v_r, v_θ 라고 할 때 흐름조건은 r, θ

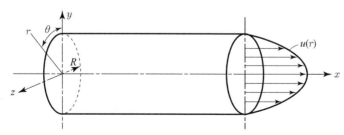

그림 8.6 관속에서의 흐름 해석을 위한 원통좌표계

1. Navier-Stokes 방정식의 엄밀해
Chapter 08 / 점성유체의 해석과 에너지 손실량 h_f의 산정

방향의 유속은 없다고 가정하여 다음과 같이 표시한다.

$$v_r = v_\theta = 0 \tag{8.23}$$

이 조건을 연속방정식에 대입하면 흐름방향의 성분은 다음처럼 된다.

$$\frac{\partial u}{\partial x} = 0 \quad \text{또는} \quad u = u(r) \tag{8.24}$$

이 식은 속도가 원중심으로부터의 거리 r에 따라 달라지지만 θ나 x에는 무관함을 뜻한다. 또한 원통좌표계로 표시된 Navier-Stokes 식에서 r과 θ방향의 식은 다음과 같이 된다.

$$\frac{\partial p}{\partial r} = \frac{\partial p}{\partial \theta} = 0 \tag{8.25}$$

이로부터 p는 x만의 함수가 되며 이를 이용하여 나머지 흐름방향에 대한 식은 다음과 같은 상미분 형태의 식이 된다.

$$\mu\left(\frac{d^2 u}{dr^2} + \frac{1}{r}\frac{du}{dr}\right) = \frac{dp}{dx} \tag{8.26}$$

위의 식은 좌변의 점성력과 우변의 압력이 같음을 보이고, Poiseulle 흐름에서처럼 관성력은 보이지 않는다. 따라서 흐름은 압력 차이에 의해서만 발생하는데 그 흐름을 점성력이 방해하고 있는 형태이다. 그러므로 이 식을 적분하면 좌변의 점성에 의하여 발생한 에너지 손실량을 구할 수 있으며, 결국 손실량은 우변의 압력 차이로 나타날 것이다. 이렇게 적분한 결과 다음의 최종적인 식을 얻는다.

$$u = \frac{1}{4\mu}\frac{dp}{dx}r^2 + C_1 \ln r + C_2 \tag{8.27}$$

적분상수 C_1, C_2를 결정하기 위하여 사용하는 경계조건은 흐름이 대칭인 것과 관벽 ($r = R$)에서의 속도는 0이라는 조건이다.

$$\frac{du}{dr} = 0 \quad at \ r = 0, \ u = 0 \quad at \ r = R \tag{8.28}$$

이것을 식(8.27)에 대입하면 적분상수들을 결정할 수 있다. 그 결과 $C_1 = 0$이고, $C_2 = -\frac{1}{4\mu}\frac{dp}{dx}R^2$를 얻게 되고, 이것을 식(8.27)에 대입하면 속도 분포를 구할 수 있다.

$$u = -\frac{R^2}{4\mu}\frac{dp}{dx}\left[1 - \left(\frac{r}{R}\right)^2\right] \tag{8.29}$$

이 흐름도 평판의 흐름처럼 포물선의 형태를 가진다. 이 흐름을 Hagen-Poiseuille Flow 라고 하며 에너지 손실량을 알 수 있는 매우 중요한 의미를 갖는 식이다. 이러한 포물선 형태의 유속분포에서 유속의 최대값(u_{max})은 중심점에서 발생하고 평균유속(u_{av})은 u_{max}의 1/2임을 쉽게 알 수 있다.

$$u_{max} = -\frac{R^2}{4\mu}\frac{dp}{dx} \tag{8.30}$$

$$u_{av} = -\frac{R^2}{8\mu}\frac{dp}{dx} = \frac{1}{2}u_{max} \tag{8.31}$$

한편 전단응력은 $\tau_{rx} = -\mu\frac{du}{dr}$이므로 관벽에서의 전단응력과 운동에너지와의 비로 나타내는 벽면마찰계수 C_f는 다음 식으로 된다.

$$(\tau_{rx})_R = 4\mu\frac{u_{av}}{R} = C_f\rho\frac{u_{av}^2}{2} \tag{8.32}$$

$$C_f = \frac{16}{Re} \;,\; Re = u_{av}(2R)/\nu \tag{8.33}$$

이렇게 이론적으로 구한 벽면마찰계수 C_f와 Re와의 관계는 [그림 8.7]과 같이 Hagen 에 의한 실험값과 거의 완벽하게 일치하는 것을 볼 수 있다. 이러한 이론값과 실험값이 일치하는 결과들은 Navier-Stokes 식의 해석과정과 얻어진 해가 최소한 Hagen-Poiseuille 흐름에서 만큼은 타당하다는 것을 확실히 보여주는 것이다.

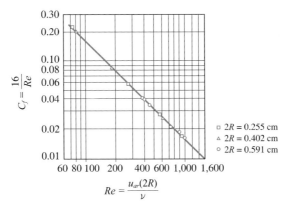

그림 8.7 관속 흐름에서의 벽면마찰계수 C_f와 Re와의 관계(Yuan, 1967)

1. Navier-Stokes 방정식의 엄밀해

Chapter 08 / 점성유체의 해석과 에너지 손실량 h_f의 산정

그 외에도 [그림 8.8]의 (a)와 같이 크기가 다른 두 관 사이의 흐름이나, 이들 관이 각자 회전하는 (b) 경우에도 Navier-Stokes 식의 해가 존재한다. 그러나 여기서는 구체적인 설명은 생략한다.

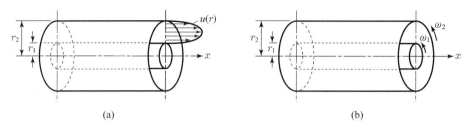

(a)   (b)

그림 8.8 (a) 두 관 사이의 흐름과 (b) 두 관이 회전하는 경우의 흐름

(5) 공(球) 주변의 흐름

다음은 둥근 공 주변에 점성이 매우 커서 속도가 매우 느린 흐름에 대하여 생각해 본다. 흐름이 매우 느리므로 관성력항은 생략할 수 있으며, 지배방정식에서 압력과 점성력항만이 남을 것이다. 우선 [그림 8.9]와 같이 좌표계를 구면좌표계로 변환시켜 연속방정식과 Navier-Stokes 식을 벡터를 사용하여 나타내면 다음과 같다.

$$\nabla \cdot \boldsymbol{V} = 0 \tag{8.34}$$

$$\nabla p = \mu \nabla^2 \boldsymbol{V} \tag{8.35}$$

식(8.35)에 divergence를 취하고 벡터의 성질을 이용하면 다음처럼 된다.

$$\nabla \cdot \nabla p = \mu \nabla \cdot (\nabla^2 \boldsymbol{V}) = \mu \nabla^2 (\nabla \cdot \boldsymbol{V}) = 0 \tag{8.36}$$

이 식에서 압력강도 p는 Laplace 식을 만족시키며, 따라서 진동함수(harmonic function)의 성질을 갖는다. 이때 경계조건은 다음과 같다.

$$u = v = w = 0 \quad at \ r = R \tag{8.37}$$

$$u = U_\infty, \ v = w = 0, \ p = p_\infty \quad at \ r = \infty \tag{8.38}$$

여기서 r는 직각좌표계에서 $\sqrt{x^2 + y^2 + z^2}$ 을, ∞는 구에 영향을 받지 않는 구에서 멀리 떨어진 영역을 뜻하며, U_∞는 공을 향하여 들어오는 속도이다. 이들 경계조건을 Laplace 식에 대입하면 해를 얻을 수 있다. 해를 얻는 과정은 매우 복잡한 수학적 방법이 사용되므로 생략하고 얻어진 속도와 압력의 결과식만을 쓰면 다음과 같다.

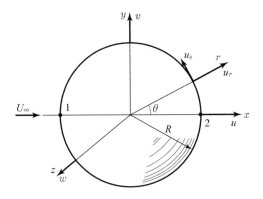

그림 8.9 공 주변 흐름 해석을 위한 구면좌표계

$$u = U_\infty \left[\frac{3}{4} \frac{Rx^2}{r^3} \left(\frac{R^2}{r^2} - 1 \right) + 1 - \frac{3}{4} \frac{R}{r} - \frac{1}{4} \frac{R^3}{r^3} \right] \qquad (8.39)$$

$$v = U_\infty \left[\frac{3}{4} \frac{Rxy}{r^3} \left(\frac{R^2}{r^2} - 1 \right) \right] \qquad (8.40)$$

$$w = U_\infty \left[\frac{3}{4} \frac{Rxz}{r^3} \left(\frac{R^2}{r^2} - 1 \right) \right] \qquad (8.41)$$

$$p - p_\infty = -\frac{3}{2} \mu U_\infty R \left(\frac{x}{r^3} \right) \qquad (8.42)$$

한편, 식(8.42)로부터 [그림 8.9]의 1과 2점에서의 압력은 각각 다음과 같이 표시됨을 알 수 있다.

$$p_1 - p_\infty = +\frac{3}{2} \frac{\mu U_\infty}{R} \qquad (8.43)$$

$$p_2 - p_\infty = -\frac{3}{2} \frac{\mu U_\infty}{R} \qquad (8.44)$$

결국 압력차에 의하여 발생하는 힘은 1지점에서 2지점 방향으로 향하게 되며, 공에 작용하는 총저항력(total drag force) F_D는 공 표면에 작용하는 이들 힘을 적분하면 된다. 이 힘을 공 표면에 연직방향과 접선방향 성분으로 나누어 적분하면 다음과 같다.

$$F_D = F_f + F_s = 2\pi R\mu U_\infty + 4\pi R\mu U_\infty = 6\pi R\mu U_\infty \qquad (8.45)$$

여기서 F_f, F_s는 각각 연직방향의 압력강도에 의한 저항력(형상저항, form drag)과 접선방향의 stress에 의한 저항력(표면저항, surface drag)이다. 이에 따르면 총저항력 중 압력에 의한 것은 1/3, 점성력에 의한 것이 2/3임을 알 수 있다. 이것은 Stokes에 의하여 유도된 것으로 Stokes의 법칙(Stokes' formula)이라고 알려져 있다. 이와 같은 Stokes 흐름에서는 저항계수 C_D를 다음과 같이 정의하여 사용한다.

$$F_D = C_D \frac{1}{2} \rho U_\infty^2 A \tag{8.46}$$

여기서 A는 진행방향으로 투영한 면적으로서 여기서는 πR^2이며 이 경우 C_D는 다음과 같이 표시된다.

$$C_D = \frac{24}{Re}, \quad Re = \frac{U_\infty (2R)}{\nu} \tag{8.47}$$

이 결과는 [그림 8.10]에 나타낸 것과 같이 $Re < 1$에서 매우 잘 맞는다. 그 후 Oseen (1927)은 Stokes가 무시했던 관성력항을 부분적으로 고려하여 다음과 같은 수정식을 제안하였다.

$$C_D = \frac{24}{Re} \left(1 + \frac{3}{16} Re \right) \tag{8.48}$$

이 식은 $Re = 5$까지의 영역에서 잘 맞는다고 알려져 있다.

한편 Stokes와 Oseen에 의하여 얻어진 위 식들은 입자의 침강속도(settling velocity)를 결정하는데 자주 이용된다. 홍수 시 하천바닥에서 침식된 토사가 이동하면서 퇴적되는 유사의 이동문제나 환경문제 등에 모래나 자갈 입자의 침강속도는 매우 중요하게

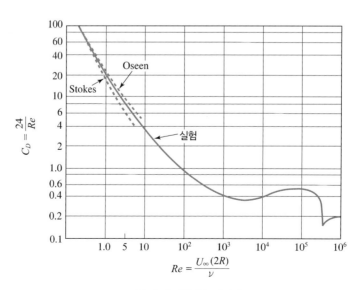

그림 8.10 Reynolds 수와 저항계수의 관계(Yuan, 1967)

작용한다. 침강속도는 물체 입자를 유체 속에 떨어뜨리면 속도가 증가하다가 일정한 속도로 내려갈 때의 속도를 말하는데, 이러한 등속도 운동에서는 관성력은 없으므로 유체 속에서의 입자무게와 저항력은 같아야 한다. 흙이나 모래 입자를 구(球)로 가정하여 Stokes가 구한 저항력의 식(8.45)나 Oseen의 식(8.48)을 이용하면 침강속도를 손쉽게 산정할 수 있다.

예제 8.1

그림과 같이 정지된 물속에서 모래의 입자가 일정한 속도로 떨어지고 있다. Stokes의 법칙을 이용하여 모래입자의 침강속도를 계산하는 식을 유도하시오.

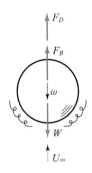

➕ 풀이

모래입자가 일정한 속도 ω로 떨어진다는 것은 모래입자는 고정되어 있으며 물이 같은 속도($\omega = U_\infty$)로 떨어지는 방향과 반대방향으로 진행한다는 것과 같은 의미이다. 따라서 저항력은 다음과 같이 나타낼 수 있다.

$$F_D = 6\pi R\mu U_\infty$$

모래입자는 일정한 속도 ω로 떨어지고 있기 때문에 물속에서의 모래입자 무게와 저항력은 같아야 한다. 또한 모래입자는 물속에 있기 때문에 부력도 함께 작용하게 된다. 따라서 모래입자에 작용하는 힘의 평형을 고려하면 다음과 같다.

$$F_D + F_B = W$$

$$6\pi R\mu U_\infty + \gamma_w \vartheta_s = \gamma_s \vartheta_s$$

$$6\pi R\mu U_\infty = (\gamma_s - \gamma_w)\left(\frac{4}{3}\pi R^3\right)$$

$$6\pi R\mu U_\infty = (S.G-1)\gamma_w\left(\frac{4}{3}\pi R^3\right)$$

$\omega = U_\infty$이고 구의 직경 $D = 2R$이기 때문에

$$\therefore \omega = \frac{(S.G-1)\rho_w g}{6\pi R\rho_w \nu}\left(\frac{4}{3}\pi R^3\right) = \frac{(S.G-1)gD^2}{18\nu}$$

층류에서의 h_f의 산정

식(8.29)로 표시되는 Hagen-Poiseuille 흐름에서 얻은 해는 매우 중요한 의미를 가지고 있다. 앞에서 여러 번 강조했지만, 베르누이 식은 유도과정에서 점성항을 생략했기 때문에 에너지 손실에 대한 보정이 필요하나 점성항을 포함시켜서 유도한 식(8.29)에는 에너지 손실량이 포함되어 있다. 따라서 이것을 좀 더 자세하게 규명하는 것이 필요하다. 식(8.29)에서 $\dfrac{dp}{dx}$는 압력경사를 나타내므로 [그림 8.11]에서 다음과 같이 나타낼 수 있다.

$$\frac{dp}{dx} = \frac{p_2 - p_1}{l} \tag{8.49}$$

여기서 l은 관의 길이이며 위의 식을 식(8.29)에 대입하면 다음의 식을 얻는다.

$$u = \frac{R^2}{4\mu}\left(\frac{p_1 - p_2}{l}\right)\left[1 - \left(\frac{r}{R}\right)^2\right] \tag{8.50}$$

이것을 단면에 대하여 적분하면 유량을 얻을 수 있고, 유량을 단면적으로 나누면 단면 평균유속 V를 구할 수 있으며 다음과 같다.

$$V = \frac{1}{\pi R^2}\int_0^R u2\pi r dr = \frac{(p_1 - p_2)R^2}{8l\mu} \tag{8.51}$$

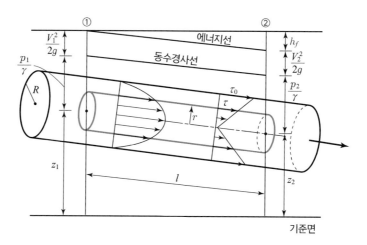

그림 8.11 Hagen-Poiseuille 흐름의 에너지 수두

에너지 손실량을 알아보기 위하여 [그림 8.11]의 관의 직경은 동일하다고 가정하면 1과 2지점의 관경이 같으므로 유속 및 속도수두가 같아 에너지선과 동수경사선은 평행하게 된다. 따라서 에너지 손실량 h_f는 압력수두의 차이 $(p_1 - p_2)/\gamma$와 같게 되며, 반지름 R을 관경 D로 바꿔 쓰면 에너지 손실량 h_f는 다음 식으로 된다.

$$h_f = \frac{p_1 - p_2}{\gamma} = \frac{32\mu l}{\rho g}\frac{V}{D^2} \qquad (8.52)$$

이 식은 Hagen-Poiseuille 흐름에서 Navier-Stokes 식을 이론적으로 해석하여 구한 에너지 손실량이다. 이를 보면 에너지 손실은 점성계수 μ와 길이 l에 비례하고, 단위중량과 관경의 제곱에 반비례한다. 따라서 점성계수가 큰 유체는 에너지 손실량이 크고 길이가 길수록 커지는 반면, 관경은 커질수록 손실량은 제곱으로 작아진다. 여기에서 기억해두어야 할 것은 평균유속 V의 1승에 비례한다는 것이다. 흔히 에너지 손실은 속도의 제곱에 비례한다고 알고 있으나 이 경우에서는 그렇지 않다.

위의 결과가 큰 의미를 갖는 것은 이론적으로 도출된 것이라는 데 있다. 이렇게 이론적으로 에너지 손실량 h_f를 구할 수 있는 것은 베르누이 식에서 보정해야 할 h_f를 직접적으로 알 수 있기 때문에 매우 고무적인 일임에는 틀림없다. 그러나 이 식은 Hagen-Poiseuille 흐름에 대하여 얻어진 것이므로 결과식을 사용하기에 앞서 이 흐름의 특성 및 한계성에 대한 이해가 좀 더 필요하다. 식(8.52)가 유도되기까지 여러 가지 가정이 필요하였다. 그중 원형 파이프에 대한 것과 식(8.23)의 조건인 $v_r = v_\theta = 0$이다. 첫 번째는 관속의 유체가 압력 차이에 의하여 흐르는 관수로 흐름으로 가정하였으므로 하천의 흐름처럼 개수로 흐름에서 식(8.52) 자체를 사용하는 데는 당연히 한계가 있을 것이다. 두 번째 가정은 매우 중요한 것으로서 식(8.23)의 조건을 일반적인 흐름에 적용시키기에는 큰 무리가 있다는 것이다. 그 이유는 $v_r = v_\theta = 0$이 뜻하는 것은 흐름방향에 직각인 속도성분은 없어야 한다는 것인데, 실제 흐름에서 이런 경우는 극히 예외적인 흐름으로써 점성이 아주 크거나, 속도가 매우 느린 아주 특별한 흐름에서나 나타나는 현상이기 때문이다. 따라서 실제 흐름에 사용하기 위해서는 이러한 한계성을 극복해야 한다. Hagen-Poiseuille 흐름에 대한 이러한 한계로 $v_r \neq v_\theta \neq 0$인 일반적인 흐름에 대한 에너지 손실량을 산정하는 것이 필요하게 되었다. 더구나 이렇게 $v_r \neq v_\theta \neq 0$인 일반적인 흐름에서 에너지가 손실되는 현상은 Hagen-Poiseuille 흐름에서의 것과 매우 다르게 나타난다. 따라서 Hagen-Poiseuille 흐름에서 가정한 직각 방향 속도성분이 존재하지 않는 $v_r = v_\theta = 0$인 경우의 흐름과 직각 방향 속도성분이 존재하는 $v_r \neq v_\theta \neq 0$의 흐름을 구별하는 것이 필요하게 되었으며, 전자를 층류(laminar flow)라고 하고 후자를 난류

(turbulent flow)라고 부른다. 그러므로 식(8.52)는 층류에만 유효한 에너지 손실량이며, 난류에서의 손실량과는 다르다. 난류에서의 에너지 손실량은 다음에 설명할 별도의 방법으로 산정하게 된다. 그러나 Hagen-Poiseuille 흐름에 대한 식(8.52)는 처음으로 에너지 손실량 h_f를 이론적으로 도출해 내었다는데서 매우 큰 의미가 있다.

예제 8.2

다음과 같은 수평 원형관의 Hagen-Poiseuille 흐름 유속분포 식인 식(8.29)을 이용하여 관 단면 전체를 통해 흐르는 유량 계산식을 유도하시오. 또한 유체가 1에서 2로 흘러간다면 압력차를 알 때 적용할 수 있는 유량 계산식과 마찰손실수두가 주어질 때 유량을 계산할 수 있는 식으로 각각 표현하시오.

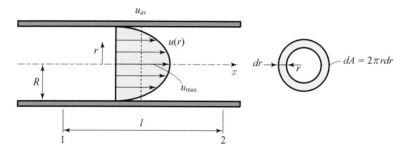

➕ **풀이**

그림에서와 같이 관 중심으로부터 반지름 r의 위치에서 두께가 dr인 고리모양의 면적은 다음과 같다.

$$dA = 2\pi r dr$$

따라서 이 미소면적을 통과하는 유량과 관 단면 전체를 통해 흐르는 유량은 다음과 같다.

$$dQ = u dA = 2\pi r u \, dr$$

$$Q = \int dQ = \int_0^R 2\pi r u \, dr$$

유속분포 식(8.29)과 식(8.30)을 대입하면 유량은 다음과 같다.

$$Q = \int_0^R 2\pi u_{max}\left(r - \frac{r^3}{R^2}\right)dr = 2\pi u_{max}\left[\frac{r^2}{2} - \frac{r^4}{4R^2}\right]_0^R$$

$$= \frac{\pi R^2}{2}u_{max} = -\frac{\pi R^4}{8\mu}\frac{dp}{dx}$$

단면 1과 2사이의 압력 차이는 베르누이 공식에 의해 다음과 같다.

$$z_1 + \frac{p_1}{\gamma} + \frac{V_1^2}{2g} = z_2 + \frac{p_2}{\gamma} + \frac{V_2^2}{2g} + h_f$$

(계속)

$$\frac{p_1 - p_2}{\gamma} = h_f$$

$$\Delta p = p_1 - p_2 = \gamma h_f$$

따라서 1과 2의 압력차를 알 때 적용할 수 있는 유량 계산식과 마찰손실수두를 알 때 유량을 계산할 수 있는 식은 다음과 같다.

$$-\frac{dp}{dx} = -\frac{p_2 - p_1}{l} = \frac{p_1 - p_2}{l} = \frac{\Delta p}{l}$$

$$\therefore Q = \frac{\pi R^4 \Delta p}{8\mu l} = \frac{\pi R^4 \gamma h_f}{8\mu l}$$

예제 8.3

내경이 30 cm인 수평관 속에 점성계수가 0.3 N·s/m²인 유체가 흐르고 있다. 예제 8.2에서 유도한 공식들을 이용하여 1과 2 단면 사이의 길이가 15 m일 경우의 압력 차이를 구하시오. 이때의 유량은 0.005 m³/s이라고 가정하시오.

➕ 풀이

예제 8.2에서 유도한 유량 계산식을 이용하여 압력 차이를 계산하면 다음과 같다.

$$Q = \frac{\pi R^4 \Delta p}{8\mu l}$$

$$\therefore \Delta p = \frac{8\mu l Q}{\pi R^4} = \frac{8 \times 0.3 \times 15 \times 0.005}{\pi \times (0.15)^4} = 113.18 \ \text{N/m}^2$$

---

③ 난류에서의 h_f의 산정

(1) Reynolds 실험

Reynolds는 [그림 8.12]와 같은 장치를 고안하여 에너지 손실량 h_f를 측정하였다. 수조의 수위는 일정하게 유지시키고 원뿔형태의 관 입구 속 중앙에 바늘을 위치시키고 빨간 잉크병과 연결시킨다. 관속의 유속은 밸브로 조절할 수 있도록 하였으며, 압력수두의 차이를 측정할 수 있도록 피에조메타를 양쪽에 설치하고 속도 V에 따라 에너지 손실량 h_f가 어떻게 변하는지를 관측하였다. 밸브가 잠긴 상태에서 조금씩 틀면 관속

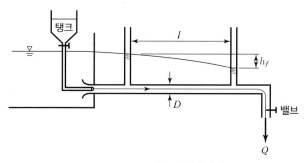

그림 8.12 Reynolds의 실험 장치

의 유속은 점차 증가하게 되고, 발생한 흐름에 따라 잉크는 묻어나와 궤적을 그리게 된다. 유속이 매우 작으면 잉크의 궤적은 직선을 유지하고 관과 평행하게 된다. 이후 속도가 점점 증가하면 궤적은 진동하기 시작하며 곡선을 그리게 되고 속도가 더 증가하면 마침내는 물과 완전히 섞여 궤적을 찾을 수 없게 된다. 이처럼 초기상태의 일직선의 궤적을 그릴 때의 흐름이 Hagen-Poiseuille 흐름에 부합되는 상태이며 층류의 상태이다. 이 층류 상태가 지나 sine curve를 보이며 진동하기 시작하면서부터는 층류의 상태가 아니다. 그 이유는 궤적이 직선을 유지하지 못하고 굴곡이 생긴다면 흐름방향에 직각속도성분이 존재하기 때문이며, Hagen-Poiseuille에 의한 해인 식(8.29)는 더 이상 맞지 않게 된다. 또한 잉크 궤적을 찾지 못할 정도로 완전히 혼합되어 흐르는 상태는 난류가 완전히 발달된 상태이다. 여기서 층류와 완전히 발달된 난류 사이를 천이영역(transition zone)이라고 하며 이 구간에서는 완전한 층류도, 완전한 난류도 아닌 상태이다.

한편 Reynolds의 실험을 밸브를 열어 속도가 큰 상태에서 점차 줄여가면서 궤적을 관찰하면, 앞서의 실험과 약간 상이한 결과가 나타나는데 층류에서 천이구간으로 또는 천이구간에서 완전히 난류상태가 되는 경계값들이 앞서의 결과와 일치하지 않았다. 이를 좀 더 확실하게 하기 위하여 이 두 가지 경우에 대하여 에너지 손실량을 측정한 결과, 여기서도 속도를 증가시킬 때와 감소시킬 때 일치하지 않고 [그림 8.13]과 같은 모양을 나타내었다. [그림 8.13]은 에너지 손실량 h_f와 속도 V를 전대수지(log-log paper)에 나타낸 것이다. 이에 의하면 속도가 증가할수록 층류구간에서는 완만한 경사를 이루다가 천이구간에서는 급격하게 들쭉날쭉한 형태를 보인다. 이 상태를 지나 난류상태로 접어들면 층류 때보다는 경사가 급하지만 안정된 직선을 계속 유지하고 있다. 속도를 감소시키며 측정한 반대의 경우에는, 직선 상태로 안정되게 내려오는데 앞의 경우보다 천이구간까지 훨씬 길게 연장된 모습을 보이며 이 구간을 지나 마침내 층류에 다다르게 되면 완만한 경사를 이루며 안정적인 모습을 보인다. Reynolds 실험 이후에도 수많은 유사한 실험이 있었으며 그 결과 이러한 천이구간에서는 실험조건이나 실험자들에 따라 조금씩 다른 모습을 보이고 있다. $Re = VL/\nu$로 정의하고 V를 평균유속, L을 전단층의 두께라고 했을 때 Reynolds 수에 따른 유동형태는 대략적으로 다음과 같이 나누어진다.

$$0 < Re < 1 \qquad : \text{고점성 층류 크리핑(creeping) 운동}$$
$$1 < Re < 10^3 \qquad : \text{층류}$$
$$10^3 < Re < 10^4 \qquad : \text{난류로의 천이}$$
$$10^4 < Re < \infty \qquad : \text{난류}$$

그러나 관경이 D인 원형관 내의 유동에 대해서는 Re가 2,300 이하에서는 조건에 상관없이 모두 층류를 형성하였고, 5×10^4 보다 크면 난류의 흐름을 보였다. 그러므로 그 사이 구간은 일률적으로 정할 수 없는 천이구간으로 분류한다.

또한 이 실험에 의하면 그림에서와 같이 층류구간에서의 기울기는 1.0을 보이는데 이것은 h_f가 평균유속 V의 1제곱에 비례한다는 것을 의미하며 이는 이론적인 결과식인 Hagen-Poiseuille의 식(8.52)와 정확히 일치한다. 그러나 천이영역에서는 일정한 기울기를 정할 수는 없다. 난류구간에서는 실험하는 그룹이나 실험조건에 따라 약간의 차이를 보이고 있으며 기울기는 대략 2.0 내외의 값을 가진다고 알려져 있고, 따라서 현재 대표 값으로 2.0을 취하여 사용한다. 이는 난류의 흐름에서 에너지 손실량 h_f는 속도의 제곱인 V^2에 비례한다는 뜻이다.

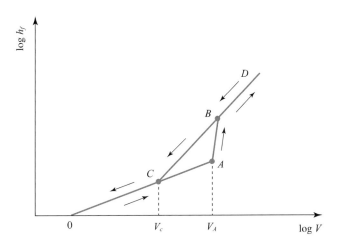

그림 8.13 평균유속에 따른 에너지 손실량의 변화

(2) Darcy-Weisbach 공식

Reynolds의 실험 이후 난류에서의 에너지 손실량 h_f를 구하기 위한 많은 노력이 이어져 왔다. 우선 Navier-Stokes 식을 Hagen-Poiseuille에 의하여 수학적으로 얻은 이론식인 식(8.52)에 바탕을 두지만, Reynolds의 실험결과인 h_f가 V^2에 비례한다는 것과 또한 h_f는 관의 길이 l에 비례하고 관경 D가 클수록 감소할 것이라는 관념적(물론 나중 실험에 의하여 검증은 되었지만)으로 알 수 있는 사실들을 묶어 다음과 같은 식을 이끌어 내었다.

$$h_f \propto \frac{l}{D} \frac{V^2}{2g} \qquad (8.53)$$

여기서 V는 Reynolds가 측정한 대로 관의 평균유속이며 위 식을 등호를 사용하여 다시 쓰면 다음 식으로 나타내진다.

$$h_f = f \frac{l}{D} \frac{V^2}{2g} \qquad (8.54)$$

여기서 비례상수 f를 마찰손실계수라 한다. 초기 마찰손실계수 f에 대한 개념은 Darcy에 의하여 제기되어 관수로 흐름에서의 저항계수 또는 마찰계수(Darcy's resistance coefficient of pipe flow)라고 부르기도 하며, 특별히 위의 식(8.54)를 Darcy-Weisbach 공식이라고 한다.

Hagen-Poiseuille의 층류에 대한 식(8.52)를 식(8.54)의 형태로 바꾸면 다음 식으로 된다.

$$h_f = \frac{64\mu}{\rho VD} \frac{l}{D} \frac{V^2}{2g} \quad \text{또는} \quad h_f = \frac{64}{Re} \frac{l}{D} \frac{V^2}{2g} \qquad (8.55)$$

위의 식으로부터 Hagen-Poiseuille이 유도한 층류에서의 에너지 손실량 h_f를 Darcy-Weisbach 공식으로 표현할 때 마찰손실계수 f는 다음 식으로 표시됨을 알 수 있다. 즉, 층류에서의 f는 다음과 같다.

$$f = \frac{64}{Re} \qquad (8.56)$$

여기서 Re는 $\dfrac{\rho VD}{\mu}$ 또는 $\dfrac{VD}{\nu}$이다.

예제 8.4

내경이 50 cm인 수평관에 물이 흐르고 있다. 유량이 0.5m³/s이고, 단면 1과 2사이의 관 길이는 150 m, 마찰손실계수는 0.012일 때 마찰손실 수두와 단면 1과 2의 압력차를 구하시오.

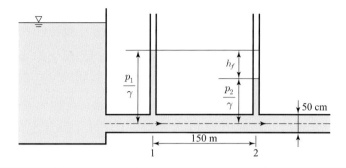

➕ 풀이

관에 흐르는 물의 평균유속은 다음과 같다.

$$V = \frac{Q}{A} = \frac{0.5}{\pi \times 0.5^2/4} = 2.55 \text{ m/s}$$

식(8.54)의 Darcy-Weisbach 공식에 적용하면 마찰손실 수두는 다음과 같다.

$$\therefore h_f = f \frac{l}{D} \frac{V^2}{2g} = 0.012 \times \frac{150}{0.5} \times \frac{2.55^2}{2 \times 9.81} = 1.19 \text{ m}$$

따라서 단면 1과 2사이의 압력 차이는 베르누이 공식에 의해 다음과 같이 계산할 수 있다.

$$z_1 + \frac{p_1}{\gamma} + \frac{V_1^2}{2g} = z_2 + \frac{p_2}{\gamma} + \frac{V_2^2}{2g} + h_f$$

$$\frac{p_1 - p_2}{\gamma} = h_f$$

$$\therefore \Delta p = p_1 - p_2 = \gamma h_f = 9,810 \times 1.19 = 11,674 \text{ N/m}^2 = 11.7 \text{ KPa}$$

④ 마찰손실계수 f의 결정

분명히 층류 흐름에서의 f값은 식(8.56)으로 결정한다. 이 식은 수학적으로 나온 결과이기 때문에 실제 실험의 결과와도 잘 일치한다. 이제 남은 과제는 난류에서 어떻게 마찰손실계수 f값을 산정할 것인가에 모아진다. 불행하게도 현재까지의 지식으로는 이론적으로 이를 구할 수 있는 방법은 없으며, 이러한 한계 때문에 실험을 통하여 이 문제를 해결하고 있다. 실로 많은 연구자들이 19세기 중반 Darcy에 의하여 제기된 이 문제를 해결하는데 몰두해 왔으며 현재도 끊임없이 이 분야 연구에 매진하고 있다.

특히 20세기 초에 등장한 비행기 설계에서는 이 문제가 가장 뜨거운 이슈로 떠오르게 되었다. 그 이유는 비행기의 빠르기는 저항력에 달려있었기 때문에 저항력을 줄일 수 있는 방법만 알아낸다면 더 빠른 비행기를 만들 수 있기 때문이다. 저항력의 가장 기초가 되는 f값의 규명은 초기 비행기가 1차, 2차 세계대전에서 승패를 가르는 가장 중요한 요소가 되어 각국은 이 문제에 대한 연구에 사활을 걸 정도로 몰두하게 되었다. 이 때문에 20세기 초 중반에 유체역학은 비약적인 발전을 이룩하게 된다. 특히 독일에서 이 시기에 가장 많은 연구가 이루어졌으며 전쟁 초기에 압도적인 공군력을 가지게 된 이유이기도 하다. 이때 이루어진 결과들은 대부분 국가 기밀에 속하여 발표되지 않다가 나중에 발표되곤 했으며, 이러한 특성은 최근에도 마찬가지이다. 예로서 스텔스기의 표면은 전자파의 난반사를 위하여 매끄럽지 않게 제작하는데 마하 2~3의 고속항해가 가능토록 설계되어 있으나 그 핵심적인 기술은 아직 발표하지 않고 있다. 우주항공기의 속도가 빨라질수록 항공기가 받는 저항은 더 크게 되어 현재에 이르러서도 많은 관심의 대상이 되고 있으며 이는 시간이 경과해도 변하지 않을 것이다. 따라서 그간에 광범위하게 이루어진 수많은 연구결과를 일일이 알 수도 없고, 또한 전문적인 것까지 여기서 설명할 필요도 없을 것이다. 다만 여기서는 핵심적인 중요한 과정과 결과들만 소개하며 좀 더 자세한 내용은 다음 장에서 다룬다.

난류에서의 마찰손실계수에 대한 규명은 실험을 통해 이루어지고 있다. 그러므로 본격적인 실험을 수행하기 전에 우선 마찰손실계수 f의 특성에 대하여 알아볼 필요가 있다. f에 영향을 미치는 인자가 무엇인지 주요 영향인자를 추출하는 일이 가장 우선되어야 한다. 이를 위하여 주로 차원해석법이 사용되는데 h_f에 영향을 미칠 수 있는 가능 인자들을 속도 V, 관경 D, 관의 길이 l, 밀도 ρ, 점성계수 μ, 관벽의 우둘투둘한 상태를 나타내는 조고(roughness height) ϵ로 선정하여 f의 속성을 파악한다. 이들을 차원해석법을 통하여 다음의 f에 관한 결과 식을 얻을 수 있다.

$$f = f\left(Re, \ \frac{\epsilon}{D}\right) \qquad (8.57)$$

이로부터 f는 Reynolds 수(Re)와 상대조도(relative roughness) $\frac{\epsilon}{D}$의 함수라는 것을 알게 되며 이를 기초로 실험을 수행하게 된다. 우선 Blasius는 이러한 선험적인 지식을 바탕으로 미끈한 관에 대하여 실험한 결과 Re가 10^5까지는 다음의 식이 잘 맞는다고 제안하였다.

$$f = \frac{0.316}{Re^{1/4}} \tag{8.58}$$

Nikuradse(1933)는 조고 ϵ값을 체분석을 통하여 나온 모래를 관벽에 붙이는 것으로 측정하였으며 실험에서 얻은 결과를 정리하여 [그림 8.14]를 얻었다. 이에 따르면 f의 특성을 확연하게 알 수 있는데 우선 층류구간에서는 이론값인 $f = \frac{64}{Re}$의 선에 잘 부합됨을 보이고, Re가 매우 큰 발달된 난류구간에서는 동일한 상대조도값에 따라 수평적인 모습을 보인다. 이는 잘 발달된 난류영역에서는 Re에는 별 영향이 없고 상대조도 ϵ/D값에 주로 관계한다는 것을 의미한다. 층류와 난류의 중간 부분인 천이구간에서는 다른 실험결과와 같이 일관성을 보이지 않는다. 이러한 종류의 실험들은 이외에도 많은 다른 사람들에 의해서도 이루어졌으나, 그중 실용적으로 사용할 수 있는 것으로는 [그림 8.15]에 나타낸 Moody 도표이다. 이 그림은 Moody diagram으로 잘 알려져 있으며 Moody는 Nikuradse와 달리 실제로 시중에서 사용하고 있는 상용관(commercial pipe)을 가지고 실험하였기 때문에 실제 설계에는 Moody diagram이 주로 이용된다.

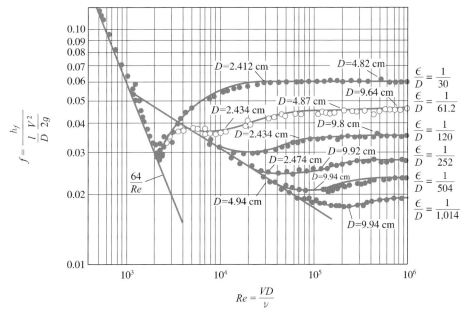

그림 8.14 상대조도가 원형관 난류 유동에 미치는 영향(Nikuradse, 1933)

4. 마찰손실계수 f의 결정

Chapter 08 / 점성유체의 해석과 에너지 손실량 h_f의 산정

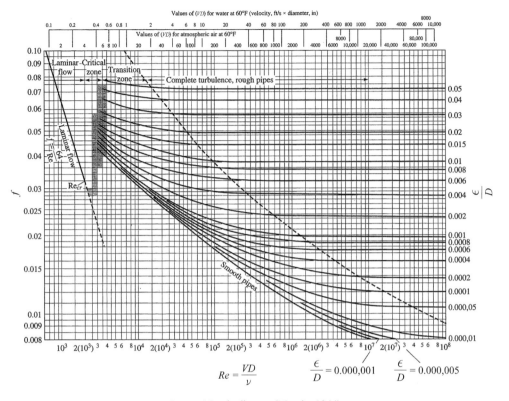

Values of (*VD*) for water at 60°F (velocity, ft/s × diameter, in)

Values of (*VD*) for atmospheric air at 60°F

그림 8.15 Moody diagram(Moody, 1944)

실로 *f*값을 어떻게 정확히 산정할까에 대한 의문은 계속 이어져 오고, 현재에도 이 문제해결에 몰두하고 있다. 이 문제해결을 위한 노력들이 층류와 난류에 대한 근본적인 이해를 비롯하여 경계층 이론에 대한 연구를 촉진시켰다고 할 수 있다. 최근에 새로이 나타난 우주항공기의 발달에 따른 관심은 이 분야에 대해 더 높은 차원의 문제해결을 주문하고 있다. 이에 현재까지 이 문제를 해결하기 위한 노력과 성과들을 중심으로 다음 장에서 소개한다.

8.1　기름의 비중은 0.85이고 동점성계수 $\nu = 1.7 \times 10^{-5}$ m²/s이다. 유량이 0.4 l/s이고 내경 12 cm 인 원형관 속을 흐르고 있다면 이 유체의 흐름은 층류인지 난류인지 구분하시오.

8.2　고정된 두 평판 사이의 Poiseulle 흐름에서 식(8.20)을 이용하여 두 평판 사이의 단면 전체를 통해 흐르는 단위 폭당 유량을 구하고, 최대유속 u_{max}가 평균유속 u_{av}의 1.5배임을 증명하시오.

8.3　원형 수평관의 반지름이 15 cm이고 점성계수가 0.1 N·s/m²인 유체가 흐르고 있다. 예제 8.2 의 그림에서처럼 관의 길이가 10 m 떨어진 두 지점 1과 2에서의 압력 차이가 8 N/m²인 경우 층류라고 가정했을 경우의 최대속도를 계산하고, 층류가 되기 위한 유체 밀도의 조건을 제시하시오.

8.4　수평으로 놓여 있는 원형의 주철관 내경이 3 cm이고 길이가 5 m일 때 관속을 8 m/s의 평균유속으로 물이 흐르고 있다. 이때 물의 동점성계수를 $\nu = 1 \times 10^{-6}$ m²/s라고 한다면 Moody diagram을 이용하여 마찰계수를 구하고 손실수두가 얼마인지 계산하시오. 단, 주철관의 조고 ϵ는 0.26 mm라고 가정하시오.

8.5　밀도가 $\rho = 900$ kg/m³, 동점성계수가 $\nu = 2 \times 10^{-4}$ m²/s인 유체가 그림과 같이 경사진 원형관 내에서 흐르고 있다. 10 m 떨어진 두 지점 1과 2에서의 압력과 위치가 그림과 같고 층류 정상 흐름인 경우 흐름 진행방향이 지점 1에서 2인지 혹은 그 반대인지를 판단하고, 두 지점 사이의 에너지 손실량을 계산하시오. 또한 유량, 평균유속, Reynolds 수를 각각 계산하고 유체의 흐름이 실제로 층류인지를 판단하시오.

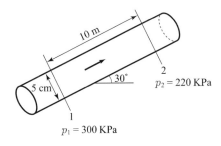

8.6 밀도가 $\rho = 900\ \mathrm{kg/m^3}$, 동점성계수가 $\nu = 1 \times 10^{-5}\ \mathrm{m^2/s}$인 유체가 내경이 20 cm이고 길이가 100 m인 주철관 내에서 흐르고 있다. 주철관의 조고 ϵ는 0.26 mm라고 가정했을 때 에너지 손실량을 계산하고, 주철관이 흐름 방향에 대해 10° 기울어진 경우에 대해 압력 차이를 계산하시오.

09
Chapter

경계층 이론
Boundary layer theory

1. 경계층이란?
2. 경계층 이론
3. 경계층 흐름의 분리

유체역학에서 20세기 초 비행기의 등장은 경계층에 지대한 관심을 갖게 된 계기가 되었다. 비행기의 성능은 저항력을 어떻게 줄이느냐에 달려있으므로 저항력의 원천인 점성력에 대한 관심이 높아지는 것은 당연하다. 물론 Navier-Stokes 식에서 2차 미분형태인 점성항의 존재는 해석을 어렵게 만드는 가장 큰 장애물이었으며, 해석하는 과정에서는 이를 생략할 수밖에 없었다. 이렇게 궁여지책으로 도출된 포텐셜 이론이나 베르누이 식들은 d'Alembert의 paradox라고 대표되는 한계성으로 벽에 부딪치게 되었으며, 그 결과 점성력의 중요성을 확인시키기에 충분하였다. 경계면 부근에서는 점성력이 매우 크게 되어 결코 생략해서는 안 된다는 Prandtl에 의하여 제기된 경계층 이론은, 이후 Blasius의 해석으로 그 존재가 확인되면서 실험유체역학과 이론유체역학이 수렴하는 계기를 만들게 되었다. 그동안의 이론과 실제 현상 사이에 나타나는 괴리를 경계층 이론을 새로이 추가함으로써 성공적으로 극복할 수 있게 되었으며, 이것은 실로 유체역학 발전에 한 획을 긋는 쾌거임에 틀림없다. 이 장에서는 경계층이란 무엇이고 어떤 의미를 갖는지에 대하여 개념적 관점에서 살펴보고, Prandtl에 의하여 유도된 경계층 내에서의 지배방정식과 그 해석결과를 간략하게 설명한다. 또한 이들 결과로부터 얻은 경계층 내에서의 흐름특성도 알기 쉽게 기술한다.

1 경계층 boundary layer 이란?

(1) 경계층 이론의 의의

유체역학 초창기에는 주로 수학자, 물리학자들이 중심이 되어 유체의 근본적인 성질이나 거동 및 현상 등에 대하여 연구가 이루어졌다. 그 결과 유체운동에 대한 지배방정식인 Navier-Stokes 식을 유도하게 되었으며 그 식들을 해석하면 유체문제를 해결할 수 있다고 생각하였다. 그러나 불행하게도 수학적인 해석방법이 이를 따라오질 못하였다. 이에 당시의 유체역학자들은 궁여지책으로 Navier-Stokes 식의 2차 미분항인 점성항을 생략한 채 1차 미분식으로 차수를 한 단계 낮춰 해석하였다. 포텐셜 흐름이나 베르누이에 의한 식들이 이에 속한다. 앞에서도 유도과정을 통하여 자세하게 설명하였지만 이들은 Navier-Stokes 식 자체를 해석한 것이 아니라 비점성 유체라고 가정한 Euler 식을 해석한 것이다.

비회전 조건하의 Euler 식은 포텐셜 이론의 토대를 제공하였으며 이에 근거한 많은 연구가 당시에 이루어졌고 괄목할 만한 발전과 나름대로 많은 성과가 20세기 초까지 이어져 왔다. 이렇게 당시 포텐셜 이론에 근거하여 이루어진 연구 분야를 hydrodynamics라고 하였으며 Stokes, Navier를 시작으로 Euler, 베르누이를 거쳐 20세기 초 Lamb에 이른다. 이들은 모두 수학, 물리학 분야에 뛰어난 업적을 나타낸 사람들이다. 그러나 이러한 포텐셜 흐름에 대한 해는 결정적으로 d'Alembert의 paradox라고 대표되는 실제현상과 동떨어진 결과를 초래한다는 것이 밝혀졌으며, 이 해석방법에 대한 근본적인 의문을 제기하게 되었다. 그 후 포텐셜 흐름에 대한 한계성을 규명하고 이를 극복하기 위한 연구가 계속하여 진행되었다.

그중 매우 복잡한 유체현상을 단순한 이론으로 해석하는 데는 근본적으로 한계가 있다고 여기고, 실험을 통해 문제를 해결하려는 실험그룹과 이론적인 접근방법을 계속하여 이어나가는 이론그룹으로 나뉘게 되었다. 그러나 이들은 완전히 별개의 것이 아니라 서로 보완적인 위치에 있었다. 전자는 잘 알려진 Manning이나 Chezy 등 실험에 바탕을 둔 hydraulics 그룹이 이에 속하며 주로 19세기 중반부터 20세기 초/중반까지 활발한 연구가 있었다. 후자는 포텐셜 흐름에서의 문제는 근본적으로 점성항을 무시해서 생긴다고 보아 점성의 역할에 대한 심도 있는 연구가 주로 이루어졌다. 이 그룹에는 Reynolds, Boussinesq, Prandtl, von Kármán, Schlichting 등이 대표적이며, Nikuradse, Colebrook 등은 이들의 이론을 실험적으로 입증시키는 데 많은 공헌을 하였다.

이들은 점성계수가 아무리 작은 유체라 하더라도 포텐셜 흐름이라고 취급해서는 안 되는 영역이 존재하고, 따라서 이곳에서는 점성의 역할을 무시해서는 안 된다는 것을 밝혔다. 다시 말하면, 공기나 물처럼 점성계수가 매우 작은 유체의 흐름에서 점성력은 생략할 수 있다고 한 포텐셜 흐름의 개념은 큰 틀에서는 타당하나, 경계면에서는 무시할 수 없다고 하였다. 경계면 부근에서는 점성계수의 값이 비록 매우 작을지라도 $\tau = \mu \dfrac{du}{dy}$ 로 표시되는 전단응력은 속도경사 $\dfrac{du}{dy}$ 값이 매우 커지므로 결코 점성력을 무시해서는 안 된다는 의미이다. 이렇게 점성력을 생략할 수 없는 경계면 부근의 층을 경계층(boundary layer)이라 부르고, 경계층 밖의 이론과 구별하기 위하여 경계층 내의 이론을 특별히 경계층 이론(boundary layer theory)이라 한다.

물리적으로 경계층에서는 점성이 매우 중요한 역할을 한다. 경계층 내에서는 유체의 저항(resistance)이나 마찰(friction)이 주로 작용하고 있으며, 에너지 손실에 직접 영향을 준다. 이러한 경계층 이론에서 나온 결과를 앞서의 포텐셜 이론의 것과 접목한 결과 d'Alembert의 paradox를 만족스럽게 해소할 수 있게 되었으며, 실제 유체의 흐름현상과도 잘 부합되는 것으로 나타나게 되었다. 이렇게 hydrodynamics와 hydraulics로 대표되던 유체역학이라는 기존의 학문분야에 점성의 영향을 고려한 경계층 이론을 추가/종합 함으로써 학문적 기틀을 새롭게 만들게 되었으며, 그 이후 우리는 Fluid Mechanics로 통합하여 부르게 되었다.

20세기 초, 이러한 경계층 이론은 당시 비행기의 등장으로 많은 관심을 불러 일으켰으며, 특히 1차, 2차 세계대전을 겪으면서 눈부신 발전을 하게 된다. 비행기가 전쟁의 승패를 가르는 주요 핵심기술로 떠오름에 따라 각 나라마다 이 분야연구에 집중 투자하게 되었기 때문이며, 그중 Prandtl이나 von Kármán 등 뛰어난 학자들이 활동하고 있었던 독일이 가장 선진기술을 보유하고 있었다. 그러나 당시 대부분의 연구 결과는 비밀에 붙여져 있었으며 핵심기술은 철저히 보호되었고 대부분의 연구결과는 상당한 기간이 경과한 후에나 일반에게 발표되었다. 이러한 유체역학에 대한 국가 주도형 연구사업은 전쟁 후에도 항공우주 경쟁산업으로 이어져 현재에 이르고 있다.

(2) 수학적인 의미에서의 경계층

물리적인 의미를 내포하고 있는 경계층을 수학적인 관점에서 설명하면 이해하기 쉽다. Schlichting은 다음과 같은 $f(y)$에 대한 2차 미분방정식의 해를 가지고 설명하고 있다.

$$\varepsilon \frac{d^2 f}{dy^2} + \frac{df}{dy} + f = 0 \qquad (9.1)$$

이 식을 2차 미분방정식인 Navier-Stokes 식이라고 생각하고, 만약 점성항인 2차항의 점성계수가 매우 작다고 하여 $\varepsilon \to 0$라고 가정하고 ε값에 따른 해의 변화를 살펴보도록 한다. 이 경우 경계조건은 2차식이므로 다음과 같은 2개가 필요하다.

$$f(0) = 0 , \ f(1) = 1 \qquad (9.2)$$

이 경계조건을 대입하여 위 식의 해를 구하면 다음이 된다.

$$f = \frac{1}{1 - e^{1 - 1/\epsilon}} (e^{1-y} - e^{1-y/\varepsilon}) \qquad (9.3)$$

앞에서 $\varepsilon \to 0$라고 했으므로 ε을 0.1, 0.05 등으로 작아지는 값에 따라 해를 나타낸 것이 [그림 9.1]이다. 한편 ε이 매우 작은 값이므로 $\varepsilon = 0$이라고 가정하여 식(9.1)의 2차항을 생략하고 다음과 같은 1차식으로만 해석한다.

$$\frac{df}{dy}+f=0 \tag{9.4}$$

이 식은 1차 미분방정식이므로 1개의 경계조건만이 필요하다. 경계조건을 나타내는 식 (9.2)에서 $f(1)=1$의 조건만을 사용하여 얻은 답은 다음과 같다.

$$f=e^{1-y} \tag{9.5}$$

이 결과도 [그림 9.1]에 함께 나타내었다. 두 결과를 비교하면 전체적으로는 일치하나 $y=0$ 부근에서는 아니다. $y=0$을 경계면이라 할 때, 물론 ε값이 작아질수록 $y=0$의 부근에서 차이나는 영역도 줄어들지만 그렇다고 $\varepsilon=0$의 결과와 완전하게 일치시킬 수는 없다. 이 결과는 $y=0$을 고체 면이라 하고 그 위를 유체가 흐를 때 점성계수 μ가 아무리 작은 값을 가져도 경계면에서는 $\mu=0$ 라고 소거시킨 채 얻은 비점성 유체의 결과와 동일하지 않음을 의미한다. 오히려 경계 부근에서는 f의 경사가 점점 커지게 되는데 f를 유체속도 u 라고 하면 속도경사 $\frac{du}{dy}$ 가 커지게 되어 $\mu\frac{du}{dy}$ 로 표시되는 점성력 또한 커지게 된다. 따라서 비점성 흐름으로 가정한 결과는 경계층 내에서 벌어지는 현상을 포함할 수 없음을 수학적으로 잘 보여주며, 왜 경계층 내에서는 점성을 무시해서는 안 되는지를 잘 설명해준다.

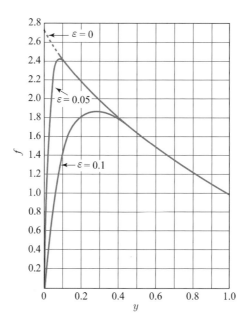

그림 9.1 $\varepsilon \to 0$에 대한 식(9.1)의 2차 미분방정식 해

(1) Prandtl의 경계층에 대한 지배방정식

[그림 9.2]와 같은 평판이 일방향 속도 U_∞로 움직이는 유체 속에 있을 때 이 평판이 유체흐름에 주는 영향을 생각해 보자. 판의 시작점까지는 흐름에 영향은 없을 것이나 뒤로 갈수록 영향권은 커질 것이다. 또한 속도 U_∞가 커질수록 영향범위는 좁아져 경계층의 두께는 얇아질 것이다. 경계층의 두께는 뒤로 갈수록 커지지만 전단응력은 앞부분에서 큰 값을 보이다가 뒤로 갈수록 감소하게 된다. 만약 판 위에 아주 가는 모래를 올려놓으면 앞부분의 것들은 뒤로 밀려나는 것에서 알 수 있다. 그러나 경계층의 두께는 매우 얇으며, 실제 비행기 날개부분에서는 수 mm에 불과하다. Prandtl은 경계층 내에서 Navier-Stokes 식에 포함되어 있는 각 항들에 대한 상대적 크기를 규명하였으며, 각 항의 크기를 비교한 결과 경계층 내의 압력은 경계층 밖의 압력과 같아야 한다는 중요한 사실을 밝혀내었다. 이것은 경계층의 두께가 매우 작으므로 연직방향의 힘인 압력이 아주 얇은 층 사이를 두고 큰 차이를 나타낼 수는 없기 때문이다.

Prandtl의 이러한 발견은 경계층의 해석에서 매우 중요한 의미를 갖는다. 예를 들어, 2차원만을 고려할 때 경계층 밖에서는 u, v, p의 3개가 미지수였지만, 경계층 내에서는 u, v의 2개로 줄어들 수 있기 때문이다. 압력은 경계층 밖의 것과 동일하므로 베르누이 식에서 구한 것을 경계층 내에서도 사용할 수 있다는 의미이다. Prandtl은 이러한 경계층의 성질을 반영하여 Navier-Stokes 식으로부터 다음과 같은 경계층 내의 지배방정식을 유도하였다.

$$u\frac{\partial u}{\partial x} + v\frac{\partial u}{\partial y} = \mu\frac{\partial^2 u}{\partial y^2} \tag{9.6}$$

이것은 정류(steady)에서의 식이며, 또한 이때의 경계조건은 다음과 같다.

$$u = v = 0 \quad at \quad y = 0 \ , \quad u = U_\infty \quad at \quad y = \infty \tag{9.7}$$

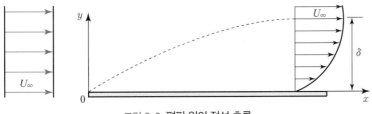

그림 9.2 평판 위의 점성 흐름

(2) 층류경계층에 대한 Blasius의 해석결과

Blasius는 Prandtl에 의하여 유도된 지배방정식을 성공적으로 해석해 내었다. 그는 이 식을 해석하기 위해 경계층 내 각 지점에서의 속도를 모두 무차원화하면 이들의 속도 분포는 유사하다는 소위 유사성의 법칙(law of similarity)을 이용하여 해를 구하였다. 구체적인 유도과정은 수학적으로 매우 복잡하므로 여기서는 생략하고 개략적인 것만 설명한다. Blasius는 경계층의 두께를 δ이라 할 때 무차원으로 표시되는 속도분포는 벽면에서의 거리로 무차원화시킨 η의 함수로 다음과 같이 표시하고, Prandtl의 지배방정식을 이들 무차원량으로 치환하는 방법을 사용하여 해석하였다.

$$\frac{u}{U_\infty} = F(x, y, \nu, U_\infty) = F(\eta) \tag{9.8}$$

여기서 $\eta = \dfrac{y}{\delta} = \dfrac{y}{\sqrt{\nu x / U_\infty}}$ 이다. 한편 흐름함수 $\psi = \sqrt{U_\infty \nu x}\, f(\eta)$로 놓아 u, v를 함수 f로 표시할 수 있게 하고 이들을 지배방정식 식(9.6)에 대입한다. 또한 경계조건도 무차원화시키면 각각 다음 식으로 치환된다.

$$2\frac{d^3 f}{d\eta^3} + f\frac{d^2 f}{d\eta^2} = 0 \tag{9.9}$$

$$f = 0, \quad \frac{df}{d\eta} = 0 \quad at \ \eta = 0 \ , \quad \frac{df}{d\eta} = 1 \quad at \ \eta = \infty \tag{9.10}$$

위의 식과 경계조건으로부터 함수값 f를 구하면 다음의 식에서 u, v를 결정하게 된다.

$$u = U_\infty f'(\eta) \ , \quad v = \frac{1}{2}\sqrt{\nu U_\infty / x}\,[\eta f'(\eta) - f(\eta)] \tag{9.11}$$

Blasius는 이 3차 미분방정식을 풀기 위하여 무차원 함수 f를 다음과 같은 급수형태로 전개하는 power series expansion 방법을 사용하여 해를 구하였다.

$$f = A_0 + A_1 \eta + \frac{A_2}{2!}\eta^2 + \frac{A_3}{3!}\eta^3 + \cdots \tag{9.12}$$

여기서 f', f'', f'''에 의한 경계조건을 사용하여 상수값 A_0, A_1, A_2 등을 결정하면 최종적으로 함수 f를 알 수 있다. f가 결정되면 흐름함수 ψ를 알 수 있게 되고, ψ로부터 u, v를 얻게 된다. 이와 같은 급수형태의 해석절차는 매우 복잡하고 진부하여 구체적인 수학적 해석과정에 대한 설명은 여기서는 생략한다. Blasius는 이러한 방법으로 Prandtl의 지배방정식을 성공적으로 해석하였으며 이것을 경계층에서의 Blasius의 해(Blasius'

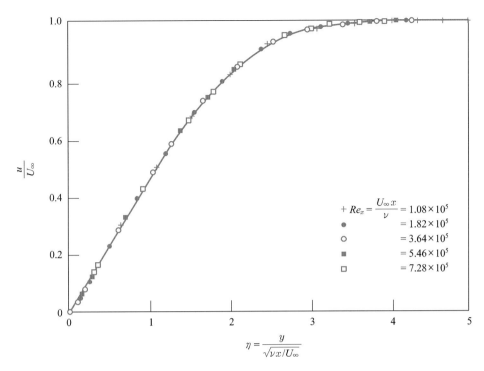

그림 9.3 경계층에서의 Blasius의 이론 해와 Nikuradse의 실험값 비교(Yuan, 1967)

solution)라고 한다. 이것은 이론적으로 얻은 해로써 Nikuradse(1942)에 의한 실험자료와 비교한 결과, [그림 9.3]에서처럼 매우 일치하는 것을 알 수 있다. 이 Blasius의 해는 경계층 이론의 존재를 실질적으로 처음 입증시켰다는데 큰 의의가 있다. 다시 말하자면 Prandtl에 의하여 제기된 경계층 내의 지배방정식을 Blasius가 이론적인 해를 구하여 실제현상과 부합되는 것을 보임으로써 경계층의 존재가 확인되었고 이에 대한 연구에 기폭제가 된 것이다.

한편 Blasius의 해석결과로부터 벽면에서의 전단응력 τ_w 는 다음의 이론적인 식으로 됨을 보인다.

$$\tau_w = \mu \left(\frac{\partial u}{\partial y} \right)_{y=0} = \frac{0.332}{\sqrt{Re_x}} \rho U_\infty^2 \qquad (9.13)$$

여기서 Re_x 는 $U_\infty x / \nu$ 이다. 이에 따르면 평판 위의 전단응력은 $U_\infty^{3/2}$ 에 비례하고 x 가 커질수록 작아지고 점성이 클수록 커진다. 또한 평면 위 특정 지점에서의 전단응력(τ_0)과 단위부피당 운동에너지와의 비로 표시되는 국부표면마찰계수(local skin-friction coefficient) 또는 마찰항력계수(friction drag coefficient) C_{wf} 는 다음과 같다.

$$C_{wf} = \frac{\tau_0}{\frac{1}{2}\rho U_\infty^2} = \frac{0.664}{\sqrt{Re_x}} \qquad (9.14)$$

또한 한쪽 면에 작용하는 단위 폭당 전마찰력 F는 벽면에서의 전단응력을 적분함으로써 다음과 같이 얻어진다.

$$F = \int_0^l \tau_w\, dx = 0.664 \rho U_\infty^2 \sqrt{\frac{\nu l}{U_\infty}} \qquad (9.15)$$

이 식으로부터 전마찰력도 $U_\infty^{3/2}$에 비례한다는 것을 알 수 있다. 또한 평판 전체에 작용하는 평균마찰계수 C_f는 다음과 같다.

$$C_f = \frac{F}{\frac{1}{2}\rho U_\infty^2 l} = \frac{1.328}{\sqrt{Re_l}}, \quad Re_l = \frac{U_\infty l}{\nu} \qquad (9.16)$$

[그림 9.4]는 위의 결과인 C_f를 실험값과 비교한 것으로 잘 일치함을 알 수 있으며 Blasius의 해가 타당함을 보여준다.

한편, 경계층의 두께를 $\frac{u}{U_\infty} = 0.9975$ 가 되는 지점(0.25%의 차이)까지의 높이로 잡았을 때 경계층의 두께 δ은 다음으로 표시된다.

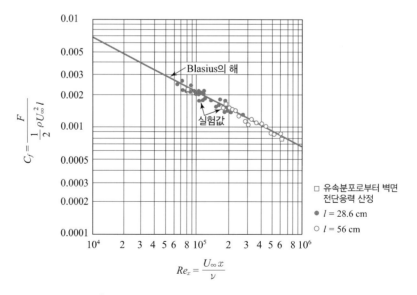

그림 9.4 평균마찰계수 C_f에 대한 Blasius의 이론 해와 실험값 비교(Schlichting, 1960; Yuan, 1967)

$$\delta = 5.64 \sqrt{\frac{\nu x}{U_\infty}} \qquad (9.17)$$

경계층의 두께는 U_∞가 클수록 작아지나, 점성이 큰 유체일수록, 또한 앞에서 뒤로 갈수록 두께는 증가함을 알 수 있다. 그 외에 평판이 존재함으로써 나타나는 운동량의 변화나 경계층 내의 전체 전단응력을 표시하는데 편의를 위하여 경계층의 두께를 [그림 9.5]와 같이 두 가지로 더 나누기도 한다. 하나는 displacement thickness라 불리는 δ^*와 momentum thickness라 불리는 θ의 두 가지가 있는데 각각의 정의는 다음과 같다.

$$\delta^* = \frac{1}{U_\infty} \int_0^\infty (U_\infty - u)dy = 1.7208 \sqrt{\frac{\nu x}{U_\infty}} \qquad (9.18)$$

$$\theta = \frac{1}{U_\infty^2} \int_0^\infty u(U_\infty - u)dy = 0.664 \sqrt{\frac{\nu x}{U_\infty}} \qquad (9.19)$$

δ^*와 θ는 다음과 같은 관계가 있음을 수학적으로 유도할 수 있다.

$$\frac{d\theta}{dx} + (2\theta + \delta^*)\frac{1}{U}\frac{dU}{dx} = \frac{\tau_0}{\rho U^2} \qquad (9.20)$$

여기서 U는 포텐셜 흐름에서 얻은 속도이며 τ_0는 경계층이 존재함으로써 발생하는 전단응력이다. 이로부터 경계층 내 속도분포를 알면 평판 때문에 잃어버린 운동량으로 인하여 발생하는 전단응력을 산정할 수 있다. 그 외에도 von Kármán이나 Pohlhausen 등에 의하여 압력경사가 있을 때의 경계층 문제나, 경계층 내에서 suction이나 injection이 있을 경우 경계층의 거동에 관한 연구 또는 이를 이용한 경계층의 제어(control) 등에 관한 연구도 다수가 있으나 너무 전문적인 내용이라 여기서는 생략한다.

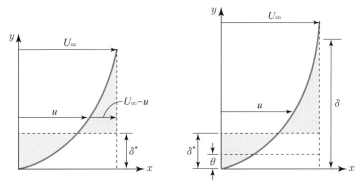

그림 9.5 Displacement thickness와 momentum thickness의 경계층 두께

(3) 미끈한 평판 위의 난류경계층

앞에서 우리는 평판 위의 층류경계층에 대하여 설명하였다. 그러나 실제 흐름에서는 [그림 9.6]과 같이 층류경계층에 이어 난류경계층이 형성되는데 갑자기 난류층으로 변하는 것이 아니라, 난류경계층이 충분히 발달되기 전에 일정 부분 천이영역을 거친다. 또한 아무리 완전한 난류경계층을 형성한다고 해도 경계층 속 벽면에 가까이 붙어있는 곳에서는 속도가 작으므로 층류흐름을 형성할 수밖에 없다. 이러한 저면에 층류가 형성되는 층을 층류저층(層流底層: laminar sublayer)이라고 부른다. 이 층류저층의 두께는 난류경계층의 두께에 비하여 매우 작지만, 앞에서 이미 설명한 바와 같이 조고(粗高: roughness height) ϵ과 함께 표면이 '미끈하다(smooth)', '거칠다(rough)'의 판단 기준이 된다.

관속 난류흐름에 대한 연구는 이미 Hagen-Poiseulle에 의한 결과를 바탕으로 해석결과가 많이 알려져 있다. Prandtl은 평판 위에 형성되는 난류경계층의 특성은 직경이 아주 큰 관속 흐름특성과 근본적으로는 별반 다르지 않을 것이라고 생각하고 Hagen-Poiseulle 흐름에 대한 연구결과를 이용하였다. 평판의 흐름에 이들 결과를 적용하여 관중심부의 최대유속을 U_∞로 보고, 관의 반경 R을 경계층의 두께 δ라고 가정하여 속도분포를 다음 식으로 나타내었다.

$$\frac{u}{U_\infty} = \left(\frac{y}{\delta}\right)^{1/7} \tag{9.21}$$

Prandtl의 1/7제곱 법칙이라고 부르는 위의 식은 $Re_L = U_\infty L/\nu$가 10^7까지 유효한 것으로 알려져 있다. 참고로 여기서는 앞의 층류와 구별하기 위하여 난류에서는 l 대신 L을, C_f도 C_F로 사용한다. 또한 관 흐름에서 관벽에 미치는 τ_w를 이용하여 평판 벽에

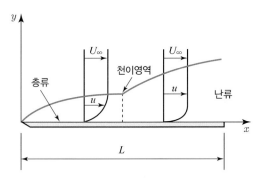

그림 9.6 층류경계층, 천이영역, 난류경계층

미치는 전단응력(shearing stress)과 경계층 두께를 구하면 각각 다음과 같다.

$$\tau_w = 0.0233 \rho U_\infty^2 \left(\frac{U_\infty \delta}{\nu} \right)^{-1/4} \tag{9.22}$$

$$\frac{\delta}{x} = 0.379 \left(\frac{\nu}{U_\infty x} \right)^{1/5} = \frac{0.379}{(Re)^{1/5}} \tag{9.23}$$

식(9.22)와 (9.23)의 두 식을 합하여 벽면에서의 전단응력과 이 전단응력에 의하여 평판 전체가 받는 단위 폭당 전단력(F) 그리고 표면마찰계수(C_F) 등을 구할 수 있으며 그 결과 식들은 다음과 같다.

$$\tau_w = 0.0295 \rho U_\infty^2 \left(\frac{U_\infty x}{\nu} \right)^{-1/5} \tag{9.24}$$

$$F = \int_0^L \tau_w dx = 0.0368 \rho U_\infty^2 L (Re_L)^{-1/5} \tag{9.25}$$

$$C_F = \frac{F}{\frac{1}{2} \rho U_\infty^2 L} = \frac{0.074}{(Re_L)^{1/5}} \tag{9.26}$$

이 식은 $5 \times 10^5 < Re_L < 10^7$에서 유효하다고 알려져 있다. 더 큰 Re_L값에서는 1/7제곱의 속도분포보다는 log 분포가 더 타당한 것으로 인식되고 있으며 Prandtl은 다음 식을 제안하였다.

$$C_F = \frac{0.455}{[\log_{10} Re_L]^{2.58}} \tag{9.27}$$

이 식은 $10^6 < Re_L < 10^9$에서 잘 맞는다고 알려져 있다. 한편 천이영역에서는 식 (9.26)을 보정한 다음 식을 제안하고 있다.

$$C_F = \frac{0.074}{(Re_L)^{1/5}} - \frac{1700}{Re_L} \tag{9.28}$$

[그림 9.7]은 영역별 제안 식들을 실험값과 함께 나타낸 것으로써 ①은 층류의 식(9.16)을, ②는 천이영역에서의 식(9.28)을, 난류에서 ③ⓐ는 식(9.26)을, ③ⓑ는 식(9.27)을 각각 나타내고 있으며, 각 영역에서 상당히 잘 일치하는 것을 보여준다. 그리고 그 후 Schlichting은 거친 표면을 갖는 평판에서는 다음의 식이 잘 맞는다고 제안하고 있다.

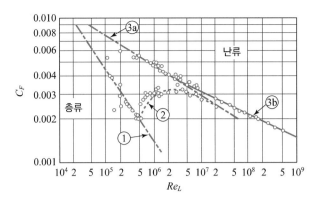

그림 9.7 영역별 표면마찰계수 식과 실험값의 비교(Schlichting, 1960; Yuan, 1967)

$$C_F = \left[1.89 + 1.62 \log_{10} \left(\frac{L}{k_s} \right) \right]^{-2.5} \tag{9.29}$$

여기서 k_s는 조고(粗高)이다.

예제 9.1

폭이 6 m이고 길이가 3 m인 평판이 45 m/s의 바람이 부는 풍동(wind tunnel)실험 장치에 놓여 있다. (a) 경계층이 평판 전체 면에서 층류경계층인 경우, (b) 천이영역이 $Re_{x\,cr} = 5 \times 10^5$에서 발생하는 경우, (c) 미끈한 표면의 평판에서 난류경계층을 형성하고 있는 경우, 마지막으로 (d) $\dfrac{U_\infty k_s}{\nu} = 10^4$인 거친 표면의 평판에서 난류경계층을 형성하고 있는 경우에 대해 각각 평판에 작용하는 항력(전마찰력)을 계산하시오. 여기서 공기의 동점성계수를 $\nu = 1.5 \times 10^{-5}$ m²/s, 밀도는 $\rho = 1.2$ kg/m³이라고 가정한다.

➕ 풀이

Reynold 수를 계산하면 다음과 같다.

$$Re_L = \frac{U_\infty L}{\nu} = \frac{45 \times 3}{1.5 \times 10^{-5}} = 9 \times 10^6$$

(a) 항력계수를 층류경계층의 식(9.16)을 이용하여 계산하면 다음과 같다.

$$C_F = \frac{1.328}{\sqrt{Re_L}} = \frac{1.328}{\sqrt{9 \times 10^6}} = 0.000443$$

따라서 평판에 작용하는 전마찰력은

$$F = 2 \times \left[\frac{1}{2} C_F \rho bl\, U_\infty^2 \right] = 2 \times \frac{1}{2} \times 0.000443 \times 1.2 \times 6 \times 3 \times 45^2 = 19.38 \text{ N}$$

(계속)

(b) 만약 천이영역이 $Re_{x\,cr}=5\times10^5$에서 발생한다고 했을 경우 평판의 앞부분에서 발생하는 층류 영역을 고려한 항력계수를 식(9.28)을 이용하여 계산하면 다음과 같다.

$$C_F=\frac{0.074}{(Re_L)^{1/5}}-\frac{1700}{Re_L}=\frac{0.074}{(9\times10^6)^{1/5}}-\frac{1700}{9\times10^6}=0.00282$$

따라서 평판에 작용하는 전마찰력은

$$F=2\times\left[\frac{1}{2}C_F\rho bl\,U_\infty^2\right]$$

$$=2\times\frac{1}{2}\times0.00282\times1.2\times6\times3\times45^2=123.35\text{ N}$$

(c) 미끈한 평판에 형성되는 난류경계층에 대한 항력계수를 식(9.26)을 이용하여 계산하면 다음과 같다.

$$C_F=\frac{0.074}{(Re_L)^{1/5}}=\frac{0.074}{(9\times10^6)^{1/5}}=0.003$$

따라서 평판에 작용하는 전마찰력은

$$F=2\times\left[\frac{1}{2}C_F\rho bl\,U_\infty^2\right]$$

$$=2\times\frac{1}{2}\times0.003\times1.2\times6\times3\times45^2=131.22\text{ N}$$

(d) $\dfrac{U_\infty k_s}{\nu}=10^4$인 거친 표면의 평판에서 형성되는 난류경계층에 대한 항력계수는 식(9.29)를 이용하여 다음과 같이 계산할 수 있다.

$$C_F=\left[1.89+1.62\log_{10}\left(\frac{L}{k_s}\right)\right]^{-2.5}$$

여기서

$$\frac{L}{k_s}=\frac{U_\infty L}{\nu}\frac{\nu}{U_\infty k_s}=\left(9\times10^6\right)\left(\frac{1}{10^4}\right)=9\times10^2$$

그러므로

$$C_F=\left[1.89+1.62\log_{10}(9\times10^2)\right]^{-2.5}=0.00868$$

따라서 평판에 작용하는 전마찰력은

$$F=2\times\left[\frac{1}{2}C_F\rho bl\,U_\infty^2\right]$$

$$=2\times\frac{1}{2}\times0.00868\times1.2\times6\times3\times45^2=379.66\text{ N}$$

예제 9.2

폭이 3 m이고 길이가 25 m인 미끈한 평판이 정지된 물속에서 5 m/s로 움직이고 있다. 평판의 한쪽 면에 작용하는 항력을 계산하시오. 여기서 물의 동점성계수를 $\nu = 1 \times 10^{-6}$ m²/s, 밀도는 $\rho = 1{,}000$ kg/m³이라고 가정한다.

➕ 풀이

Re_L의 값을 계산하면

$$Re_L = \frac{U_\infty L}{\nu} = \frac{5 \times 25}{1 \times 10^{-6}} = 1.25 \times 10^8$$

따라서 식(9.27)을 이용하여 표면마찰계수를 계산하면 다음과 같다.

$$C_F = \frac{0.455}{[\log_{10} Re_L]^{2.58}} = \frac{0.455}{[\log_{10}(1.25 \times 10^8)]^{2.58}} = 0.00206$$

평판의 한쪽 면 전체에 작용하는 항력(전단력)은 다음과 같이 계산할 수 있다.

$$F = \frac{1}{2} C_F \rho b L U_\infty^2 = \frac{1}{2} \times 0.00206 \times 1{,}000 \times 3 \times 25 \times 5^2 = 1{,}931 \text{ N}$$

③ 경계층 흐름의 분리 separation of boundary layer flow

Prandtl은 경계층에서의 지배방정식을 유도하면서 경계층 내의 압력은 경계층 밖의 압력에 의하여 지배받는다는 것을 입증하였다. 이것이 뜻하는 것은 경계층 내의 압력은 더 이상 경계면에 연직한 y의 함수가 아니고, 흐름방향인 x만의 함수로서 베르누이 식에서 얻을 수 있다는 것이다. 그러므로 Prandtl의 이와 같은 경계층의 성질을 바탕으로 정류(steady) 상태의 Navier-Stokes 식으로부터 다음 식을 얻는다.

$$U\frac{dU}{dx} = -\frac{1}{\rho}\frac{dp}{dx} \tag{9.30}$$

$$\mu\left(\frac{d^2u}{dy^2}\right)_{y=0} = \frac{dp}{dx} \tag{9.31}$$

여기서 식(9.30)은 위치수두를 제외한 베르누이 식의 형태이고, 따라서 압력강도 p를 손쉽게 결정할 수 있다. 식(9.31)은 압력경사 dp/dx에 따라 속도분포가 영향을 받는다. 이러한 압력경사에 따른 속도분포의 변화는 이미 '8장의 Couette 흐름 및 Poiseulle 흐름'에서 설명한 바 있다. 압력이 흐름방향을 따라 감소하면 압력경사는 (−)값을 갖는

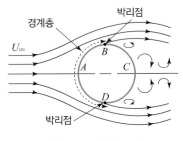

그림 9.8 공 주변의 흐름

순경사를 나타내어 흐름에 도움을 주는 반면에, 반대로 증가하면 (+)값을 가지므로 흐름에 반대되는 역경사를 나타내게 된다. 즉, 경계층 내에서 순압력 경사는 흐름을 촉진시키는 역할을 하여 흐름을 방해하지 않으나, 역경사는 흐름의 반대방향으로 압력이 작용하여 흘러가지 못하게 하는 역할을 한다. 특히 역경사에서는 흐름이 방해를 받아 바닥면에서부터 파고드는 현상을 보이는데 이것을 좀 더 알기 쉽게 나타낸 것이 [그림 9.8]이다.

[그림 9.8]에서와 같이 공이나 원통 주변의 흐름을 생각해 보자. 멀리서 U_∞의 속도로 유체가 유입될 때 정체점 A, C에서의 속도는 0이 될 것이고 B를 지날 때 속도는 최대가 될 것이다. 속도가 크면 베르누이 식에서 압력은 작아지고 속도가 0인 정체점에서는 최대가 된다. 에너지의 손실이나 경계층의 존재 등은 없고 단지 포텐셜 흐름이라고 생각할 때의 압력과 속도관계를 살펴보자. 지금 유체가 원을 따라 A에서 B로 이동할 때는 압력이 큰데서 작은 데로 가므로 압력은 진행방향으로 작용하는 순경사가 될 것이다. 뒤에서 밀어주는 압력에 의하여 속도는 빨라지고 대신 압력은 속도를 빨리 한 만큼 줄어들 것이다. 그러나 B에서 C로 이동할 경우는 역압력 경사에 의하여 방해를 받을 것이다. B지점에서의 빠른 유속은 C지점으로 갈수록 압력의 방해를 받아 느려질 것이고, C의 정체점에 이르면 마침내 0이 될 것이다. 그러나 베르누이 식으로부터 압력에너지와 운동에너지의 합은 모든 점에서 같을 것이다.

다음은 경계층이 존재한다고 할 때의 경우를 생각해 보자. 우선 경계층 속의 압력은 경계층 밖의 압력과 동일하다고 하였으므로 압력분포는 앞의 경우와 같을 것이다. 한편 경계층 내에서는 점성의 역할이 중요하게 작용하므로 전단응력이 작용하게 되며 따라서 에너지 손실이 발생한다. 유체가 A에서 B로 이동할 때에는 순압력 경사에 의하여 흘러가겠지만 점성에 의하여 본래 가지고 있던 에너지의 상당부분은 상실한 채 B에 도달하게 된다. B에서 C로 갈 때는 역압력 경사로 인하여 나아가기 힘들게 된다. 에너지 손실이 없다면 이 역경사를 뚫고 충분히 C점까지 도달할 수 있겠지만 에너지를 소모하고 있는 상황에서는 어려울 것이다. 특히 에너지 손실은 바닥 부근에서 대부분 일어나므로 바닥 부근에 있는 유체부터 지치기 시작하여 전진하지 못하다가 마침내는 압력에 굴복하여 뒤로 밀리게 된다. 그러므로 주 흐름과 반대방향의 흐름이 발생하게 되고 결국에는 분리되는 상황에 이르게 된다. 이렇게 흐름이 분리되는 현상을 박리(剝離; separation)라고 한다.

이러한 박리현상은 물체 뒷부분에서 유체가 서로 교란되는 후류(後流: wake)가 발생되는 원인이 된다. 특히 큰 유속에서는 이러한 박리현상은 심화되고 박리된 유체덩어리는 분리되어 경계층을 떠나게 되는데 이때 저항력은 매우 불안정한 상태를 보인다. 이러한 현상 때문에 [그림 9.9]에 나타낸 것처럼 Re가 커질수록 감소하던 구의 저항계수 C_D값이 상승하는 모습을 보인다. 박리현상의 발생유무는 물체의 형상에 따라 많은 차이를 나타내게 되며, 저항력도 이에 영향을 지대하게 받는다. 난류흐름에서 저항을 최대한 줄일 수 있는 형상은 유선형이며 비행기 날개가 대표적이다. [표 9.1]은 물체의 형상에 따른 저항력을 실험에 의해 측정한 결과의 예를 나타낸 것이다. 이에 의하면 시속 210마일(336 km/hr)의 공기속도에서 유선형이 받는 저항력을 1.0이라 할 때 유선형의 앞뒤를 바꾼 경우는 2.6배가, 지름이 유선형 두께의 1/10인 둥근 철사줄에 걸리는 저항력은 무려 9.3배나 됨을 보이고 있어 물체의 형상이 얼마나 큰 영향을 미치는지 알 수 있다.

또한 표면이 거친 공과 미끈한 공이 받는 저항을 비교했을 때 당연히 표면이 거친 공이 미끈한 공보다 저항을 많이 받을 것이다. 그러나 일반적으로는 맞는 말이지만 항상 그런 것만은 아니다. 미끈한 공이나 거친 공이나 속도가 증가할수록 저항력도 커지게 되며 거친 공이 미끈한 공보다 저항을 더 받게 된다. 그러나 [그림 9.10]에서처럼

표 9.1 물체 형상에 따른 저항력

물 체	공기의 속도	저항력
	→ → → 336 km/hr	1.0
	→ → → 336 km/hr	2.6
	→ → → 336 km/hr	4.0
	→ → → 336 km/hr	9.3

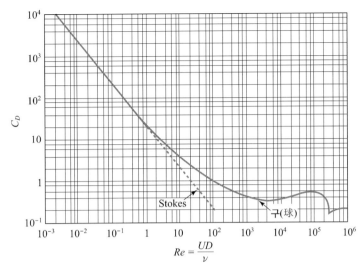

그림 9.9 구에 대한 저항계수(Streeter 등, 1998)

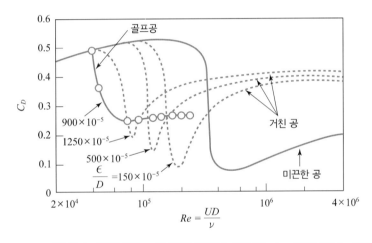

그림 9.10 거친 공과 미끈한 공의 Re에 따른 저항계수 변화(Blevins, 1984; White, 2010)

속도가 좀 더 증가하면 경계층에서 박리현상이 발생하게 되고 유체덩어리가 떨어져 나가면 저항력은 일시적으로 떨어지다가 다시 증가하는 현상이 나타나게 된다. 이러한 현상은 거친 공에서부터 시작되고 미끈한 공에서는 조금 더 큰 속도에서 나타난다. 이렇게 속도가 증가함에 따라 저항도 증가하다가 어느 구간에서는 일시적으로 갑자기 떨어지는 것은 앞에서 설명한 경계층의 특성 때문이다. 따라서 이러한 속도구간에서는 거친 구가 미끈한 구보다 오히려 저항을 덜 받게 된다. 즉, [그림 9.10]과 같이 어떤 구간에서는 거친 구의 속도가 더 빠르게 되며, 골프공의 표면을 거칠게 하거나 야구공에서 실밥을 노출시키는 이유이기도 하다.

9.1 폭이 0.5 m이고 길이가 1.2 m인 얇은 평판이 물속에서 고정되어 있고 물은 6 m/s로 흐르고 있다. 평판의 한쪽 면에 작용하는 마찰항력을 계산하시오. 여기서 물의 동점성계수를 $\nu = 1 \times 10^{-6}$ m²/s, 밀도는 $\rho = 1,000$ kg/m³이라고 가정하시오.

9.2 동점성계수가 $\nu = 1.5 \times 10^{-6}$ m²/s, 밀도는 $\rho = 1.2$ kg/m³인 공기가 면적이 2.2 m²인 얇은 평판 위를 10 m/s로 흐르고 있다. 전마찰항력이 1.3 N일 경우 평판의 폭과 길이는 얼마인지 계산하시오.

9.3 얇은 평판 위에 공기가 3.5 m/s로 평행하게 흐를 때 평판 앞부분에서부터 50 cm 떨어진 지점에서의 경계층 두께를 계산하시오.

9.4 압력경사 dp/dx가 (+)값을 갖는 흐름에 반대되는 역경사인 경우에 대해 설명하고 이와 같은 역경사가 발생하는 유동영역의 예를 제시하시오.

9.5 폭이 1.8 m이고 길이가 0.35 m인 얇은 평판이 해수에 고정되어 있고 해수는 12 m/s로 흐르고 있다. 평판의 뒷부분 끝에서의 경계층 두께를 계산하고, 평판의 양쪽 면에 작용하는 마찰항력을 계산하시오. 또한 조고 $k_s = 0.12$ mm인 거친 표면을 갖는 평판일 경우 면에 작용하는 마찰항력을 계산하시오. 여기서 해수의 동점성계수를 $\nu = 1 \times 1.044^{-6}$ m²/s, 밀도는 $\rho = 1,025$ kg/m³이라고 가정하시오.

9.6 폭이 3 m이고 길이가 0.5 m인 평판이 2 m/s로 공기 중에서 이동하고 있다. 평판의 한쪽 면에 작용하는 항력(전마찰력)과 평판 뒷부분 끝에서의 경계층 두께를 계산하시오. 여기서 공기의 동점성계수를 $\nu = 1.5 \times 10^{-5}$ m²/s, 밀도는 $\rho = 1.2$ kg/m³이라고 가정하시오.

10 Chapter

난류
Turbulence

1. 난류의 속성
2. 난류의 발생원인
3. Reynolds에 의한 난류의 해석방법
4. 최근까지의 난류 해석방법

자연계에서 유체의 흐름은 아주 특수하게 예외적인 경우를 제외하고는 모두 난류이다. 그러나 불행하게도 이론적으로 해석할 수 있는 것은 층류에만 국한되어 있을 뿐 난류의 해석은 벽에 부딪히게 되었으며, 이에 부득이 점성유체의 해석에서 얻은 층류의 지식에 단초를 두고, 물리적 현상에 기초한 실험 및 경험을 통하여 난류의 특성을 규명하고 있다. 그러나 층류와 난류의 흐름양상은 매우 다르다. 우선 난류의 가장 큰 특징은 이웃한 층 사이에 운동량의 교환이 이루어져 잘 섞인다는 것이다. 이것을 간섭이라고 표현하기도 한다. 또한 관심이 높은 에너지 손실도 층류에서는 속도에 비례하지만 난류에서는 속도의 제곱에 비례한다. 그 외 여러 부문에서 다르지만 한마디로 설명하기에는 한계가 있다. 단편적이지만 이해를 돕기 위하여 다음과 같은 예를 생각해 보자.

초등학교 학생들이 선생님의 지도하에 줄맞추어 길을 가고 있다. 앞에는 줄을 잘 맞추어 가는 층류의 흐름이 되고 뒤로 갈수록 학생들은 장난치느라 줄이 뒤섞여 줄을 찾을 수 없는 난류의 상태가 된다. 줄을 잘 맞추어 가면 맨 앞에 있는 학생이 빨리 가더라도 뒤따라오는 학생들도 옆줄에 상관없이 빠르게 가는 반면, 줄이 없는 뒷부분에서는 옆줄과 섞이면서 비슷한 속도로 간다. 이처럼 층류에서는 층별 속도 차이가 크며 난류에서는 평균유속에 가깝게 흐른다. 또한 줄을 맞추어 가면 길가의 간판이나 장애물의 영향이 없는 반면 뒷줄에서는 서로 장난치다가 다치는 경우가 발생한다. 즉, 층류에서는 관벽이 미끈하거나 거칠거나 상관없으나 난류에서는 조도에 영향을 많이 받게 된다. 저항력은 층류의 경우 접촉면적에 비례하여 유선형이 오히려 원형보다 크게 되나, 난류에서는 유선형에서 저항력이 제일 작게 된다. 또한 속도가 커질수록 저항력도 커지는 것이 일반적이지만 난류에서는 경계층이 떨어져 나가면서 일시적으로 감소하여 속도가 큰데도 저항력은 오히려 작은 구간이 나타나기도 한다. 이처럼 겉으로 나타나는 것 이상으로 층류와 난류는 그 속성이 매우 다르다.

이 장에서는 난류가 갖는 속성과 발생 원인에 대하여 간략하게 살펴보고, 난류를 해석하기 위한 초기의 개념 및 시도들에 대해서도 살펴본다. 또한 비록 완전한 해를 아직도 찾고 있지는 못하지만, 그동안 이루어 놓은 성과와 현재 일반적으로 사용하고 있는 난류의 해석방법들에 대해서도 설명한다.

 ## 1 난류의 속성

난류를 한마디로 정의하기는 매우 어렵다. 난류는 불규칙(irregular)하고 3차원적(3-dimensional)이며 강한 회전류(rotational)의 특성을 가지고 있고, 에너지 전달 및 소멸의 주원인이며 유체의 혼합(mixing) 및 질량과 열전달(mass and heat transport)의 가장 기본적인 요소이다. 극히 이상적인 경우를 제외하고는 지구상의 모든 흐름은 난류의 성격을 가지고 있다. 그러므로 대부분의 유체역학 문제는 난류의 흐름으로 해석해야 하는 것은 당연하지만 아직까지 만족할 만한 해결 방법을 찾지 못하고 있다.

난류의 해석은 19세기말 Reynolds(1895)나 Boussinesq(1877)에 의하여 처음으로 제안된 해석방법 이후 100여년이 지난 지금까지 수많은 사람들이 난류를 보다 정확하게 규명하기 위하여 모든 노력을 기울여 왔으나, 난류가 왜 생기는지에 대한 근본적인 물음에 조차 명쾌한 답을 못하고 있다. 그 주된 원인은 난류가 갖는 무작위성(randomness)과 비선형성(non-linearity) 때문이며 이들은 이론적인 측면에서의 해석을 어렵게 만들고 있다. 따라서 난류 현상에 관한 연구는 대부분 실험이나 경험에 의존할 수밖에 없었다. 물론 Prandtl(1925)이 제기한 혼합거리 가정(mixing length hypothesis)의 등장은 그 후 Schlichting이나 von Kármán 등의 이론과 더불어 난류에 대한 연구가 주로 경계층 이론(boundary layer theory)의 발달로 이어지게 되었고, 결국 20세기 항공우주산업의 이론적인 배경을 제공해 왔으나 아직도 그것들이 갖는 수많은 미지의 변수(unknown factors)들은 또 다른 가정(assumption)이나 직관(inspiration)에 의하여 결정될 뿐 속 시원한 해결방법의 출현은 요원한 듯하다. 이것은 난류이론의 지침이 되는 참고문헌이 19세기 말부터 20세기 중반까지 발표된 것이 대부분이라는 것만 보아도 알 수 있다.

난류운동을 가장 잘 나타내는 것이 Navier-Stokes 식과 그에 수반되는 스칼라 이송방정식(scalar transport equation)이다. 이 식들은 가장 기본적인 물리법칙에서 유도된 것이기 때문에 층류나 난류에 상관없이 성립되지만 이론적인 일반해는 아직까지 존재하지 않는다. 근래에 전자계산기의 등장 이후 수치해석에 의한 해석방법을 모색하여 다소간의 진전은 있었다고 평가할 수는 있으나, 그 방법도 곧 한계성을 나타내고 있어 이들을 직접 해석하는 것은 불가능하다고 알려져 있다. 그 이유는 난류의 기본적 성질에서 찾을 수 있다. 즉, 난류는 크고 작은 크기의 와(渦: eddy)로써 구성되어 있으며 이들은 서로 비선형적으로 연계(coupled)되어 있다. 큰 규모의 와는 유체가 갖는 에너지 공급원으로, 아주 작은 규모의 와는 에너지 소멸의 주원인으로서 유체 운동학상 이들 모두가 필수불가결하다. 그러므로 어떠한 방법으로 난류를 해석하더라도 이들의 영향을 모두 고려해야 한다. 이들 와의 크기와 유체에너지와의 관계는 구소련의 Kolmogorov(1941) 등에 의하여 밝혀졌으며 이들은 $k = \sqrt{u'^2 + v'^2 + w'^2}$ 으로 표시되는 난류 운동에너지 k의 스펙트럼을 가지고 설명하였다. 이들의 전형적인 모양은 [그림 10.1]과 같다.

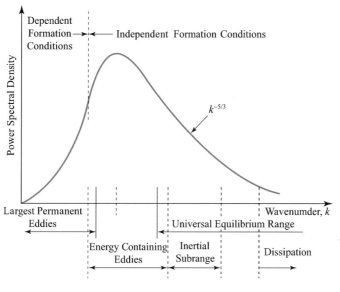

그림 10.1 난류 운동에너지 k의 스펙트럼

　그림에서 보는 바와 같이 에너지를 대부분 포함하고 있는 영역은 k가 작은 부분이고, 에너지의 소모가 주로 발생하는 곳은 k값이 큰 부분이다. 따라서 큰 규모의 유동에서는 주로 에너지를 포함하고 있는 반면에 대부분의 에너지 손실은 아주 작은 규모에서 이루어진다. 이 두 크기의 와(渦: eddy) 사이에 천이영역, 즉, 에너지 공급과 소모율이 같아 평형상태를 이루는 영역이 존재하며, 이것을 inertial subrange라고 하고 3차원 정상상태의 균질한(3-dimensional stationary homogeneous) 난류흐름에서는 파수(wavenumber)의 −5/3제곱에 비례한다는 것을 이론적으로 유도하였다. 이 이론의 결과는 어떤 난류모형에서 얻어진 자료를 가지고 스펙트럼을 구하여 −5/3 경사가 나타나느냐의 여부로써 그 모형의 정확성을 찾는 검증의 수단으로 자주 이용된다. 따라서 이상적인 난류모형은 큰 규모의 운동뿐만 아니라 소규모 운동의 역할도 모두 포함하고 있어야 한다.

② 난류의 발생원인

　난류의 근본적인 발생원인에 대하여 아직 정확하게 알지 못한다. 다만 난류와 관련된 주변의 여러 가지 현상들을 종합하여 추론할 뿐이다. 19세기말 Reynolds 실험에 의하면 층류가 발생하는 최대 Reynolds 수, Re는 2×10^3 정도의 크기를 갖는다고 알려져 있으며, 이는 보통 미끈한 관에서는 층류를 이루는 Re의 경계값을 2,000으로 취하는 이유이다. 그러나 그 후 Ekman의 실험에 의하면 Re를 4×10^4까지 증가시켜도 층류를 유지할 수 있음을 보이는데, 그 이유는 실험 내내 흐름을 교란(disturbance)시키지 않고 극히 조용한 상태를 유지시킴으로써 가능하였다. 이처럼 어떠한 환경이나 조건에서 Re가 변화하는지, 특히 층류를 이루는 최대 경계값(Re_{cr})이 어떤 경우에 나타나는지를 잘 살펴보면 난류발생의 원인을 단편적으로나마 유추할 수 있을 것이다.

Tollmien과 Schlichting은 모든 흐름에는 시간상, 공간상에서 흐름을 교란시키는 성분을 포함하고 있으며 이 교란성분이 감소하면 안정된 상태, 즉 층류가 되고, 교란성분이 증가하면 난류가 된다고 하였다. 그러나 왜 교란성분이 포함되어 있는지는 밝히지 못하고 있다. 층류상태에서 난류상태로 변환되는데 영향을 미치는 인자들은 다음과 같은 몇 가지가 알려져 있다. 첫째로, Couette의 흐름이나 Hagen-Poisuelle 흐름을 재현한 Schubauer & Skramstad의 실험결과에 따르면, 순압력경사의 흐름인 $\frac{dp}{dx} < 0$에서는 Re의 최대 경계값(Re_{cr})이 증가하고, 역압력경사의 흐름인 $\frac{dp}{dx} > 0$에서는 감소함을 보이고 있다. 이것으로 보아 압력이 역경사를 나타내는 구간 내의 경계면에서는 난류경향이 강하고 이는 박리(separation)현상과 깊은 연관이 있다고 추측하였다. 둘째로, 벽면의 거칠기에 관한 것으로써 거친면에서는 Re_{cr}이 작은 값을, 미끈한 면에서는 Re_{cr}가 큰 값을 갖는다. 이것은 거친 정도를 나타내는 조도(粗度: roughness)가 크면 교란의 원인이 되기 때문으로 생각된다. 셋째로, 흐름의 형상이 볼록(convex)하면 큰 차이를 보이지 않으나 오목(concave)하면 Re_{cr}이 감소함을 보이는데 이는 국부적인 압력변화에 의한 것으로 추측된다. 넷째로, 벽면에서 흡입(suction)이 이루어지면 층류를 이루게 하는데 매우 효과적이며, 반대로 방출(injection)의 경우에는 층류를 유지하기가 매우 어렵다. 마지막으로 열(heat)에도 영향을 받는데, 벽면의 온도가 공기의 온도보다 높아 열이 공기 중으로 방출될 때는 Re_{cr}이 작아져 층류를 이루기 어렵고, 반대의 경우에는 Re_{cr}이 증가하여 층류를 이루기가 상대적으로 쉽다. 위와 같이 난류의 발생과 관련된 몇 가지 경우에 대하여 알아보았지만 국부적인 현상에 대한 설명일 뿐 만족스러운 답을 기대하기에 현재로서는 아직 미흡하다.

③ Reynolds에 의한 난류의 해석방법

(1) Reynolds 평균정리에 의한 Navier-Stokes 방정식의 변환

앞에서 난류의 근원적 발생 원인이나 난류의 구체적인 물리적 성질은 아직 명확하게 밝혀진 것이 없다고 하였다. 그 주된 원인으로서 난류는 시공간상에서 매우 강한 불규칙성(irregularity)과 무작위성(randomness)을 보이기 때문이며, 난류를 발생하게 하는 원인에는 매우 많은 요소들이 관계하고 있고, 또한 그들은 서로 복합적으로 연계되어 있는 것으로 알려져 있다. 이렇게 수많은 교란(disturbance)의 원인을 일일이 밝혀내는 것은 현실적으로 가능하지 않다고 생각하여 개별적인 해석방법보다는 통계적인 방법을 통하여 해결하려는 시도가 관심을 끌게 되었다. 그중 대표적인 것이 Reynolds에 의한 해석방법이며, 그는 흐름을 통계적 관점에서 평균흐름(mean flow)과 변동흐름(fluctuating flow)으로 구성되어 있다고 가정하였다. 예로서 유체의 속도는 평균개념의 주 흐름성분과 작은 변동성분으로 나눌 수 있을 것이다. 또한 속도는 시간과 공간의 함수이므로 평균흐름도 어느 한 지점에서의 시간평균(temporal mean)과 어느 순간에서의 공간평균(spatial mean)으로 나눌 수 있다고 하였다. Reynolds는 임의의 함수값 q의 시간평균을 다음과 같이 정의하였다.

$$\bar{q} \equiv \frac{1}{T}\int_{t_o - T/2}^{t_o + T/2} q\,dt \qquad (10.1)$$

여기서 T는 통계적으로 변동량을 포함하기에 충분한 sampling 시간이다. 이 정의에 따르면 각 방향의 속도성분들은 각각 다음과 같이 평균값과 변동량으로 나타낼 수 있다.

$$\bar{u} = \frac{1}{T}\int u\,dt\,, \quad \bar{v} = \frac{1}{T}\int v\,dt\,, \quad \bar{w} = \frac{1}{T}\int w\,dt \quad (10.2)$$

$$u'(t) = u(t) - \bar{u}\,, \; v'(t) = v(t) - \bar{v}\,, \; w'(t) = w(t) - \bar{w} \quad (10.3)$$

그리고 식(10.1)의 평균정의에 의하여 변동성분들의 평균은 다음과 같이 0이 됨을 알 수 있다.

$$\bar{u'} = \frac{1}{T}\int u'\,dt = \frac{1}{T}\int u\,dt - \frac{1}{T}\int \bar{u}\,dt = \bar{u} - \bar{u} = 0 \quad (10.4)$$

Reynolds는 이러한 평균정의에 따라 다음과 같은 Reynolds의 평균정리(Reynolds' axiom)를 주장하였다.

$$\overline{u'} = \overline{v'} = \overline{w'} = 0 \tag{10.5}$$

$$\overline{\overline{u}} = \overline{u} \,,\; \overline{\overline{v}} = \overline{v} \,,\; \overline{\overline{w}} = \overline{w} \,,\; \overline{\overline{u}\,\overline{u}} = \overline{u}\,\overline{u} \,,\; \overline{\overline{u}\,\overline{v}} = \overline{u}\,\overline{v} \,,\; \cdots \tag{10.6}$$

$$\overline{\overline{u}\,u'} = \overline{\overline{u}\,v'} = \cdots = 0 \tag{10.7}$$

$$\overline{u'u'} \neq 0,\; \overline{u'v'} \neq 0,\; \overline{u'w'} \neq 0,\; \cdots \tag{10.8}$$

$$\overline{uu} = \overline{u}\,\overline{u} + \overline{u'u'} \,,\; \overline{uv} = \overline{u}\,\overline{v} + \overline{u'v'} \,,\; \cdots \tag{10.9}$$

$$\overline{\frac{\partial u}{\partial \eta}} = \frac{\partial \overline{u}}{\partial \eta} \,,\; \overline{\frac{\partial v}{\partial \eta}} = \frac{\partial \overline{v}}{\partial \eta} \,,\; \overline{\frac{\partial w}{\partial \eta}} = \frac{\partial \overline{w}}{\partial \eta} \,,\; \eta = t, x, y, z \tag{10.10}$$

Reynolds는 위와 같은 자신의 평균정리에 의하여 지배방정식인 연속방정식과 Navier-Stokes 식을 평균흐름에 대한 식으로 변환하였으며, 난류의 불규칙성과 무작위성으로 대표되는 변동성분들을 소거하였다. 그러나 이 방법은 평균흐름에 변동성분들이 어떤 역할을 담당하고 있는지, 변동성분과 평균흐름 사이에는 어떤 관계가 있는지에 대한 규명이 선행되어야 한다. 본격적인 변환에 들어가기에 앞서 비선형항의 해석을 위하여 운동량방정식의 이류가속도항에 연속방정식을 합하여 보다 알기 쉽게 나타내는 것이 필요하다. 예로서, x방향의 관성력항을 나타내는 식에 연속방정식에 u를 곱한 항을 합하면 비선형항들을 아래와 같이 묶을 수 있다.

$$\frac{\partial u}{\partial t} + u\frac{\partial u}{\partial x} + v\frac{\partial u}{\partial y} + w\frac{\partial u}{\partial z} + u\left(\frac{\partial u}{\partial x} + \frac{\partial v}{\partial y} + \frac{\partial w}{\partial z}\right) \tag{10.11}$$

$$= \frac{\partial u}{\partial t} + \frac{\partial(uu)}{\partial x} + \frac{\partial(uv)}{\partial y} + \frac{\partial(uw)}{\partial z}$$

마찬가지 방법으로 y, z방향에 대하여도 유사한 결과를 얻을 수 있다. 이제 비압축성 유체에 대한 연속방정식과 운동량방정식에 식(10.1)의 평균정의에 의하여 평균을 취하면 다음과 같은 평균흐름에 대한 식이 될 것이다.

$$\frac{\partial \overline{u}}{\partial x} + \frac{\partial \overline{v}}{\partial y} + \frac{\partial \overline{w}}{\partial z} = 0 \tag{10.12}$$

$$\frac{\partial \overline{u}}{\partial t} + \frac{\partial(\overline{uu})}{\partial x} + \frac{\partial(\overline{uv})}{\partial y} + \frac{\partial(\overline{uw})}{\partial z} \tag{10.13}$$

$$= -\frac{1}{\rho}\frac{\partial \overline{p}}{\partial x} + \frac{\mu}{\rho}\left(\frac{\partial^2 \overline{u}}{\partial x^2} + \frac{\partial^2 \overline{u}}{\partial y^2} + \frac{\partial^2 \overline{u}}{\partial z^2}\right)$$

$$\frac{\partial \overline{v}}{\partial t} + \frac{\partial(\overline{vu})}{\partial x} + \frac{\partial(\overline{vv})}{\partial y} + \frac{\partial(\overline{vw})}{\partial z} \tag{10.14}$$

$$= -\frac{1}{\rho}\frac{\partial \overline{p}}{\partial y} + \frac{\mu}{\rho}\left(\frac{\partial^2 \overline{v}}{\partial x^2} + \frac{\partial^2 \overline{v}}{\partial y^2} + \frac{\partial^2 \overline{v}}{\partial z^2}\right)$$

$$\frac{\partial \overline{w}}{\partial t} + \frac{\partial \left(\overline{wu} \right)}{\partial x} + \frac{\partial \left(\overline{wv} \right)}{\partial y} + \frac{\partial \left(\overline{ww} \right)}{\partial z} \tag{10.15}$$

$$= -g - \frac{1}{\rho} \frac{\partial \overline{p}}{\partial z} + \frac{\mu}{\rho} \left(\frac{\partial^2 \overline{w}}{\partial x^2} + \frac{\partial^2 \overline{w}}{\partial y^2} + \frac{\partial^2 \overline{w}}{\partial z^2} \right)$$

지금 앞의 각 항들 중 선형항들은 평균류의 값으로 표기하는데 문제가 없으나, 비선형 항들은 Reynolds의 정리에 의하여 각각의 평균값으로 표시해야 한다. x방향의 관성력 항에 있는 비선형항들은 다음과 같이 된다.

$$\frac{\partial \overline{u}}{\partial t} + \frac{\partial \left(\overline{uu} \right)}{\partial x} + \frac{\partial \left(\overline{uv} \right)}{\partial y} + \frac{\partial \left(\overline{uw} \right)}{\partial z} \tag{10.16}$$

$$= \frac{\partial \overline{u}}{\partial t} + \frac{\partial \left(\overline{u}\,\overline{u} + \overline{u'u'} \right)}{\partial x} + \frac{\partial \left(\overline{u}\,\overline{v} + \overline{u'v'} \right)}{\partial y} + \frac{\partial \left(\overline{u}\,\overline{w} + \overline{u'w'} \right)}{\partial z}$$

여기서 변동성분끼리의 항들($\overline{u'u'}$, $\overline{u'v'}$, $\overline{u'w'}$)은 층류에서는 존재하지 않는 새로 생긴 항으로써 난류이기 때문에 나타나는 항이다. 따라서 이들 항에는 층류에는 없는 난류만이 가지고 있는 고유한 특성이 포함되어 있어야 한다. 층류와 난류의 가장 큰 차이는 흐름층 사이에 변동성분에 의한 추가적인 전단응력이 발생하는 것이다. 그러므로 층류에서 전단응력을 나타내는 점성항과 동일한 성질을 가지고 있다고 생각하여 이들을 묶으면 다음 식이 된다.

$$\frac{\partial \overline{u}}{\partial t} + \overline{u} \frac{\partial \overline{u}}{\partial x} + \overline{v} \frac{\partial \overline{u}}{\partial y} + \overline{w} \frac{\partial \overline{u}}{\partial z} = -\frac{1}{\rho} \frac{\partial \overline{p}}{\partial x} + \frac{1}{\rho} \left[\frac{\partial}{\partial x} \left(\mu \frac{\partial \overline{u}}{\partial x} - \rho \overline{u'u'} \right) \right. \tag{10.17}$$

$$\left. + \frac{\partial}{\partial y} \left(\mu \frac{\partial \overline{u}}{\partial y} - \rho \overline{u'v'} \right) + \frac{\partial}{\partial z} \left(\mu \frac{\partial \overline{u}}{\partial z} - \rho \overline{u'w'} \right) \right]$$

여기서 $-\rho \overline{u'u'}$는 난류가 가지고 있는 연직방향의 응력이고, $-\rho \overline{u'v'}$, $-\rho \overline{u'w'}$는 난류에 의한 전단응력을 각각 뜻한다. 이들을 Reynolds 응력(Reynolds stress) 또는 난류에서 발생한다고 하여 난류응력(turbulent stress)이라고도 부른다.

위 식에서 $\mu \dfrac{\partial \overline{u}}{\partial x}$, $\mu \dfrac{\partial \overline{u}}{\partial y}$, $\mu \dfrac{\partial \overline{u}}{\partial z}$는 평균속도로 표현된 점성응력(viscous stress)이고, 변동성분이 존재하지 않는 층류에서는 u와 $\overline{u}$가 동일하므로 이들은 층류에서의 점성 응력으로 볼 수 있다. $-\rho \overline{u'u'}$, $-\rho \overline{u'v'}$, $-\rho \overline{u'w'}$는 일단 난류의 변동성분에 의한 혼합과정(mixing process)에서 나타나는 응력(apparent stress)으로 취급할 수 있다.

Reynolds 응력을 좀 더 자세하게 살펴보면 $-\rho \overline{u'u'}$는 변동속도 u'에 의하여 생기는 추가적인 운동량이 x방향으로 작용하는 단위시간당, 단위면적당 연직방향의 힘을 뜻하는 반면에, $-\rho\overline{u'v'}$, $-\rho\overline{u'w'}$는 인접한 두 층 사이에 u', v'에 의하여 추가적으로 생기는 전단응력이다. 이러한 응력에 대하여 많은 사람들은 다음과 같은 예를 가지고 설명한다. 속도가 다른 인접한 두 층(layer)이 있을 때 v'에 의하여 속도가 빠른 위층의 입자가 아래층으로 내려오면 아래층의 속도를 빠르게 하는 효과가 있고, 반대로 아래층의 입자가 위층으로 이동하면 위층의 속도를 느리게 한다. 결국 위층과 아래층 사이에 일어나는 운동량의 교환으로 인하여 두 층의 속도를 변화시켜 점차 비슷한 속도가 되도록 한다. 그러므로 위아래 층 사이에 일어나는 운동량의 교환은 두 층 사이에 운동량의 교환이 일어나지 않을 때보다 추가적으로 전단응력이 생기는 효과를 나타내게 된다. 이러한 현상은 오직 점성에 의한 전단응력만이 작용하는 층류의 흐름보다, Reynolds 응력이 추가되는 난류흐름에서 속도 차이가 뚜렷이 나지 않는 이유로 설명한다. 그러므로 난류성분 u', v'에 의하여 새로이 발생하는 응력을 점성에 의한 전단응력과 동일한 성질로 보아 다음과 같이 나타낸다.

$$(\tau_{yx})_t = -\rho\overline{u'v'} \tag{10.18}$$

여기서 $(\tau_{yx})_t$를 난류전단응력(turbulent shear stress) 또는 난류응력이라고 하며, 변동속도성분에 의하여 교환되는 단위면적당 운동량의 평균율이라 할 수 있다. 실제로 u', v' 사이의 관계를 알아보기 위하여 다음과 같은 통계적 상관성(correlation) $\overline{R}$를 사용기도 한다.

$$\overline{R}(u',v') = \frac{-\overline{u'v'}}{\sqrt{\overline{u'^2}}\sqrt{\overline{v'^2}}} \tag{10.19}$$

실제 난류흐름에서 $\overline{R}$ 값은 $0.45 \sim 0.55$를 보이는데, 참고로 $\overline{R}=0$이면 둘 사이에는 전혀 상관이 없이 각자 독립적으로 움직이고, $\overline{R}=1$이면 완전 상관으로 둘이 같이 움직인다는 것을 뜻한다. 이러한 난류에 대한 운동량 식들은 식(10.17)처럼 y, z방향에 대해서도 같은 방법으로 유도할 수 있다.

$$\frac{\partial\bar{v}}{\partial t}+\bar{u}\frac{\partial\bar{v}}{\partial x}+\bar{v}\frac{\partial\bar{v}}{\partial y}+\bar{w}\frac{\partial\bar{v}}{\partial z}=-\frac{1}{\rho}\frac{\partial\bar{p}}{\partial y}+ \tag{10.20}$$

$$\frac{1}{\rho}\left[\frac{\partial}{\partial x}\left(\mu\frac{\partial\bar{v}}{\partial x}-\rho\overline{u'v'}\right)+\frac{\partial}{\partial y}\left(\mu\frac{\partial\bar{v}}{\partial y}-\rho\overline{v'v'}\right)+\frac{\partial}{\partial z}\left(\mu\frac{\partial\bar{v}}{\partial z}-\rho\overline{v'w'}\right)\right]$$

$$\frac{\partial\bar{w}}{\partial t}+\bar{u}\frac{\partial\bar{w}}{\partial x}+\bar{v}\frac{\partial\bar{w}}{\partial y}+\bar{w}\frac{\partial\bar{w}}{\partial z}=-g-\frac{1}{\rho}\frac{\partial\bar{p}}{\partial z}+ \tag{10.21}$$

$$\frac{1}{\rho}\left[\frac{\partial}{\partial x}\left(\mu\frac{\partial\bar{w}}{\partial x}-\rho\overline{u'w'}\right)+\frac{\partial}{\partial y}\left(\mu\frac{\partial\bar{w}}{\partial y}-\rho\overline{v'w'}\right)+\frac{\partial}{\partial z}\left(\mu\frac{\partial\bar{w}}{\partial z}-\rho\overline{w'w'}\right)\right]$$

(2) 경험식에 의한 난류응력 산정(Prandtl's mixing length theory)

앞절에서 비압축성 유체에 대하여 Reynolds의 평균정리를 지배방정식에 적용시켜 평균속도 및 압력으로 표시된 식으로 변환하였다. 여기에는 난류의 특성을 내포하고 있을 것이라고 믿는 Reynolds 응력항들을 포함하고 있다. 원래 지배방정식의 미지수는 u, v, w, p의 4개였으나 평균을 취함으로써 6개의 Reynolds 응력이 새로이 생성되어 10개로 늘게 되었다. 따라서 이들 6개의 응력을, stress 텐서를 strain 텐서로 나타내듯 평균흐름변수들로 나타내야 되는데 아쉽게도 Reynolds 응력과 평균류와의 정확한 이론적인 관계는 아직 알려진 것이 없다. 다만 그동안의 연구결과 몇몇의 반경험적 (semi-empirical theory)인 방법이 제안되어 나름대로 실용성 있는 결과를 도출하기도 하였으며, 여기서 몇 가지를 소개한다.

난류응력은 층류의 점성계수에 의하여 발생하는 전단응력과 유사한 성질을 가지고 있다고 하였다. 일찍이 19세기 말 Boussinesq는 이런 유사성에 착안하여 층류에서의 점성계수와 비슷하게 난류응력을 나타내었다.

$$(\tau_{yx})_t = -\rho \overline{u'v'} = \mu_t \left(\frac{\partial \overline{u}}{\partial y} + \frac{\partial \overline{v}}{\partial x} \right) \tag{10.22}$$

여기서 μ_t는 와점성계수(渦粘性係數: eddy viscosity)라고 하며, 분자구조에 관련되어 있는 molecular viscosity μ와 구별하기 위해 μ_t로 표기한다. 와(渦)는 소용돌이라는 뜻으로 주로 난류의 특성을 나타낸다. 한편 ν_t는 μ_t/ρ로 와동점성계수(渦動粘性係數: apparent kinematic viscosity 또는 kinematic eddy viscosity)라고 부른다. 여기서 꼭 기억해 두어야 할 것은 실제 흐름에서는 층류의 점성계수 μ와 난류의 점성계수 μ_t를 비교할 때 $\mu_t \gg \mu$의 관계를 보인다. 따라서 난류에서는 층류의 전단응력 τ보다 난류의 Reynolds 응력 τ_t가 훨씬 큰 값을 나타내므로 종종 층류의 τ를 무시하곤 한다.

한편, Prandtl은 u'과 v'은 서로 밀접하게 거동하며 2차원으로 표기하면 다음과 같은 관계가 있다 하여 $-\overline{u'v'} = \sqrt{\overline{u'^2}}\sqrt{\overline{v'^2}}$ 이라고 가정하였다. 또한 이들은 속도경사에 비례한다고 보아 다음 식으로 표시하였다.

$$u_*^2 = -\overline{u'v'} = \sqrt{\overline{u'^2}}\sqrt{\overline{v'^2}} = \left(l \frac{d\overline{u}}{dy} \right)^2 \tag{10.23}$$

여기서 u_*는 마찰속도(friction velocity)라고 부르며, 벽면부근에서의 전단응력을 밀도로 나눈 $\sqrt{\tau_w/\rho}$ 이다. 위 식의 관계를 식(10.22)에 대입하면 다음과 같다.

$$(\tau_{yx})_t = \rho l^2 \left(\frac{d\overline{u}}{dy}\right)^2 \qquad (10.24)$$

한편 위 식에 나타낸 난류응력에도 방향성이 존재하므로 다음 식으로 표시하는 것이 더 합리적이다.

$$(\tau_{yx})_t = \rho l^2 \left|\frac{d\overline{u}}{dy}\right|\frac{d\overline{u}}{dy} \qquad (10.25)$$

여기서 미지수는 오직 l이며 길이의 차원을 갖기 때문에 혼합거리(mixing length)라고 부른다. 이 혼합거리와 평균류의 속도분포만 결정되면 난류응력을 구할 수 있다. 위의 식은 매우 간단한 형태로써 적용하기에도 편리하다. Prandtl은 u', v' 은 벽면에서는 0이어야 하므로 l은 벽으로부터의 거리 y에 비례할 것이라고 주장하여 다음 식을 제안하였다.

$$l = \kappa y \qquad (10.26)$$

이러한 Prandtl의 혼합거리 이론은 벽면을 따라 흐르는 흐름의 이론적 접근을 가능하게 하였다. 그 후 von Kármán은 혼합거리 l은 속도분포에 주로 영향을 받는다고 하여 다음 식을 제안하였다.

$$l = \kappa \left|\frac{d\overline{u}/dy}{d^2\overline{u}/dy^2}\right| \qquad (10.27)$$

이 식에 의하면 혼합거리 l은 어떤 특정한 지점의 속도분포에만 관계된다는 것을 알 수 있고, 속도분포만 알면 다음 식에 의하여 난류응력을 산정할 수 있는 간편한 식이다.

$$(\tau_{yx})_t = \rho \kappa^2 \left(\frac{d\overline{u}}{dy}\right)^4 \bigg/ \left(\frac{d^2\overline{u}}{dy^2}\right)^2 \qquad (10.28)$$

(3) 벽면에서의 속도분포 산정

Prandtl과 von Kármán에 의한 혼합거리 이론에 기초하여 벽면 부근에서의 속도분포를 식(10.23)으로부터 유추할 수 있게 된다.

$$(\tau_{yx})_t = \rho u_*^2 = \rho l^2 \left(\frac{d\overline{u}}{dy}\right)^2 \qquad (10.29)$$

위 식을 적분하면 다음과 같은 log 형태의 식을 얻을 수 있다.

$$\frac{1}{u_*}\frac{d\overline{u}}{dy} = \frac{1}{\kappa y} \tag{10.30}$$

$$\frac{\overline{u}}{u_*} = \frac{1}{\kappa}(\ln y + C) \tag{10.31}$$

여기서 적분상수 C는 경계조건에서 결정되는데, 이 식은 난류의 식이므로 관벽 $y = 0$ 에서는 u', v'이 0이므로 관벽에 근접한 곳은 엄밀한 의미에서 난류영역이 아니다. 따라서 이 영역을 벗어나 난류가 시작되는 거리 $y = y_0$에서의 조건 $\overline{u} = 0$ 을 사용한다.

$$\frac{\overline{u}}{u_*} = \frac{1}{\kappa}(\ln y - \ln y_0) \tag{10.32}$$

한편 벽면으로부터 난류영역이 시작되는 거리 y_0는 점성경계층의 두께와 같은 order 를 갖게 될 것이므로 y_0에서는 난류영역과 바닥면의 층류영역이 만나는 점이라고 볼 수 있다. 그러므로 y_0에서는 난류전단응력과 층류의 점성전단응력이 같을 것이다.

$$(\tau_{yx})_t = \rho u_*^2 = \mu\left(\frac{d\overline{u}}{dy}\right)_{y=y_0} \tag{10.33}$$

또한 $\left(\dfrac{d\overline{u}}{dy}\right)_{y=y_0}$ 와 바닥에서의 전단응력 $\left(\dfrac{d\overline{u}}{dy}\right)_{y=0}$ 는 선형적인 관계가 있다고 가정하면 다음의 식을 얻는다.

$$\left(\frac{d\overline{u}}{dy}\right)_{y=y_0} = y_0\left(\frac{d\overline{u}}{dy}\right) \tag{10.34}$$

위 식에 유속분포의 식(10.32)을 대입하면 다음의 무차원 식을 얻는다.

$$\frac{\overline{u}}{u_*} = \frac{1}{\kappa}\left(\ln\frac{u_* y}{\nu} - \ln\beta\right) \tag{10.35}$$

여기서 $y_0 = \beta\dfrac{\nu}{u_*}$ 로 취하였으며 κ와 β는 실험적으로 구한다. 이 식을 대수분포 속도 법칙(logarithmic velocity distribution law) 또는 범용적 속도분포식(universal velocity profile)이라 부른다. 그 후 이 식에 기초하여 Nikuradse와 Reichardt(1945)는 실험자료에

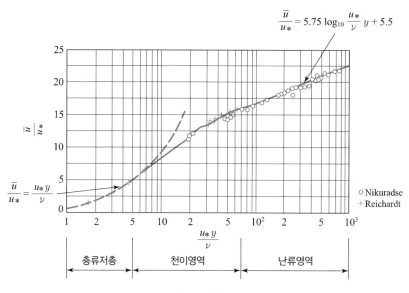

$$\frac{\overline{u}}{u_*} = 5.75 \log_{10} \frac{u_*}{\nu} y + 5.5$$

$$\frac{\overline{u}}{u_*} = \frac{u_* y}{\nu}$$

○ Nikuradse
+ Reichardt

$$\frac{u_* y}{\nu}$$

층류저층   천이영역   난류영역

그림 10.2 난류에서의 대수 속도분포

기초하여 $\kappa = 0.4$, $\beta = 0.111$을 제안하고 있다. 이를 대입하면 다음과 같은 속도분포식을 얻는다.

$$\frac{\overline{u}}{u_*} = 2.5 \ln \frac{u_*}{\nu} y + 5.5 \quad \text{또는} \quad \frac{\overline{u}}{u_*} = 5.75 \log_{10} \frac{u_*}{\nu} y + 5.5 \qquad (10.36)$$

이 식은 잘 알려진 식으로써 실험값과 매우 잘 일치하는 것으로 알려져 있으며, [그림 10.2]에서 확인할 수 있다.

그림에서 보는 바와 같이 식(10.36)은 난류가 가지는 속도분포이므로 앞에서 설명한 것과 같이 벽면에서의 속도가 아니다. 벽면에 인접한 부근에서는 점성력이 우세한 층류영역이기 때문에 이 영역을 벗어난 곳부터 위의 식은 유효하므로 그림에서 $\frac{u_* y}{\nu}$의 값이 70보다 작은 구간에서는 난류영역이 아님을 보여준다. 이러한 층류저층(laminar sublayer)이라고 불리는 층류영역에서는 속도가 다음과 같이 선형적으로 변한다.

$$\tau_w = \mu \frac{d\overline{u}}{dy} = \rho u_*^2 \quad \text{또는} \quad \frac{\overline{u}}{u_*} = \frac{u_*}{\nu} y \qquad (10.37)$$

이 식은 $\frac{u_* y}{\nu} < 5.0$의 영역에서 타당하며, $5.0 < \frac{u_* y}{\nu} < 70$인 천이영역에서는 von Kármán이 다음과 같은 log 분포를 제안하고 있다.

$$\frac{\overline{u}}{u_*} = 5.0 \ln \frac{u_*}{\nu} y - 3.05 \quad \text{또는} \quad \frac{\overline{u}}{u_*} = 11.5 \log_{10} \frac{u_*}{\nu} y - 3.05 \quad (10.38)$$

예제 10.1

동점성계수는 $\nu = 1.5 \times 10^{-5}$ m²/s, 밀도는 $\rho = 1.2$ kg/m³인 공기가 직경 150 mm인 관 안을 난류 상태로 흐르고 있다. 식(10.36)의 대수법칙이 관 중심까지 잘 맞는다고 가정했을 때 관 중심에서의 속도가 5 m/s인 경우 마찰속도 u_*와 벽전단응력 τ_w를 계산하시오.

➕ **풀이**

관의 반경 $R = 0.075$ m이고 관 중심에서의 속도 $\overline{u} = 5$ m/s이므로 대수분포 속도 식(10.36)에 대입하면 마찰속도는 다음과 같이 계산할 수 있다.

$$\frac{5}{u_*} = 2.5 \times \ln \frac{u_* \times 0.075}{1.5 \times 10^{-5}} + 5.5$$

$$\therefore u_* = 0.218 \, \text{m/s}$$

따라서 벽전단응력 τ_w는 식(10.37)에 의해 다음과 같다.

$$\therefore \tau_w = \rho u_*^2 = 1.2 \times 0.218^2 = 0.057 \, \text{N/m}^2 = 0.057 \, \text{Pa}$$

Reynolds 수를 계산하면 다음과 같다.

$$Re = \frac{\overline{u} D}{\nu} = \frac{5 \times 0.15}{1.5 \times 10^{-5}} = 50,000$$

따라서 이 경우의 관속 공기 흐름은 난류임이 확인된다.

(4) 관벽에서의 속도분포 산정

관수로에서의 속도분포에 대한 것은 이미 Hagen-Poiseuille 흐름해석에서 언급한 바 있다. 이에 따르면 관속의 전단응력은 다음과 같음을 알았다.

$$\tau_{rx} = \left(\frac{p_1 - p_2}{l} \right) \frac{r}{2} \quad (10.39)$$

따라서 관벽($r = R$)에서의 전단응력 τ_w은 다음 식으로 표시된다.

$$\tau_w = \left(\frac{p_1 - p_2}{l} \right) \frac{R}{2} \quad (10.40)$$

이 식으로부터 압력경사를 알면 τ_w을 결정할 수가 있으며 이를 단면과 시간에 대한 평균유속으로 표현하고 식(8.33)과 식(8.56)의 관계로부터 에너지 손실계수 f로 표시하면 다음 식을 얻을 수 있다.

$$\tau_w = \frac{f}{8}\rho \overline{u_{av}^2} \tag{10.41}$$

여기서 $\overline{u_{av}}$는 난류에서의 평균유속이다. 층류에서는 에너지 손실계수 f는 이미 Hagen-Poiseuille 흐름에서 $Re/64$임을 이론적으로 보인 바 있다. 난류에서의 f값은 Blasius가 수많은 실험자료를 분석하여 다음 식을 제안하였다.

$$f = \frac{0.3164}{(Re)^{1/4}} \tag{10.42}$$

여기서 $Re = \dfrac{\overline{u_{av}}D}{\nu}$이다. 이 식은 미끈한 관에서의 마찰손실계수를 나타낸 것으로 Blasius 공식으로 알려져 있으며, 이 식은 $4\times 10^3 \le Re \le 10^5$에서 잘 맞는다. Blasius의 식을 이용하여 관벽에서의 전단응력과 평균유속을 구하면 다음과 같다.

$$\tau_w = 0.03325\rho(\overline{u_{av}})^{7/4}(\nu/R)^{1/4} \tag{10.43}$$

$$\frac{\overline{u_{av}}}{u_*} = 6.99\left(\frac{u_* R}{\nu}\right)^{1/7} \tag{10.44}$$

여기서 $u_* = \sqrt{\tau_w/\rho}$이다. 또한 Nikuradse는 $Re \le 10^4$에서 $\overline{u_{av}}/u_{\max} \fallingdotseq 0.8$임을 실험을 통하여 알게 되었으며 이것으로부터 다음의 관계를 제시하였다.

$$\frac{\overline{u}}{u_{\max}} = \left(\frac{r}{R}\right)^{1/7} \tag{10.45}$$

여기서 r은 관벽으로부터의 거리이며, 이것은 Prandtl의 1/7제곱 법칙으로 잘 알려져 있다. 이 식으로부터 난류에서의 유속은 거리의 1/7제곱에 비례한다는 것을 알았으며 대기 중 풍속을 유추할 때 자주 활용되고 있다. 이러한 경향을 실험자료와 함께 표시한 것이 [그림 10.3]이다. 이 그림에서 보면 $Re \le 4\times 10^3$까지는 Nikuradse(1931)의 실험결과가 매우 잘 맞으나 이 구간을 벗어난 $Re \le 3.24\times 10^6$에서는 1/10제곱이 더 잘 일치함을 보인다.

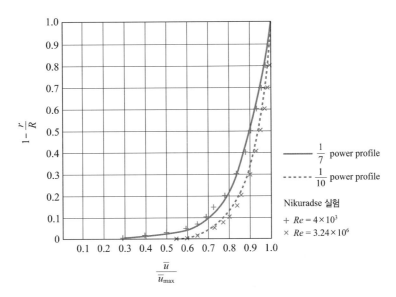

그림 10.3 관수로에서의 난류유속과 거리의 관계

Re값이 훨씬 큰 난류구간에서는 Prandtl과 von Kármán에 의하여 다음 식들이 각각 제안되었다.

$$\frac{\overline{u_{\max}} - \overline{u}}{u_*} = \frac{1}{k_1}\left[\ln\left(\frac{1+\sqrt{r/R}}{1-\sqrt{r/R}}\right) - 2\sqrt{r/R}\right] \ , \ k_1 = 0.23 \qquad (10.46)$$

$$\frac{\overline{u_{\max}} - \overline{u}}{u_*} = -\frac{1}{k_2}\left[\ln\left(1-\sqrt{r/R}\right) + \sqrt{r/R}\right] \ , \ k_2 = 0.30 \qquad (10.47)$$

이들의 결과를 토대로, 관속 흐름에서는 log 분포를 이룬다고 하여 속도분포의 일반적인 형태를 다음 식으로 제안하였다.

$$\frac{\overline{u_{\max}} - \overline{u}}{u_*} = \frac{1}{k}\ln\left(\frac{R}{R-r}\right) \qquad (10.48)$$

위의 식들은 관벽에 아주 인접한 영역에서는 점성력이 지배하므로 난류가 발달되지 않아 잘 일치하지 않으나, 관벽의 영향이 없는 난류가 발달한 영역에서는 매우 잘 맞는 것으로 알려져 있다. 이 속도분포에 따라 에너지 손실계수 f의 식은 다음과 같이 표현된다.

$$\frac{1}{\sqrt{f}} = 2.0\log_{10}\left(Re\sqrt{f}\right) - 0.8 \qquad (10.49)$$

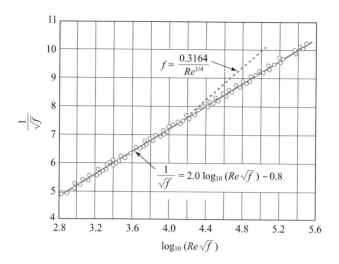

그림 10.4 미끈한 관에서의 마찰계수(Yuan, 1967)

이 식은 식(10.42)의 Blasius의 범위를 넘는 미끈한 관에서의 마찰저항을 나타내는 것으로 Prandtl의 universal resistance law for smooth pipe로 잘 알려져 있으며, [그림 10.4]와 같이 $10^5 < Re$ 에서 매우 타당한 값을 보인다. 또한 흥미롭게도 $Re \leq 10^5$까지는 Blasius의 식(10.42)와도 잘 일치한다.

위와 같은 Prandtl의 f를 구하기 위한 식(10.49)는 벽면이 미끈한(smooth) 관에서 유도된 식이다. 그러나 관이 '미끈하다', '거칠다'의 판단은 사람에 따라 다를 수 있어 좀 더 객관적인 판단 기준이 필요하다. 바닥에서의 흐름은 층류저층(laminar sublayer)의 두께와 우둘투둘한 높이, 즉 조고(粗高: k_s)의 상대적 높이에 영향을 받으므로 '미끈하다', '거칠다'의 판단은 이들의 비에 의해 결정한다. Nikuradse(1933, 1950)는 입경이 균일한 모래를 붙인 sand paper를 관벽에 붙여 실험에 사용하였는데 조고(roughness height)를 평균입경으로 삼았다. 이에 따라 조고(k_s)가 층류저층의 두께보다 작으면 미끈하다고 보았으며, 이 기준에 의하여 조고에 의한 $Re = \dfrac{u_* k_s}{\nu}$ 에 따라 다음과 같이 구분하였다.

즉, $\dfrac{u_* k_s}{\nu} < 1$이면 수리학적으로 미끈하고(hydraulically smooth), $100 < \dfrac{u_* k_s}{\nu}$이면 거칠고(hydraulically rough), 그 사이는 천이영역으로 보았다. 이들 분류에 따라 속도분포 형상도 달라지며 그때의 식들은 다음과 같고 이들을 나타낸 실험결과는 [그림 10.5]와 [그림 10.6]이다.

$$\frac{u}{u_*} = 5.75 \log_{10}\left(\frac{R-r}{k_s}\right) + 8.5 \qquad (10.50)$$

$$\frac{1}{\sqrt{f}} = 2.0 \log_{10} \frac{R}{k_s} + 1.74 \qquad (10.51)$$

이 식은 충분히 거친 관에서 발생하는 난류흐름에 대한 것으로 이것은 원이 아닌 관이나 하천과 같은 개수로에서 반지름 R 대신 통수단면적을 윤변으로 나눈 경심 R_h로 대체하여 사용할 수도 있다.

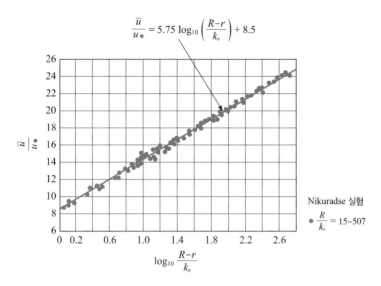

$$\frac{\bar{u}}{u_*} = 5.75 \log_{10} \left(\frac{R-r}{k_s} \right) + 8.5$$

그림 10.5 거친 관에서의 속도분포(Yuan, 1967)

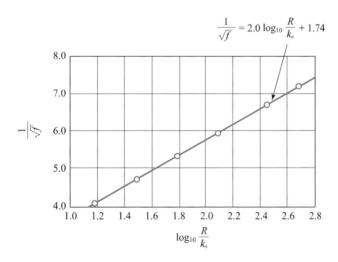

$$\frac{1}{\sqrt{f}} = 2.0 \log_{10} \frac{R}{k_s} + 1.74$$

그림 10.6 거친 관에서의 상대조고와 마찰계수의 관계(Yuan, 1967)

1960년대에 나타난 컴퓨터의 등장은 답보상태를 이어오던 난류의 해석방법에 새로운 길을 제공해 줄 수 있지 않을까하는 기대감을 갖게 하였다. 초창기 보잘 것 없는 저성능 컴퓨터에 의한 해석에서부터 최근의 고성능 컴퓨터에 의한 해석까지, 수치해석방법이 고전적인 난류해석의 대안으로 떠올랐으며, 실제로 특정한 경우에는 괄목할 만한 성과를 이루기도 하였다. 그러나 만능이라고 생각되던 컴퓨터가 아무리 발달한다고 하여도 일반적인 난류문제를 해석하는 데는 여전히 한계가 있음이 입증되고 있다. 즉, 난류가 가지고 있는 속성 자체 때문에 원천적으로 한계를 극복할 수 없다는 것이 현실이다. Kolmogorov에 의하면 에너지를 소멸시키는 와의 크기 η는 다음과 같다고 하였다.

$$\eta = \left(\frac{\nu^3}{\varepsilon} \right)^{1/4} \tag{10.52}$$

여기서 ν는 유체의 동점성계수이고 ε은 단위질량당의 난류운동에너지 소모율을 나타낸다. 또한 ε은 유체의 속도(q)와 에너지를 포함하는 와의 특성길이(l)로서 표시할 수 있으며 $\varepsilon = q^3/l$의 관계를 갖는다. 그러므로 유동장의 크기와 같은 order를 갖는 큰 와(eddy)와 에너지 소멸에 기여하는 작은 와(η)와의 비는 다음과 같다.

$$\frac{\eta}{l} = \left(\frac{q\,l}{\nu} \right)^{3/4} = (Re)^{3/4} \tag{10.53}$$

이 식으로부터 난류의 식을 수치해석에 의하여 해를 얻으려 할 경우 일방향(예를 들어 x방향)의 격자점수는 Re의 3/4제곱에 비례한다는 것을 알 수 있다. 전형적인 난류흐름에서의 Re가 10^5이라 할 때 한 방향에 대한 격자점 수는 $10^{15/4}$이며, 3차원의 경우 무려 10^{11} 이상의 격자점이 필요하다. 이렇게 많은 격자점을 가지고 실제문제에 적용시켜 해를 얻는다는 것은 계산시간상으로나 경제적인 측면에서 현실적으로 실현 가능한 범위를 넘는다. 그러므로 차선의 방법으로 아주 정확한 해를 기대하기보다는 정도는 좀 떨어지지만 평균된 유동장으로 바꿔 해석할 수밖에 없다는 것이 현실이다. 이러한 현실은 극히 정확한 결과보다는 다소간의 오차가 있더라도 허용오차 범위 내에서 손쉽게 계산될 수 있는 것을 받아들이는 공학적인 관점에서 볼 때 충분히 의미가 있고 납득할 수 있는 일이다. 그러므로 난류해석의 핵심은 고전적인 방법과 동일하게 난류를 구성하고 있는 크고 작은 유동 중에서 아주 작은 유동성분(fluctuating component)만을 어떻게 분리시켜낼 수 있으며, 그들의 영향을 어떻게 기본방정식에 고려할 수 있느냐에 달려있다.

(1) 평균방법의 분류

초기 Reynolds는 그의 평균정리를 시간에 대한 것으로 식(10.1)에 의하여 유도하였다. 평균하는 시간간격 T는 분자운동에 기초하는 시간보다는 충분히 길게, 평균치의 유동시간보다는 충분히 작게 취하였다. 이와 같은 시간에 대한 평균과 더불어 공간상으로도 수많은 유동사상들을 전유동장에 걸쳐 종합 평균하는 이른바 앙상블(ensemble) 평균법이 있다. 그러나 Reynolds 평균법이나 앙상블평균법이나 통계적 방법을 사용하기 때문에 그 결과 식들은 서로 동일하다. 두 가지 방법에 의하여 생성된 추가적인 항을 운동량방정식의 경우에는 Reynolds 응력항, 물질이송을 나타내는 스칼라 이송방정식에서는 Reynolds flux항이라고 한다. Reynolds 응력항은 전유동장에 걸쳐 평균류에 대하여 유도된 것이므로 평균유동장 내의 특성길이 l보다 작은 것은 소거되었기 때문에 격자점 수도 η의 order를 갖지 않고 l의 order를 가지므로 Reynolds의 응력항을 정확히 규명할 수만 있다면 가장 바람직하다. 그러나 100년이 넘도록 이들에 대한 만족할만한 규명은 되지 않고 있다.

또 다른 평균분리방법은 체적평균법(volume averaging method)으로 알려진 방법으로서 격자간격으로 이루어진 체적($\Delta x \Delta y \Delta z$)의 평균값을 이용한 방법이다. 이 평균값의 일반 정의식은 다음과 같은 convolution 형태의 적분식으로 주어진다.

$$\overline{u}(x,y,z) = \iiint_{-\infty}^{+\infty} G(x-x',y-y',z-z')u(x',y',z')dx'dy'dz' \quad (10.54)$$

이 개념은 Nyquist 정리에 그 기본을 두며, 여기서 G를 평균함수 또는 필터(filter)함수라고 한다. 이 식은 이동평균을 의미하며 이 정리에 따르면 앞에서 언급한 Reynolds나 앙상블 평균정리는 더 이상 성립되지 않는다. 즉, Reynolds 평균정리에서 생성되는 $\overline{u'v'}$은 생성되지 않으며 평균된 비선형항은 단순히 다음 식으로 표시한다.

$$\overline{uv} = \overline{u}\,\overline{v} + R_{xy} \quad (10.55)$$

여기서 R_{xy}는 난류에 의해 나타나는 일반적 형태의 응력을 나타낸다. 물론 이 응력항도 평균류에 의한 것으로 표시되어야 해석할 수 있음은 당연하다.

체적평균법과 앙상블평균법의 근본 차이점은 후자는 난류장 내의 임의성(randomness)이 완전하게 소거되는 반면 전자는 부분적으로 소거된다는 데 있다. 그 이유는 앙상블평균법에서는 무한히 많은 유동사상을 전 유동장에 걸쳐 적분하여 평균값을 얻었고, 체적평균법에서는 평균거리보다 큰 파장이나 주기를 갖는 random 요인이 존재하기 때문이다.

다시 말하면 체적평균법에서는 평균하는 크기보다 작은 성분만이 소거되는 반면에 앙상블 평균에서는 모든 난류성분이 없어진다. 물론 통계적으로 균질하고 정상상태의 유동장에서는 평균하는 체적이 충분히 클 경우, 위의 두 가지 평균법에서 얻어진 결과는 일치할 것이다.

한편 어느 평균정리를 사용하던 미지항($\overline{u'v'}$ 또는 R_{xy})들을 규명하지 않고서는 안 된다. 지배방정식에서 이들 항이 그대로 존재하여 식을 직접 풀 수 없는 상태를 'open' 되었다고 하고, 미지의 항들이 평균된 값($\overline{u}$, $\overline{v}$ 등)으로 표시되었을 때를 'close' 되었다고 일컫는다. 이렇게 해석할 수 있도록 평균값으로 나타내는 문제를 'closure problem' 이라 하고 그때의 $\overline{u'v'}$ 또는 R_{xy}를 'closure 항'이라 한다. 이러한 closure 문제는 현재까지 풀리지 않는 숙제로 남아있다. closure 항의 규명이 중요한 이유는 난류에 의한 영향이 층류에 의한 것보다 훨씬 크기 때문이다. 경우에 따라서는 수십 배에서 수만 배에 이른다. 그러므로 closure 항을 보다 정확히 규명하는 문제는 난류의 영역을 넘어 유체역학 전반의 성패를 좌우하게 된다.

(2) 앙상블평균법에서의 closure 모델

현재까지 발표된 대부분의 난류모델은 이론적으로의 접근보다는 경험이나 실험적 방법에 의하여 결정해 왔다. 이것은 난류성분이 매우 복잡하고 수많은 인자들이 복합적으로 연계되어 있어 이들의 관계를 하나하나 모두 다 규명하는 것이 불가능하기 때문이다. 그러므로 난류의 세부적 현상을 알기보다는 나타난 현상이나 측정된 자료만을 통계적으로 처리하여 몇 가지 중요하다고 생각되는 변량만을 가지고 난류성격을 이해하려는 방법이 널리 사용되어 왔다. 따라서 난류모델은 필연적으로 실험이나 경험에서 얻은 상수나 함수형태를 포함하게 되었고 이들은 국부적인 난류현상을 몇 개의 매개변수만을 가지고 표시한 것이기 때문에 임의의 유동장에 적용시키기에는 한계성을 지닌다. 그러므로 기존의 난류모델을 사용할 경우 그 모델의 적합성 여부를 먼저 검토한 후 사용해야 한다.

대부분의 난류모델에서 사용되고 있는 매개변수는 와동점성계수 ν_t이다. 이 개념은 Boussineq에 의하여 1877년에 제안된 것으로써 난류로부터 생기는 응력(turbulent stress)은 층류의 점성에 의한 응력(molecular viscous stress)과 유사할 것이라는 가정이며 Reynolds 응력은 평균유속경사에 비례한다고 표시하였다. ν_t는 동점성계수 ν와 달리 유체성질에 관계되는 것이 아니라, 흐름의 상태에 따라 변한다. 이러한 ν_t는 ν와의 유사성에 기초를 두고 있으므로 등방성과 균질성 흐름에만 적용할 수 있다. 더구나 ν

값은 분자구조에 영향을 받는 관계로 연속체(continuum)의 개념으로부터 유도된 지배방정식으로의 도입에 회의적인 견해도 많다. 이러한 개념적 문제에도 불구하고 ν_t는 실제문제, 특히 공학적인 측면에서 많이 사용되고 있는데 그 이유는 아주 정확하지는 않으나 비교적 간단하게 ν_t의 값을 결정할 수 있기 때문이다.

지금까지 난류문제를 해석하기 위하여 제안되고 실제 사용되어 온 수많은 모델들이 있다. 나름대로 그들의 결과가 타당성이 있고 잘 맞는다고 알려진 것들도 다수 있으나 일반적인 해를 제공해주는 것은 아직 찾아보기 힘들다. 1988년 ASCE에서는 수많은 난류모델들을 수집하여 분석 평가하였으며, 이들 자료를 가지고 ν_t를 결정하는 방법에 따라 다음과 같이 분류하였다.

① 동일 와점성계수(constant eddy viscosity) 모델

가장 간단한 방법으로써 ν_t를 전유동장에 걸쳐 상수로서 취급하는 것이며, 난류의 영향이 별로 크지 않은 영역 혹은 경계면에서 멀리 떨어진 곳 등에서 사용될 수 있다. 구체적인 상수의 결정은 직접 관측하거나 실험에 의하여 얻은 응력과 속도경사와의 관계로부터 얻을 수 있다. Rodi나 Fischer 등이 실제문제에 필요한 값들을 많이 발표하였다.

② 혼합거리 가정(mixing length hypothesis)에 의한 모델

경계면 부근, 제트류, 후류(wake) 또는 구조물 부근에서는 상수로서 주어지는 ν_t로서는 불충분하며, 이런 경우 Prandtl에 의하여 제안된 혼합거리 가정에 의하여 ν_t를 결정하는 모델이다. 기체운동론(kinetic gas theory)으로부터 도입된 이 이론에 대하여는 이미 앞절의 '경험식에 의한 난류응력 산정(Prandtl's mixing length theory)'에서 개략적으로 설명하였다. 이 가정은 Prandtl 이후 von Kármán 등에 의하여 괄목할만한 발전을 하였으나 관의 중심에서와 같이 $\partial \bar{u}/\partial y = 0$인 곳에서는 ν_t도 0의 값을 나타내므로 실제 난류현상과 일치하지 않는 모순을 내포하고 있다. 또한 어떤 시간과 공간상에서 난류현상은 바로 전시간이나 주변의 영향을 받는다는 것이 당연함에도 불구하고 이 혼합거리모델은 이들의 영향을 나타낼 수 없다는 한계성도 보인다. 그러므로 매우 빠르게 변하는 흐름(rapidly developing flow)이나 재순환류(re-circulating flow)에서는 이러한 모델이 적합하지 않다고 알려져 있으며, 매우 복잡한 흐름(complex flow)에서도 혼합거리를 결정하는 것이 쉽지 않아 사용하는데 어려움이 있는 단점이 있다. 이렇게 ν_t를 결정하는데 별도의 식을 사용하여 해석하지 않는 모델을 0식 모델(0-equation model)이라고 부르기도 한다.

③ 1식 모델(one-equation model)

혼합거리 모델이 갖는 결점을 보완하기 위하여 중요 난류량을 이송식(transport equation)을 해석하여 결정하고 그에 따라 ν_t를 구하는 모델이다. 난류의 특성을 제일 적절하게 표현하고 있다고 믿는 요소는 난류성분이 갖는 운동에너지 k라고 생각하여 ν_t를 다음 식으로 표현하였다.

$$\nu_t = C_1 \sqrt{k}\, L \tag{10.56}$$

여기서 C_1, L은 실험에 의하여 결정해야 할 상수와 특성길이이다. 이러한 관계는 Kolmogorov와 Prandtl이 각자 독자적 연구에 의하여 제안된 것으로 Kolmogorov-Prandtl 식이라고 한다. 위의 식에서 난류성분이 갖는 k를 구하는 일반적인 식은 Navier-Stokes 식으로부터의 운동에너지식에서 평균류에 대한 운동에너지식을 빼면 얻을 수 있다. 이 식은 많은 항을 포함하고 있어 매우 복잡하므로 전형적인 식을 텐서표기방법을 사용하여 표기하면 다음과 같은 식을 얻는다.

$$\frac{\partial k}{\partial t} + \overline{u_i}\frac{\partial k}{\partial x_i} = \frac{\partial}{\partial x_i}\left[\frac{1}{2}\overline{u_i' u_j' u_j'} + \frac{1}{\rho}\overline{u_i' p} \right] \tag{10.57}$$

$$- \overline{u_i' u_j'}\frac{\partial \overline{u_i}}{\partial x_j} - \nu\, \overline{\frac{\partial u_i'}{\partial x_j}\frac{\partial u_i'}{\partial x_j}}$$

이 식에 보이는 각각의 항들은 왼쪽부터 난류운동에너지의 시간변화율, 이류이송(convective transport), 확산이송(diffusive transport), 전단응력생성(production by shear), 점성에 의한 소멸(viscous dissipation)항들을 나타낸다. 위의 식은 많은 고차항을 포함하고 있으며 이들을 다시 평균흐름의 것으로 규명해야 하는데 일반적인 표현방법은 아직 없다. 어쨌든 이 식에 의하여 각 시간과 공간상에서 k값이 결정되면 실험값로부터 얻은 C_1, L값과 함께 식(10.56)에서 ν_t가 산정되어 난류응력항이 결정된다. 이 식에 의한 결과는 많은 경우에 있어 단순 혼합거리이론에 의한 것보다는 좀 더 정확한 해를 준다고 알려져 있으나, 그 정확도의 크기에 있어서는 현격하게 차이가 나는 것은 아니라고 평가하고 있다.

④ 2식 모델(two-equation model) 또는 $k - \varepsilon$ 모델

식(10.56)의 1식 모델에서는 특성길이 L을 실험값에서 구하지만 범용성을 갖기 위해서는 이 값도 규명해야 된다. k를 구하기 위한 식과 함께 L을 위한 식, 즉 2개의 식을 사용하는 모델이 2식 모델이다. 일반적으로 L은 재순환류에서 중요한 역할을 한다고 알려져 있다. 따라서 L을 혼합거리 개념과 같은 관점에서 취급하거나 L도 k와 같이 식(10.57)과 같은 이송방정식으로 해석하려는 시도도 있었지만 주목되는 결과는 보고되지 않고 있다.

그러나 2식 모델의 대부분은 특성길이 L 자체를 규명하는 것보다는 식(10.57)에서 얻은 결과와 조합하는 형태로서 난류특성인자를 취하는 간접적인 방법을 사용하고 있다. 조합하는 형태에도 여러 가지가 시도되었지만 그중 물리적인 의미가 있는 다음의 식이 제일 많이 사용되고 있다.

$$\nu_t = C_2 \frac{k^2}{\varepsilon} \qquad (10.58)$$

여기서 ε은 난류에너지 소모율을 나타낸다. ε을 구하기 위하여 식(10.57)의 k를 구하는 식처럼 ε식을 다음과 같이 제안하고 있다.

$$\frac{\partial \varepsilon}{\partial t} + \overline{u_i}\frac{\partial \varepsilon}{\partial x_i} = -\frac{\partial}{\partial x_i}\left(\overline{u_i' \varepsilon}\right) - 2\nu \overline{\frac{\partial u_i'}{\partial x_k}\frac{\partial u_i'}{\partial x_j}\frac{\partial u_k'}{\partial x_j}} - 2\nu \overline{\left(\frac{\partial^2 u_i'}{\partial x_j \partial x_j}\right)^2} \quad (10.59)$$

여기서도 우변의 미지항들을 재규명해야 한다. 식(10.57)에서 k값을, 식(10.59)에서 ε값을 얻으면 시간과 공간상에서 식(10.58)에 의하여 ν_t를 결정할 수 있다. 이것을 $k-\varepsilon$ 모델이라고 하며, 현재까지 알려진 다른 어떤 모델보다도 가장 잘 맞는 것으로 알려져 있다. 따라서 2식 모델을 $k-\varepsilon$ 모델이라고 부르기도 한다.

⑤ 난류응력식 모델(turbulent stress-equation model)

앞에서 열거한 모델은 결국 난류응력 $\overline{u_i' u_j'}$를 ν_t에 의하여 결정하는 방법을 사용하고 있다. 그러므로 이들은 모두 Boussineq의 개념 하에 개발, 제안된 것이기 때문에 이것이 갖는 기본가정 및 한계성은 항상 내포하고 있다. 특히 이방성 및 비균질성 난류에서는 그 정당성이 상실된다. 따라서 이러한 개념에서 탈피하여 직접 $\overline{u_i' u_j'}$를 구하려는 방법이 제안되었으며 이 경우 ν_t의 한계성을 배제시킬 수 있다. $\overline{u_i' u_j'}$에 관한 식도 Navier-Stokes 식으로부터 유도되며, 그 결과 식은 다음과 같다.

$$\frac{\partial \overline{u_i' u_j'}}{\partial t} + \overline{u_k}\frac{\partial \overline{u_i' u_j'}}{\partial x_k} = -\frac{\partial}{\partial x_k}\overline{\left(u_i' u_j' u_k'\right)} - \frac{1}{\rho}\left(\frac{\partial \overline{u_j' p'}}{\partial x_i} + \frac{\partial \overline{u_i' p'}}{\partial x_j}\right) \quad (10.60)$$
$$-\overline{u_i' u_k'}\frac{\partial \overline{u_j}}{\partial x_k} - \overline{u_j' u_k'}\frac{\partial \overline{u_i}}{\partial x_k} + \overline{\frac{p'}{\rho}\left(\frac{\partial u_i'}{\partial x_j} + \frac{\partial u_j'}{\partial x_i}\right)} - 2\nu \overline{\frac{\partial u_i'}{\partial x_k}\frac{\partial u_j'}{\partial x_k}}$$

여기에도 많은 미지항들을 포함하고 있으며 모두 재모형화해야 한다. 구체적인 유도과 정이나 각 항이 갖는 물리적 의미는 전문적인 문헌을 참조하기 바란다. 이 식은 수학적으로 유도하여 이론적으로는 완전하므로 다른 어떤 모델보다도 좋은 결과를 기대할 수 있다. 그러나 우변에 있는 많은 미지의 항을 결정하는 것이 어렵고 매 시간, 모든 유동장 내부점에서 이 식을 풀어야 하기 때문에 매우 번거롭다. 그러므로 $k-\varepsilon$ 식에서 나온 결과보다 훨씬 나은 결과가 나온다는 확실한 보장이 없는 한 실제사용을 꺼리고 있다.

(3) 체적평균법에서의 closure 모델

앞에서 언급한 바와 같이 식(10.54)의 정의에 의한 평균값을 사용할 경우 Reynolds의 평균정리는 더 이상 타당하지 않게 되며 사용할 수 없다. Convolution 형태의 체적평균 법은 이동평균을 뜻하기 때문이며 평균함수 G의 선택에 따라 평균값에 직접 영향을 준다. G는 대개 [그림 10.7]에 나타낸 3가지 형태가 주로 사용되며 그중 가우스(Gauss) 분포형이 가장 많이 쓰인다. 우선 체적평균법에서는 $\overline{\overline{u_i u_j}} = \overline{\overline{u_i}\ \overline{u_j}}$ 이라는 Reynolds의 평균정리가 타당하지 않다고 Leonard는 주장하면서 다음 식을 제안하였다.

$$\overline{\overline{u_i u_j}} = \overline{u_i}\ \overline{u_j} + C\Delta_s^2 \frac{\partial^2(\overline{u_i u_j})}{\partial x_k \partial x_k} \tag{10.61}$$

여기서 C는 상수이고 첨자 s는 거리를 나타낸다. 또한 Clark 등은 Leonard와 비슷한 유도과정에서 Reynolds는 0이라고 했던 다음의 항들을 규명하였다.

$$\overline{u_i{}' \overline{u_j}} = -C\Delta_s^2\, \overline{u_j}\frac{\partial^2 \overline{u_i}}{\partial x_k \partial x_k} \quad \text{또는} \quad \overline{\overline{u_i} u_j{}'} = -C\Delta_s^2\, \overline{u_i}\frac{\partial^2 \overline{u_j}}{\partial x_k \partial x_k} \tag{10.62}$$

이들을 사용하면 상당히 개선된 결과가 나오는 것으로 보고되고 있다. 그러나 $\overline{u_i{}' u_j{}'}$ 로 표시되는 난류응력에 대하여는 여전히 closure 문제로 남아 있다. 앙상블평균법과의 구별을 위하여 체적평균법에서는 이와 같은 closure 문제를 SGS(Sub-Grid Scale) 문제라고 부르며 이때의 모델을 SGS 모델이라고 한다. 현재까지 사용되고 있는 SGS 모델은 앙상블 모형에서처럼 와동점성계수 ν_t의 개념에 기초하여 경험적으로 발전되어 왔다. 이들을 분류해 보면 크게 다음의 4가지로 구분한다.

$$\nu_t = C_0 \quad \text{(constant model)} \tag{10.63}$$

$$\nu_t = C_1 \boldsymbol{S} L^2 \quad \text{(stress model)} \tag{10.64}$$

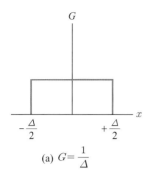
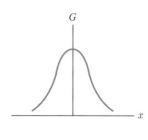
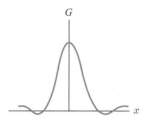

(a) $G = \dfrac{1}{\Delta}$ (b) $G = \sqrt{\dfrac{\gamma}{\pi}} \dfrac{1}{\Delta} \exp(-\gamma x^2 / \Delta^2)$ (c) $G = \dfrac{2 \sin(\pi x / \Delta)}{\pi x}$

그림 10.7 체적평균법의 평균함수 G의 형태

$$\nu_t = C_2 \, \omega \, L^2 \ \text{(vorticity model)} \tag{10.65}$$

$$\nu_t = C_3 \, \sqrt{k} \, L \ \text{(SGS energy model)} \tag{10.66}$$

여기서 L은 특성길이를 뜻하고 대개 필터의 폭 Δ와 깊은 관계가 있으며, S, ω는 변형 텐서와 vorticity 벡터를 S_{ij}와 ω_i라고 할 때 $S^2 = S_{ij}S_{ij}$, $\omega^2 = \omega_i \omega_i$를 나타낸다.

가장 간단한 것은 식(10.63)의 상수모델이며 난류의 영향이 적은 곳에서 사용할 수 있고, stress모형은 처음 Smagorinsky에 의하여 제안된 식으로써 기상 모델에 오랫동안 사용되어 왔다. Vorticity 모델은 stress 모형을 변형한 것이며, SGS 모델은 Schumman 에 의하여 제안되었고 이것은 $k-$모델이나 $k-\varepsilon$ 모델과 유사하다. 이들 모두 나름대 로 타당성을 가지고 사용하고 있으나 Smagorinsky 모형이 제일 잘 맞는다고 알려져 있 다. 이 모델은 주로 지구 전체를 대상으로 하는 기상, 기후예측이나 해양의 변동을 알 기 위한 모형에 가장 많이 이용되고 있다. 그러나 이들은 경험에 주로 토대를 두고 있 어 이론적 배경은 다소 미약하며 개선의 여지가 많은 것도 사실이다.

최근 Yeo와 Bedford(1988)는 비선형항을 $\overline{u_i u_j} = \overline{\bar{u}_i \bar{u}_j} + \overline{u_i' \bar{u}_j} + \overline{\bar{u}_i u_j'} + \overline{u_i' u_j'}$ 의 4개 항으로 분리하여 각각의 항을 해석하는 방법은 바람직하지 않다고 하였다. 그 이유는 분리된 4개의 항이 모두 정확하게 정의되지 않고서는 $\overline{u_i u_j}$의 완전한 규명은 기대할 수 없기 때문이다. 즉, 4개의 항 중 3개는 비록 정확하게 해석하였다 하더라도 나머지 한 개가 부정확하다면 그 전체 결과는 믿을 수 없기 때문이다. 따라서 이들은 4개로 분리 된 형태가 아닌 $\overline{u_i u_j}$ 자체를 해석하는데 초점을 맞추었다. 이들은 가우스 평균함수를 사용하고 Fourier 공간으로부터 난류가 포함하고 있는 변동량을 수학적으로 직접 유도 하였다. 그 결과 $\overline{u_i u_j}$는 다음과 같은 급수형태의 식으로 표시할 수 있음을 보였다.

$$\overline{u_i u_j} = \overline{\overline{u_i} \, \overline{u_j}} + (2\alpha)\frac{\partial \overline{u_i}}{\partial x_k}\frac{\partial \overline{u_j}}{\partial x_k} + \frac{1}{2!}(2\alpha)^2\frac{\partial^2 \overline{u_i}}{\partial x_k \partial x_l}\frac{\partial^2 \overline{u_j}}{\partial x_k \partial x_l} + \cdots \qquad (10.67)$$

여기서 α는 $\triangle^2/4\gamma$이고 γ는 필터함수 G에 관련된 상수값이다. 이 식은 이론적으로 유도된 것이기 때문에 실험상수나 경험에 의한 계수를 결정하지 않아도 되는 큰 장점이 있으며 오로지 필터함수의 형태에만 관계한다. 무엇보다도 지금까지 나왔던 미지의 항 $\overline{u_i' u_j'}$이 없어 closure 문제를 배제할 수 있는, 기존의 방법들과 다른 새로운 길을 제시하고 있다. 식(10.67)에서 고차항들은 작다고 하여 무시하고 1차항만을 고려하여 ν_t를 구해보면 다음과 같은 식을 얻는다.

$$\nu_t = C\sqrt{S_{ij}S_{ij} + 0.5\omega_i\omega_i}\,L^2 \qquad (10.68)$$

이 식은 식(10.64)의 Smagorinsky 모형과 식(10.65)의 vorticity 모형을 합친 형태와 같다. 따라서 이들 두 모형이 서로 상이한 것이 아니라 상호 보완적으로 사용되어 왔음을 보이고 그들의 일반적인 형태가 식(10.67)임을 이론적으로 밝히고 있다.

10.1 다음은 동점성계수가 $\nu = 1.5 \times 10^{-5} \ m^2/s$, 밀도는 $\rho = 1.2 \ kg/m^3$인 공기가 미끈한 평판 벽 근처에서 난류상태로 흐르는 속도를 Rhode Island 대학의 풍동실험에서 측정한 값이다. 이 때의 벽 전단응력과 $y = 3 \ mm$에서의 속도를 계산하시오.

y (mm)	0.635	0.889	1.194	1.397	1.651
u (m/s)	15.6	16.5	17.3	17.6	18

10.2 동점성계수가 $\nu = 1.5 \times 10^{-5} \ m^2/s$, 밀도는 $\rho = 1.2 \ kg/m^3$인 공기가 면적이 2.2 m^2인 얇은 평판 위를 10 m/s로 흐르고 있다. 전마찰항력이 1.3 N일 경우 평판의 폭과 길이는 얼마인지 계산하시오.

10.3 그림과 같이 두 평판이 수평하게 3 m만큼의 거리를 두고 물속에 놓여 있다. 위쪽의 평판이 U의 속도로 움직일 때 전단응력이 15 Pa인 경우 평판의 속도 U를 계산하시오. 단, 압력은 일정하고 평판 사이의 중력은 무시하며 비압축성 난류 흐름 조건이라고 가정하시오.

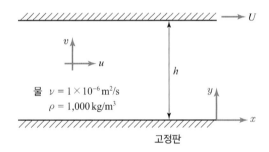

참고문헌

Cited Reference & Bibliography

마릴린 모라이어티. (2008). *비판적 사고와 과학 글쓰기*. 정희모, 김성수, 이재성 옮김. 연세대학 교출판부.

Aris, R. (1962). *Vectors, Tensors, and the Basic Equations of Fluid Mechanics*. Prentice-Hall.

ASCE Task Committee (1988). "Turbulence Modeling of Surface Water Flow and Transport, Parts I-IV", *J. of Hydraulic Engineering*, Vol. 114, No. 9, pp. 970-1073.

Bedford, K.W. (1984). *Selection of Turbulence and Mixing Parameterizations for Estuary Models, Ver. 2.0*. A final Report prepared for C.O.E. Waterways Experiment Station, Vicksburg.

Bedford, K.W. and Yeo, W.K. (1993). "Conjunctive Filtering Procedures in Surface Water Flow and Transport", *Large Eddy Simulation of Complex Engineering and Geophysical Flows*, edited by B. Galperin and S.A. Orszag, Cambridge Univ. Press.

Bedford, K.W., Dingman, S., and Yeo, W.K. (1987). "Preparation of Estuary and Marine Model Equations by Generalized Filtering Methods", *Three dimensional models of marine and estuary dynamics*. edited by J. Nihoul and B. Jamart, Elsvier Pub., pp. 113-126.

Belvins, R.D. (1984). *Applied Fluid Dynamics Handbook*. van Nostrand Reinhold, New York.

Blasius, H. (1913). "Das Ähnlichkeitsgesetz bei Reibungsvorgangen in Flüssigkeiten", *Forschungasheft*, Vol. 131.

Boussinesq, J. (1877). "Theory de l'écoulement tourbillant", *Mem. Pres. Par Div. Savants a L'acad. Sci.*, Paris 23: 46.

Buckingham, E. (1914). "On Physically Similar Systems: Illustrations of the Use of Dimensional Equations", *Phys. Rev.*, Vol. 4, No. 4, pp. 345-376.

Clark, R.A., Ferziger, J.H., and Reynolds, W.C. (1977). *Evaluation of Subgrid Scale Turbulence Models using a fully simulated Turbulent Flow*. Rept. No. TF-9, Dept. of Mech. Eng., Stanford Univ.

Colebrook, C.F. (1938-1939). "Turbulent Flow in Pipes with Particular Reference to the Transition Region between the Smooth and Rough Pipe Laws", *J. Inst. Civil Eng.*, Lond., Vol. 11.

Currie, I.G. (1974). *Fundamental Mechanics of Fluids*. McGraw-Hill.

Feynman, R.P., Leighton, R., and Sands, M. (1979). *lectures on Physics*. Cal. Tech., Addison-Wesley.

Fung, Y.C. (1977). *A first Course in Continuum Mechanics*. 2nd edition, Prentice-Hall.

Hinze, J.O. (1975). *Turbulence*. McGraw-Hill.

Kaplan, W. (1952). *Advanced Calculus.* Addition-Wesley.

Kittel, C., Knight, W.D., and Ruderman, M.A. (1965). *Mechanics*. UC Berkeley physics course, McGraw-Hill.

Kolmogorov, A.N. (1941). "Dissipation of energy in the locally isotropic turbulence", *Dokl. Akad. Wiss. USSR*, 32, pp. 16-18.

Lamb, H. (1945). *Hydrodynamics*. 6th edition, Dover.

Launder, B.E. and Spalding, D. (1974). *Lectures in Mathematical Models of Turbulence*. Academic Press.

Le Mehaute, B. (1976). *An Introduction to Hydrodynamics & Water Waves*. Springer-Verlag.

Leonard, A. (1974). "Energy Cascade in Large Eddy Simulations of Turbulence Flows", *Adv. in Geophysics*, 18A, p. 237.

Lilly, D.K. (1967). "The Representation of Small-Scale Turbulence in Numerical Simulation Experiments", *Proc. IBM Scientific Computing Symp. on Env. Sci.*, pp. 195-202.

Monin, A. and Yaglom, A. (1975). *Statistical Fluid Mechanics*. Cambridge, Mass.: MIT Press.

Moody, L.F. (1944). "Friction Factors for Pipe Flow", *ASME Trans.*, Vol. 66, pp. 671-684.

Nikuradse, J. (1931). "Gesetzmässigkeit der Turbulenten Strömung in Glatten Rohren", *Forschungsheft*, Vol. 356; also Project SQUID, T. M., No. Pur-11, (1949).

Nikuradse, J. (1933). "Strömungsgesetze in rauhen Rohren", Ver. Deutsch. Ing. *Forschungsheft*, Vol. 361.

Nikuradse, J. (1942). *Laminare Reibungsschichten an der Langssangestromen Platte*. Monograph, Zentrale f. wiss. Berichtswegung, Berlin.

Nikuradse, J. (1950). "Laws of Flow in Rough Pipes", *NACA* T. M., No. 1291.

Nikuradse, J. and Reichardt, H. (1945). "Heat Transfer Through Turbulent Friction Layers", *NACA* T. M., No. 1047.

Oseen, C. (1927). "Hydrodynamik", *Akademische Verlags Gesellschaft*. Leipzig: AVG, Chap. 10.

Prandtl, L. (1934). "The Mechanics of Viscous Fluids", *Aerodynamics Theory*, Div. G., Vol. 3., Berlin: Julius Springer.

Prandtl, L. (1925). "Bericht über Untersuchungen zur ausgebildeten Turbulenz", *Zeitschrift für angewandte Mathematik und Mechanik* (ZAMM), Vol. 5, No. 2, pp. 136-139.

Prandtl, L. (1945). "Über ein neues Formelsystem für die ausgebildete Turbulenz", *Nachrichten von der Akad. der Wissenschaft in Göttingen*. Van den Loeck und Ruprecht, Göttingen, pp. 6-19.

Prandtl, L. (1952). *Essentials of Fluid Dynamics*. New York: Hafner Publishing Co., Inc.

Reynolds, O. (1883). "An Experimental Investigation of the Circumstances which determine whether the Motion of Water shall be direct or sinuous and of the Law of Resistance in Parallel Channels", *Phil. Trans. Roy. Soc.* London A, Vol. 174, pp. 935-982.

Reynolds, O. (1895). "On the dynamical theory of incompressible viscous fluids and the determination of the criterion", *Philos. Trans. R. Soc.*, Vol. 186, pp. 123-164.

Schlichting, H. (1960). *Boundary Layer Theory*. 8th edition, McGraw-Hill.

Schubauer, G.B. and Skramstad, H.K. (1947). "Laminar Boundary Layer Oscillations and Stability of Laminar Flow", *J. of Aero. Sci.*, Vol. 14, pp. 69-78.

Schumann, U. (1976). "Numerical Simulation of the Transition from 3 to 2 dimensional Turbulence under a uniform Magnetic Field", *J. of Fluid Mech.*, Vol. 74.

Smagorinsky, J. (1963). "General Circulation Experiments with the Primative Equations", *Monthly Weather Rev.*, Vol. 91, pp. 99-164.

Stokes, G.G. (1851). "On the Effect of the Internal Friction of Fluids on the Motion of Pendulums", *Cambridge Phil. Trans.*, Vol. 9, pp. 8-106.

Streeter, V.L. (1948). *Fluid Dynamics*. McGraw-Hill.

Streeter, V.L., Wylie, E.B., and Bedford, K.W. (1998). *Fluid Mechanics*. McGraw-Hill.

Tennekes, H. and Lumey, J.L. (1972). *A First Course in Turbulence*. Cambridge, Mass.: MIT Press.

Tollmien, W. (1931). "Über die Entstehung der Turbulenz", *NACA* T. M., No. 609.

von Karman, T. (1934). "Turbulence and Skin Friction", *J. Aeronaut. Sci.*, Vol. 1, No. 1, pp. 1-20.

White, F.M. (1974). *Viscous Fluid Flow*. McGraw-Hill.

White, F.M. (2010). *Fluid Mechanics*. 7th edition, McGraw-Hill.

Wylie, C.R. (1975). *Advanced Engineering Mathematics.* 4th edition, McGraw-Hill.

Yeo, W.K. and Bedford, K.W. (1988). "Closure-free turbulence modeling based upon a conjunctive higher order averaging procedure", *Computational Methods in Flow Analysis*, edited by H. Niki and M. Kawahara, Okayama University Press, Okayama, Japan, pp. 844-851.

Yuan, S.W. (1967). *Foundation of Fluid Mechanics*. Prentice-Hall.

찾아보기

Index

ㄱ

각변형 42, 43
각변형률 45
각속도 140, 141
개수로 흐름 53
검사체적 71
경계조건 117
경계층 118, 222
경계층 이론 222
경계층의 두께 228
경계치문제 158
계기압력 126
고점성 층류 211
공동현상 59, 176
관성 38
관성력 38, 41, 83, 84, 87
관성의 법칙 38
관수로 흐름 53
국부표면마찰계수 227
급변류 54
기하학적 상사 60

ㄴ

난류 207, 211, 241
난류경계층 230
난류모델 260
난류에너지 소모율 263

난류응력 247
난류응력식 모델 263
난류전단응력 248, 251
뉴턴역학 40
뉴턴유체 37
뉴턴의 법칙 47
뉴턴의 제2법칙 38, 83, 97

ㄷ

단순이동 42, 46
단위 16
단위벡터 24
단위중량 49
대기압력 126
대수분포 속도법칙 251
도수(跳水) 186
도심 133
동수경사선 175
동압력 175
동역학 39
동일 와점성계수 모델 261
동점성계수 36
동차성의 원리 55
등류 54
등포텐셜면 151
등포텐셜선 151

ㅁ

마찰계수 212
마찰속도 249
마찰손실계수 212, 213
마찰항력계수 227
메타센터 138
면력 41, 83, 89
모세관 현상 51
무차원 수 55, 58
밀도 48

ㅂ

박리(剝離) 236, 244
범용적 속도분포식 251
베르누이 상수 174
베르누이 식 169
벡터 24
벡터 연산자 27
벤츄리 유량계 177
복원 모멘트 138
부등류 54
부력 137
부압력 175
부정류 53
부차적 손실 186
분자 점성계수 37
비뉴턴 유체 37
비압축성 유체 52, 68, 77
비점성 유체 38, 52
비정상류 53
비중 49
비중량 49
비체적 49
비회전류 45, 147

ㅅ

사류 59
사이펀 179
상대정지운동 139
상대조도 214
상류 59
상미분 84
상사 54
상사법칙 60
상사율 60
상용관 215
선형변형 43, 46
선형운동량식 99
속도벡터 26
속도수두 175
속도포텐셜함수 149
수 23, 25
수격작용 115
수축-팽창 변형 42
스칼라 24

ㅇ

아르키메데스 원리 137
압력 17, 106, 131
압력강도 50, 106
압력경사 206
압력계수 58
압력수두 175
압력에너지 182
압축성 유체 52, 68
압축응력 131
앙상블평균법 259
액주계 128
양압력 175
양자역학 21

에너지 보정계수 182, 184
에너지 보존의 법칙 47
에너지 손실 185
에너지 손실계수 254
에너지 손실량 194, 211
에너지선 175
역학적 상사 60
연속방정식 65, 78
연속체 20
오리피스 177
와(渦) 242
와도(渦度) 148
와동점성계수(渦動粘性係數) 249
와점성계수(渦粘性係數) 249
요소 25
운동량 39, 83, 97
운동량모멘트식 99
운동량방정식 83, 96
운동에너지 182
운동학적 상사 60
원통좌표계 162, 200
위치수두 175
위치압력 175
위치에너지 182
유관 153
유선망 157
유적선 153
이류가속도 87
이류이송 262
이상유체 53, 111, 170
이상플라스틱 38

ㅈ
자유수면 53
작용력 41, 83

저항계수 204, 212
전단력 35, 107
전단변형 43, 46
전단응력 35, 36, 107
전단응력생성 262
전단층의 두께 211
전미분 84
절대압력 126
점변류 54
점성계수 36, 52, 107, 109
점성력 107
점성에 의한 소멸 262
점성유체 52
점성전단응력 251
접선력 41, 89
정상류 53
정수역학(靜水力學) 125
정압력 175
정역학 39
정체압력 175
정체점 163, 235
조고(粗高) 214, 230, 256
조도(粗度) 244
지점가속도 87
진동함수 202
질량 보존의 법칙 47, 65
질량력 41, 83, 88

ㅊ
차원 16
차원해석 54, 55
천이영역 210, 252
체적탄성계수 49, 59, 115
체적평균법 259, 264
총저항력 203

총수두 175
총압력 175
층류 207, 211
층류경계층 226
층류저층(層流底層) 230, 252
침강속도 204

ㅋ

퀀텀 21
크리핑 운동 211

ㅌ

탄성계수 109
터빈 99, 187
테일러 급수 21, 95
텐서 24
토크 99

ㅍ

포텐셜 흐름 147, 151
표면장력 50, 59
표면저항 203
표준대기압 128
플라스틱 38
피토관 175, 178

ㅎ

형상저항 203
혼합거리 250
혼합거리 가정에 의한 모델 261
확산이송 262
회전류 45, 147
회전변형 46
회전운동 99, 140
후류(後流) 236

흐름함수 153
흘수선 138

A

absolute pressure 126
angular deformation 42
angular velocity 140
apparent kinematic viscosity 249
applied force 41
atmospheric pressure 126

B

Bernoulli constant 174
Blasius의 해(Blasius' solution) 226
body force 41
boundary condition 117
boundary layer 118, 222
boundary layer theory 222
boundary value problem 158
Buckingham의 Π 정리 56
bulk modules of elasticity 115
buoyancy force 137

C

Cauchy의 정리(Cauchy's formula) 89, 90
cavitation 176
coefficient of viscosity 36
commercial pipe 215
compressible fluid 52
constant eddy viscosity 261
continuity equation 65
continuum 20
continuum mechanics 21
convective acceleration 87
convective transport 262

Couette 흐름 198
creeping 211

D

Darcy-Weisbach 공식 212
deformation 42
diffusive transport 262
displacement thickness 229
doublet 160
dynamic pressure 175
dynamic similitude 60
dynamic viscosity 36
dynamics 39
d'Alembert의 paradox 162

E

eddy 242
eddy viscosity 249
element 25
energy correction factor 184
Energy Line, E.L. 175
ensemble 259
equi-potential line 151
equi-potential surface 151
Euler 방법 75, 86
Euler 방정식 116
Euler 수 58, 59
Euler의 운동방정식 170

F

flow net 157
fluctuating flow 245
form drag 203
FPS 단위계 18
free surface 53

friction drag coefficient 227
friction velocity 249
Froude 수 58, 59

G

gage pressure 126
geometric similitude 60
gradually varied flow 54

H

Hagen-Poiseuille 흐름 201
harmonic function 202
Hydraulic Grade Line, H.G.L. 175
hydraulic jump 186
hydraulically rough 256
hydraulically smooth 256
hydrostatics 125

I

ideal fluid 53, 111, 170
ideal plastic 38
incompressible fluid 52
inertia 38
inertial force 38, 41
inviscid fluid 38, 52

K

$k-\varepsilon$ 모델 262
kinematic eddy viscosity 249
kinematic similitude 60
kinematic viscosity 36

L

Lagrange 방법 75, 86
laminar flow 207

laminar sublayer   230, 252

Lamé의 성분(components of Lamé)   94

Laplace 식   28, 151

linear deformation   43

linear momentum equation   99

local acceleration   87

local skin-friction coefficient   227

logarithmic velocity distribution law   251

M

Mach 수   58, 59

manometer   128

metacenter   138

minor losses   186

mixing length   250

mixing length hypothesis   261

MKS 단위계   18

molecular viscosity   37

moment of momentum equation   99

momentum   39, 83, 97

momentum equations   83

momentum thickness   229

Moody diagram   215, 216

N

Navier-Stokes 방정식   112, 113, 123

Navier-Stokes의 운동방정식   111

Newtonian fluid   37

Newtonian mechanics   40

non Newtonian fluid   37

non-slip 조건   118

nonuniform flow   54

normal surface force   41, 89

number   23, 25

O

one-equation model   262

open channel flow   53

ordinary difference   84

orifice   177

P

partial difference   84

path line   153

pipe flow   53

Pitot tube   175, 178

Poiseulle 흐름   199

potential flow   151

potential head   175

potential pressure   175

Prandtl의 1/7제곱 법칙   230, 254

pressure head   175

principle of dimensional homogeneity   55

production by shear   262

Q

quantum   21

quantum mechanics   21

R

Rankine body   161

rapidly varied flow   54

rate of rotation   45

rate of shear deformation   45

relative equilibrium   139

relative roughness   214

repeating variables   57

Reynolds Transport Theorem   75

Reynolds 수   58

Reynolds 응력(Reynolds stress)   247

Reynolds 응력항 259
Reynolds 이송정리 74, 75
Reynolds 평균정리 245, 259
roughness 244
roughness height 214, 230, 256

S
separation 236, 244
settling velocity 204
SGS 모델 264
shear force 35
shear stress 35, 36
SI 단위계 18
similarity 60
similitude 60
sink 160
slip 조건 118
source 160
stagnation point 163
stagnation pressure 175
static pressure 175
statics 39
steady flow 53
Stokes' formula 204
stream function 153
stream tube 153
stress 텐서 90, 91, 106
stress와 strain의 관계 105, 107
subcritical flow 59
supercritical flow 59
surface drag 203
surface force 41

T
tangential surface force 41, 89

Taylor series expansion 21
torque 99
Torricelli의 정리 177
total derivatives 84
total drag force 203
total head 175
total pressure 175
total rate of dilatation deformation 43
transition zone 210
turbulent flow 207
turbulent shear stress 248
turbulent stress-equation model 263
two-equation model 262

U
uniform flow 54
universal velocity profile 251
unsteady flow 53

V
varied flow 54
velocity head 175
velocity potential function 149
Venturi meter 177
viscous dissipation 262
viscous fluid 52
volume averaging method 259
vortex 160
vorticity 148

W
wake 236
water hammer 115
waterline 138
Weber 수 58, 59

저자소개

여운광

1987 미 오하이오 주립대 토목공학과 공학박사
2000~2003 한국수자원공사 비상임이사
2009~2010 명지대학교 공과대학 학장
2012~2015 국립재난안전연구원 원장
1981~현재 명지대학교 토목환경공학과 교수

지 운

2006 미 콜로라도 주립대 토목공학과 공학박사
2007~2012 명지대학교 박사후연구원/연구교수
2012~현재 한국건설기술연구원 수석연구원
2015~현재 과학기술연합대학원대학교
　　　　　 건설환경공학과 부교수

유체역학

2016년 3월 25일　제1판 1쇄 인쇄
2016년 3월 30일　제1판 1쇄 펴냄

지은이　여운광·지 운
펴낸이　류원식
펴낸곳　청문각 출판

주소　(10881) 경기도 파주시 문발로 116(문발동 536-2)
전화　1644-0965(대표)
팩스　070-8650-0965
등록　2015. 01. 08. 제406-2015-000005호
홈페이지　www.cmgpg.co.kr
E-mail　cmg@cmgpg.co.kr

ISBN　978-89-6364-270-3　(93530)
값　18,000원